高等职业教育土木建筑类专业新形态教材

建筑装饰工程招投标与合同管理

（第3版）

主　编　魏爱敏　毛　颖

副主编　刘雪蓉　李磊磊

罗志辉　印灵珏

北京理工大学出版社
BEIJING INSTITUTE OF TECHNOLOGY PRESS

内容提要

本书以建筑装饰工程技术专业人才培养目标、人才培养规格和相关国家现行标准规范为依据，以掌握基本原理与实际动手能力和专业基本技能训练相结合为目标编写而成。全书共六章，主要内容包括建筑装饰工程概论，建筑装饰工程招标，建筑装饰工程投标，建筑装饰工程开标、评标与定标，建筑装饰工程合同管理和建筑装饰工程施工索赔等。

本书可作为高等院校土木工程类相关专业的教学用书，也可供建筑装饰行业相关技术及管理人员参考使用。

图书在版编目（CIP）数据

建筑装饰工程招投标与合同管理 / 魏爱敏，毛颖主编.—3版.—北京：北京理工大学出版社，2020.5（2022.1重印）

ISBN 978-7-5682-8483-7

Ⅰ.①建…　Ⅱ.①魏…　②毛…　Ⅲ.①建筑装饰—建筑工程—招标—高等学校—教材　②建筑装饰—建筑工程—投标—高等学校—教材　③建筑装饰—建筑工程—经济合同—管理—高等学校—教材　Ⅳ.①TU723

中国版本图书馆CIP数据核字（2020）第086218号

出版发行 / 北京理工大学出版社有限责任公司
社　　址 / 北京市海淀区中关村南大街5号
邮　　编 / 100081
电　　话 / （010）68914775（总编室）
（010）82562903（教材售后服务热线）
（010）68944723（其他图书服务热线）
网　　址 / http://www.bitpress.com.cn
经　　销 / 全国各地新华书店
印　　刷 / 北京紫瑞利印刷有限公司
开　　本 / 787毫米 ×1092毫米　1/16
印　　张 / 14.5
字　　数 / 338千字
版　　次 / 2020年5月第3版　2022年1月第3次印刷
定　　价 / 39.00元

责任编辑 / 申玉琴
文案编辑 / 申玉琴
责任校对 / 周瑞红
责任印制 / 边心超

第3版前言

随随着我国经济建设的不断发展，建筑装饰行业未来的发展趋势无疑会更加规范化、公平化和国际化。工程合同管理是建设项目管理的重要内容之一，是建设项目管理的核心，是保证建设工程项目顺利实施的必要条件。有效的合同管理是促进工程参建各方全面履行合同约定的义务，是确保建设目标实现的重要手段。建筑装饰工程是建筑工程的重要组成部分，只有了解建筑法、工程招标投标法，掌握工程招标、投标、报价、索赔等基本概念、原理与方法，掌握工程招标与投标的基本程序与内容，熟悉施工合同、合同管理的内容及方法，掌握工程投标报价技巧及索赔的理论与方法，才能具备直接参与招标投标的能力。

建筑装饰工程项目招投标是指承包商向招标单位提出承包该建筑装饰工程项目的价格和条件，供招标单位选择以获得承包权的活动。建筑装饰企业参加投标竞争，能否战胜对手而取得成功，在很大程度上取决于自身能否运用正确灵活的投标策略来指导投标全过程的活动。

本书自1、2版出版发行以来，经相关高等院校教学使用，得到了广大师生的认可和喜爱。但随着时间推移，书中一些与标准规范相关的内容已经陈旧过期，对此，我们组织有关专家学者，结合近年来高等教育教学改革动态，依据最新相关规范、规程对本书进行了修订。本次修订除对部分陈旧内容进行了修改与充实之外，还力求反映当前建筑装饰工程领域招投标与合同管理实际，进而强化教材的实用性和可操作性，使修订后的教材能更好地满足高等院校教学工作的需要。本次修订过程中，还对各章节的能力目标、知识目标、本章小结进行了修订，并对各章节知识体系进行了深入的思考，联系实际进行知识点的总结与概括，便于学生学习与思考，还对各章节的思考与练习进行了适当补充，有利于学生课后复习。

本书由魏爱敏、毛颖担任主编，刘雪蓉、李磊磊、罗志辉、印灵珏担任副主编。具体编写分工为：魏爱敏编写第一章、第二章，毛颖编写第四章，刘雪蓉、李磊磊共同编写第五章，罗志辉编写第六章，印灵珏编写第三章。本书在修订过程中参阅了国内同行多部著作，部分高等院校的老师提出了很多宝贵意见，在此表示衷心的感谢。对于参与本书第1、2版编写但不再参与本次修订的老师、专家和学者，本版教材所有编写人员向你们表示敬意，感谢你们对高等教育改革所做出的不懈努力，希望你们对本书保持持续关注，多提宝贵意见。

限于编者的学识、专业水平及实践经验，修订后的教材仍难免有疏漏或不妥之处，恳请广大读者指正。

编　者

第2版前言

在市场经济条件下，工程招投标已成为建筑市场工程发承包的主要交易方式。随着我国法律制度的不断完善和我国工程建设领域对外合作范围的不断扩大，招投标与合同管理越来越成为建筑装饰工程管理中一项重要的管理内容。

本教材第1版出版发行以来，经有关院校教学使用，反映较好。随着最新版清单计价、计量规范，房屋建筑和市政工程标准施工招标文件的发布，教材中部分内容已经不能满足标准规范与科技发展的需要，也不能满足目前高职高专院校教学工作的需求，为此，我们组织有关专家、学者对教材进行了修订。

本次修订主要完成了以下工作：

（1）重新编写了各章的学习目标和能力目标，力求更准确地概括各章学习的重点，进而明确每章应掌握的实际技能，使师生在教学活动中能够有更清晰、明确的教学目标。

（2）重新编写了各章小结，补充、修改了各章的思考与练习，第1版教材的课后习题较为简单，本次修订在第1版的基础上丰富了习题形式，使其更具有操作性和实用性，有利于学生课后进行总结、练习。

（3）根据国家、行业最新的招投标文件修改了部分陈旧内容，如对建筑装饰工程施工承包企业资质等级、招标公告、评标办法、投标函及投标函附录、联合体协议书、中标人提供履约担保等内容进行了更新，确保了招投标方法、示范文本的先进性、准确性。

（4）根据2013版清单计价、计量规范对教材中涉及工程量清单计价的内容进行了修订，如招标控制价的编制、投标报价的编制等，使教材内容更适合社会的发展，增强了教材的可用性。

（5）根据实际施工的需求添加了部分知识点，如补充了合同和索赔的相关知识点，充实了教材内容，满足了学生实际需要。

本书由毛颖、田雷、陈照平担任主编，寇改红、王怀英、黄代森担任副主编。教材在修订过程中参阅了国内同行多部著作，部分高职高专院校老师提出了很多宝贵意见，在此表示衷心的感谢。对于参与本教材第1版编写但不再参与本次修订的老师、专家和学者，本版教材所有编写人员向你们表示敬意，感谢你们对高等职业教育改革所做出的不懈努力，希望你们对本教材保持持续关注，多提宝贵意见。

限于编者的学识、专业水平及实践经验，修订后的教材仍难免有疏漏或不妥之处，恳请广大读者指正。

编　者

第1版前言

建筑装饰工程是建筑工程的重要组成部分，根据国际惯例和国家政府主管部门的规定，建筑装饰工程的招投标仍属于建筑工程的招标投标范围，由国家和地方招投标主管部门统一管理。建筑工程招标是指发包人率先提出工程的条件和要求，发布招标广告吸引或直接邀请众多投标人参加投标，并按照规定格式从中选择承包人的行为。建筑装饰工程招标可以是全过程的招标，其工作内容包括设计、施工和使用后的维修，也可以是阶段性建设任务的招标，如设计、施工、材料供应等；可以是整个项目的招标，也可以是单项工程的招标。建筑装饰工程项目投标是指承包商向招标单位提出承包该建筑装饰工程项目的价格和条件，供招标单位选择以获得承包权的活动。建筑装饰企业参加投标竞争，能否战胜对手而取得成功，在很大程度上取决于自身能否运用正确灵活的投标策略来指导投标全过程的活动。

“建筑装饰工程招投标与合同管理”是高职高专建筑装饰工程技术专业的一门重要专业课，其着重研究建筑装饰工程招标、投标以及招标后的合同执行的规律和管理方法。本教材根据全国高等职业教育建筑装饰工程技术专业教育标准和培养方案及主干课程教学大纲的要求，本着“必需、够用”的原则，以“讲清概念、强化应用”为主旨进行编写。全书采用“学习目标”“教学重点”“技能目标”“本章小结”“复习思考题”的模块形式，对各章节的教学重点做了多种形式的概括与指点，以引导学生学习、掌握相关技能。通过本教材的学习，学生可了解建筑法、工程招标投标法，掌握工程招标、投标、报价、索赔等基本概念、原理与方法，掌握工程招标与投标的基本程序与内容，熟悉施工合同、合同管理的内容及方法，掌握工程投标报价技巧及索赔的理论与方法，基本具备直接参与招标投标的能力。

本教材的编写人员既有具有丰富教学经验的教师，又有建筑装饰工程建设领域的专家学者，从而使教材内容既贴近教学实际需要，又贴近建筑装饰工程工作实际。本教材由毛颖、田雷、孙磊任主编，蓝维、李东侠任副主编。教材编写过程中参阅了国内同行的多部著作，部分高职高专院校老师也对编写工作提出了很多宝贵的意见，在此表示衷心的感谢。

本教材既可作为高职高专院校建筑装饰工程技术专业的教材，也可供从事装饰装修设计、造价、施工工作的相关人员参考使用。限于编者的专业水平和实践经验，教材中疏漏或不妥之处在所难免，恳请广大读者批评指正。

编　者

Contents

目 录

第一章 建筑装饰工程概论 ……1

第一节 建筑装饰工程基础知识 ……1

一、建筑装饰工程的内容 ……1

二、建筑装饰行业的发展 ……1

三、建筑装饰行业在国民经济中的地位和作用 ……2

第二节 建筑装饰工程的类型 ……3

一、政府或国有企事业单位的建筑装饰工程 ……3

二、商业设施和办公楼装饰工程 ……4

三、宾馆饭店装饰工程 ……5

四、家庭装饰工程 ……6

第三节 建筑装饰工程承包企业资质等级 ……7

一、建筑装饰工程设计与施工资质标准 ……7

二、建筑装饰工程专业承包企业资质等级标准 ……8

第二章 建筑装饰工程招标 ……11

第一节 建筑装饰工程招标概述 ……11

一、建筑装饰工程招标范围 ……11

二、建筑装饰工程施工招标的形式和内容 ……13

三、建筑装饰工程招标方式及程序 ……13

第二节 建筑装饰工程资格预审的编制 ·17

一、资格预审的概念和内容 ……17

二、资格预审的方法 ……18

三、资格预审文件的组成 ……18

四、资格预审文件的编制 ……18

第三节 建筑装饰工程招标文件的编制 ·30

一、招标公告（或投标邀请书） ……31

二、投标人须知 ……32

三、评标方法 ……34

四、合同条款及格式 ……39

五、招标工程量清单 ……40

六、图纸 ……48

七、技术标准和要求 ……48

八、投标文件格式 ……48

第四节 建筑装饰工程招标控制价的编制 ……50

一、建筑装饰工程招标控制价与标底的关系 ……50

二、编制招标控制价的规定 ……51

三、招标控制价的编制依据 ……52

四、招标控制价的编制内容 ……52

第三章 建筑装饰工程投标 ……57

第一节 建筑装饰工程投标基础知识 ……57

一、建筑装饰工程投标人资格要求 ……57

二、建筑装饰工程投标组织机构 ……58

三、建筑装饰工程联合承包方式 ……59

四、建筑装饰工程投标的类型 ……59

第二节　建筑装饰工程投标程序…………60
一、投标信息的收集与分析…………60
二、前期投标决策…………61
三、投标人资格预审…………64
四、阅读招标文件…………67
五、现场勘察…………68
六、计算和复核工程量…………68
七、制订施工规划…………70
八、投标技巧分析和选用…………70
九、投标文件的编制与递交…………73
第三节　建筑装饰工程投标文件…………73
一、建筑装饰工程投标文件的组成…………73
二、建筑装饰工程投标文件的编制…………79
三、建筑装饰工程投标文件的递交…………81
第四节　建筑装饰工程投标报价…………82
一、投标报价前期工作…………83
二、询价与工程量复核…………85
三、投标报价的编制原则与依据…………86
四、投标报价的编制方法和内容…………87
第四章　建筑装饰工程开标、评标与定标…………95
第一节　建筑装饰工程开标…………95
一、投标有效期…………95
二、建筑装饰工程开标时间和地点…………96
三、建筑装饰工程开标程序…………96
第二节　建筑装饰工程评标…………99
一、建筑装饰工程评标机构…………99
二、建筑装饰工程评标原则…………100
三、建筑装饰工程评标程序…………101
四、建筑装饰工程评标方法…………104
五、建筑装饰工程评标应注意的问题…………105
第三节　建筑装饰工程定标…………108
一、确定中标人…………108
二、发出中标通知书…………108
三、提供履约担保和付款担保…………109
四、签订合同…………113
五、重新招标和不再招标…………113
第五章　建筑装饰工程合同管理…………116
第一节　合同法基础…………116
一、合同概述…………116
二、合同的订立和效力…………120
三、合同的履行和担保…………129
四、合同的变更、转让和终止…………135
五、合同违约与合同争议处理…………141
第二节　建筑装饰工程施工承包合同的类型…………149
一、按签约各方关系划分…………149
二、按合同标的性质划分…………151
三、按计价方法划分…………159
第三节　建筑装饰工程施工承包合同的内容…………160
一、建筑装饰工程施工承包合同的条款…………160
二、建筑装饰工程施工承包合同的主体…………161
三、建筑装饰工程施工承包合同的内容…………161
四、签订建筑装饰工程施工合同的注意事项…………162
第四节　《建筑装饰工程施工合同》范本…………163
一、合同范本的概念…………163
二、合同范本的制定及作用…………163
三、《建筑装饰工程施工合同》（甲种本）…………164

四、《建筑装饰工程施工合同》
（乙种本）……182
五、《建筑装饰工程施工合同(示范文本)》
“甲种本”与“乙种本”的比较·186

第六章　建筑装饰工程施工索赔……190
第一节　索赔基础知识……190
一、索赔的概念与特征……190
二、索赔的分类与作用……191
三、索赔的原因与依据……192
四、施工索赔成立的条件……194
五、索赔管理……194
第二节　索赔程序和报告……198
一、寻找和发现索赔机会……198
二、收集索赔证据……198
三、发出索赔意向通知……198
四、索赔证据资料准备……199
五、索赔报告的编写……199
六、索赔报告的递交……200
七、索赔报告的审查……201
八、索赔的解决……202
第三节　索赔计算和技巧……202
一、费用索赔计算……202
二、工期索赔计算……207
三、索赔策略与技巧……211
第四节　反索赔……214
一、反索赔的概念与特点……214
二、反索赔的种类……215
三、反索赔的程序……216
四、反索赔的措施……218
第五节　反索赔的防范……219

参考文献……221

第一章　建筑装饰工程概论

学习目标

了解建筑装饰工程的概念及其在国民经济中的地位和作用；熟悉建筑装饰工程的内容及类型；掌握建筑装饰工程设计、施工承包企业资质等级及其承包工程范围。

能力目标

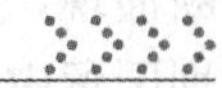

能够理解建筑装饰市场中各工程类型的特点和要求；能够区分各类不同资质建筑装饰企业的承包范围。

第一节　建筑装饰工程基础知识

建筑装饰工程是指为使建筑物内外空间达到一定的环境质量要求，使用装饰装修材料，对建筑物外表和内部进行装饰处理的工程建设活动。

在现代施工实践中，人们往往将装饰和装修统称为装饰工程。随着人类科学技术和文化艺术的发展，建筑装饰已逐步发展成为一门综合的、系统的、科学的环境艺术，并在建筑业中形成一个新专业，即建筑装饰工程专业。

一、建筑装饰工程的内容

建筑装饰工程具有广泛的内容，根据国内外建筑装饰行业的习惯，建筑装饰工程的内容主要分为：地面工程、抹灰工程、门窗工程、吊顶工程、轻质隔(断)墙工程、饰面板(砖)工程、幕墙工程、涂饰工程、裱糊与软包工程、细部工程。

目前，建筑装饰工程的内容和范围仍在进一步扩展，除上述内容外，有些地区将灯饰、卫生器具、家具、陈列品、绿化等也列入其中。

二、建筑装饰行业的发展

1. 建筑装饰行业的发展历史

我国传统建筑及其装饰艺术是中华民族极为珍贵的文化财富。其具有悠久的历史和独特的风格。

早在原始社会时期，居住建筑就有圆形、方形、“吕”字形平面，以及三至五间房连在一起的形式，或构筑于密集的木柱上，或用石块堆砌。陕西西安半坡遗址的建筑残存比较具有代表性地反映了原始社会建筑水平。

人类进入奴隶社会时期，统治者大批役使奴隶，修建了大规模的宫室建筑群，以及苑囿、台池等，并对建筑表面采用涡纹、卷云纹等图案进行装饰，这表明当时人类已经开始在建筑物中使用彩绘及雕刻等装饰手段。

封建社会时期，宫殿、庙宇多用金黄、红等鲜艳色彩，并绘以龙、凤等象征权威和吉祥的图案，屋顶上用彩色玻璃瓦，并在屋脊上饰以吻兽等塑件，砖、石台基雕成须弥座；民居建筑则就地取材，多用素雅色调，以山水、动植物图案或几何花纹作为装饰，形成不同地域的地方色彩。建筑装饰工艺技术在此时期得到了进一步的发展。

新中国成立以来，随着建筑装饰工程新材料、新技术、新工艺的发展，现代化建筑不断涌现，如北京国际贸易中心、京广中心，上海东方明珠电视塔，广州国际贸易中心，深圳国贸中心等。

2. 建筑装饰行业的发展前景

建筑装饰行业的发展前景可以粗略地预测为两大趋势：一种是以高科技为基础的全智能建筑装饰；另一种是在现代高科技的基础上，追求回归自然的生态建筑装饰。

与此同时，从事建筑装饰工程的企业也根据该行业的发展前景制定了发展方向，具体如下：

(1)建筑装饰工程是建筑工程的一个分部工程，可以为其他行业发展创造条件。

(2)重点关注一些大型企业和新建设的开发区等建设项目。

(3)参与一些大型房地产项目的配套服务，如前期的样板房的设计、施工，后期高品位的家装。

(4)积极参与政府开发的项目，以提高企业的知名度，创造社会价值和经济价值。

三、建筑装饰行业在国民经济中的地位和作用

建筑业是我国国民经济的支柱产业之一。随着国民经济的发展，社会的进步和人们生活水平的提高，建筑数量不断增加，建筑标准也不断提高，装饰工程在建筑业中的地位也不断上升。另外，建筑装饰的发展还带动了多种新型建筑材料、装饰装修工程机具工业及其他相关行业的发展。

建筑装饰行业在国民经济中的作用主要体现在以下几个方面。

(1)优化环境，创造使用条件。建筑装饰工程施工有利于改善建筑内外空间环境的清洁卫生条件，提高建筑物的热工、声响、光照等物理性能，优化人类生活和工作的物质环境。同时，通过装饰施工，对于建筑空间的合理规划与艺术分隔，配以各类方便使用并具装饰价值的装饰设置和家具等，对于增加建筑的有效面积，创造完备的使用条件，有着不可替代的实际意义。

(2)保护结构物，延长使用年限。建筑装饰工程依靠现代装饰材料及科学合理的施工技术，对建筑结构进行有效的构造与包覆施工，使之避免直接经受风吹雨打、湿气侵袭、有害介质的腐蚀，以及机械作用的伤害等，从而保证建筑结构的完好并延长其使用寿命。

(3)美化建筑，增强艺术效果。建筑装饰工程处于人们能够直接感受到的空间范围之内，无时无刻不在影响着人们的视觉、触觉、意识和情感；其艺术效果和所形成的氛围，强烈而深切地影响着人们的审美情操。

(4)综合处理，协调建筑结构与设备之间的关系。现代建筑为满足使用功能的要求，需要大量的构配件和各种设备进行纵横布置及安装组合，致使建筑空间形成管线穿插，设置和设施交错，各局部、各工种之间关系复杂错综的客观状况。解决这种现象最有效的方法是依赖建筑装饰施工，通过装饰工程，根据功能要求及审美理想的结合处理，较好地协调各方面的矛盾，使之布局合理、穿插有序、隐现有致。

(5)繁荣市场，服务经济建设。建筑装饰业的蓬勃发展，标志着社会的进步和人们精神面貌的变化。对于繁荣市场、搞活经济，特别是促进旅游业的发展发挥了重要的作用。建筑装饰业的发展丰富了城乡建筑环境的面貌，使我国建筑在辉煌的民族传统风格中融入现代环境艺术的气息，更具有时代感、历史感和深刻的社会意义，有效地扩大了我国建筑在国际上的影响。

第二节　建筑装饰工程的类型

建筑装饰市场作为整个建筑市场中的一个专业市场，不仅装饰工程量大，发展速度快，工程类型也多种多样。

一、政府或国有企事业单位的建筑装饰工程

政府或国有企事业单位委托的建筑装饰工程，多为大型或巨型建筑物，要求档次高，对外影响大，而且多数代表着国家建筑装饰行业的水平。这种建筑，业主通常会组成专业性的工程管理机构，一般由业主代表，设计代表，土建总包代表，监理公司代表，质检部门代表，消防管理部门代表，水、暖、电、通风空调、装饰等分包公司代表组成，对工程进行全面管理。

对于政府或国有企事业单位的建筑装饰工程应从以下几个方面着手实施。

1. 落实施工项目管理目标责任制

在建筑装饰工程项目任务下达前，在计划成本的控制下，针对每一个工作岗位，组织负责施工管理人员进行培训、考核，落实施工项目管理目标责任制，调动各级人员的积极性，从体制上保证工程质量。

2. 积极做好装修前准备工作，编制有效的施工组织设计

政府或国有企事业单位的建筑装饰工程，具有主题鲜明的设计思想和新颖的设计效果图，其施工工艺复杂，材料品种繁多，装修施工开始前应做好充分的准备工作，具体如下：

(1)施工项目管理人员的准备。施工项目管理人员包括项目负责人(项目经理)、施工员、技术员、质检员、材料员、统计核算员、安全管理员等，应根据工程规模及难易程度确定管理人员的数量并进行职能分配。项目经理作为项目的负责人，在工程部的领导下，

组织本项目人员认真熟悉图纸，与营业部门沟通现场用工及材料用量，提出人员及机具计划，在公司要求工期内制订详细的施工进度计划。

(2)施工项目操作人员的准备。根据项目劳动力计划和施工项目的进展情况，准备各工种人员，并对其进行入场前的教育及相应技术安全培训，保证施工过程中更好地控制施工进度和施工质量。

(3)施工技术的准备。熟悉施工图纸，对图纸中存在的问题进行汇总，并提出具体的修正解决方案，最大限度地解决问题。

(4)施工材料及机具的准备。认真核对各分项材料用量，保证材料供应；对施工机具进行检修维护，保证施工顺利进行。

3. 确保工程项目质量

政府或国有企事业单位的建筑装饰工程基本上由国内装饰企业承包施工，由于工程量大、要求高，工程往往由几家装饰公司承包施工，因此在施工过程中应注意避免以下几个问题：

(1)业主将工程全部交给监理或抛开监理全面直接管理。

(2)业主一提到变更索赔就回避，不能做到严格履行合同。

(3)监理不能全过程在施工现场，因为装饰工程隐蔽项目多，不在现场无从掌握质量。

(4)承包商施工设备不够，施工人员水平不够或质量控制不严，资料遗失严重。

(5)承包商拟通过不合理变更和索赔来为低价项目产生利润。

总之，大型装修工程的施工项目管理是较为复杂的工作，必须万无一失，随时做好防备工作，方方面面均需做好准备。

二、商业设施和办公楼装饰工程

商业设施和办公楼装饰工程主要包括店面、娱乐场所及办公室等的装饰。这类装饰工程的业主包括国有公司、集体公司、股份公司等。一般要求设计合理，新颖独特，选材讲究。商业设施和办公楼装饰工程施工过程中应注意以下几个方面。

1. 消防

商业设施和办公楼装饰工程中大多要做隔断，如果隔断要到顶部时，就需要进行烟感和喷淋的改动，这需要装饰公司与消防公司共同协商解决。

2. 中央空调

商业设施和办公楼装修前，应先将中央空调改造平面图交给物业公司审核，并需要找正规的中央空调安装公司进行安装。工程竣工后，还应将中央空调工程竣工图交给物业公司。

3. 强(弱)电工程

强(弱)电工程是商业设施和办公楼装饰工程中最重要的一项，因为它关系着整个公司的正常工作，所以不能忽视。首先要找专业有资质的综合布线公司，由专业技术人员到现场进行实际测量，将强(弱)电工程中的预留开关、插座及各种线路走向全部规划到图纸上，然后交给物业公司审核。

4. 办公家具

在办公室装修前要先找好家具公司，因为大多数办公室都需要设置高隔断，很多线路、

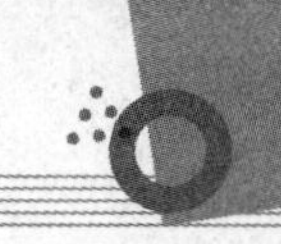

插座都要与隔断相连接，所以家具公司一定要与电气工程师紧密衔接，图纸应由双方共同确定后再交给物业公司审核。

三、宾馆饭店装饰工程

宾馆饭店装饰工程投资大、单方造价高、装饰档次高，同时利润也高，是中外装饰企业竞争的主要目标。宾馆饭店装饰工程应符合以下标准：

(1)饭店布局合理，功能划分合理，设施使用方便、安全。

(2)内外装修采用高档、豪华材料，工艺精致，突出风格。

(3)有中央空调(别墅式度假村除外)，各区域通风良好。

(4)有与饭店星级相适应的计算机管理系统。

(5)有背景音乐系统。

(6)前厅装饰装修的要求。

①面积宽敞，与接待能力相适应。

②有与饭店规模、星级相适应的总服务台。

③气氛豪华、风格独特、色调协调、光线充足。

④有饭店和客人同时开启的贵重物品保险箱，且位置安全、隐蔽，能够保护客人的隐私。

⑤在非经营区设客人休息场所。

⑥门厅及主要公共区域有残疾人出入坡道，配备轮椅。

⑦有残疾人专用卫生间或厕位，能为残疾人提供特殊服务。

(7)客房装饰装修的要求。

①至少有 40 间(套)可供出租的客房。

②70%客房的面积(不含卫生间和走廊)不小于 20 m^2。

③装修豪华，有豪华的软垫床、写字台、衣橱及衣架、茶几、座椅或简易沙发、床头柜、床头灯、台灯、落地灯、全身镜、行李架等高级配套家具。室内满铺高级地毯或为优质木地板等。采用区域照明且目的物照明度良好。

④有卫生间，装有高级抽水恭桶、梳妆台(配备面盆、梳妆镜)、浴缸并带淋浴喷头(有单独淋浴间的可以不带淋浴喷头)，配有浴帘、晾衣绳。采取有效的防滑措施。卫生间采用豪华建筑材料装修地面、墙面，色调高雅柔和，采用分区照明且目的物照明度良好。有良好的排风系统、110/220 V 电源插座、电话副机。配有吹风机和体重秤。24 h 供应冷水、热水。

⑤有可直接拨通国内和国际长途的电话。电话机旁备有使用说明及市内电话簿。

⑥有彩色电视机、音响设备，并有闭路电视演播系统。播放频道不少于 16 个，其中有卫星电视节目或自办节目，备有频道指示说明和节目单。播放内容应符合中国政府规定。自办节目至少有 2 个频道，每日不少于 2 次播放，晚间结束播放时间不早于凌晨 1 时。

⑦具备十分有效的防噪声及隔声措施。

⑧有内窗帘及外层遮光窗帘。

(8)餐厅及酒吧装饰装修的要求。

①有布局合理、装饰豪华的中餐厅、西餐厅。

②有适量的宴会单间或小宴会厅。

③有位置合理、装饰高雅、具有特色、封闭式的独立酒吧。

(9)厨房装饰装修的要求。

①位置合理、布局科学，保证传菜路线短且不与其他公共区域交叉。

②墙面满铺瓷砖，用防滑材料满铺地面，有吊顶。

③冷菜间、面点间独立分隔，有足够的冷气设备。冷菜间内有空气消毒设施。

④粗加工车间与操作间隔离，操作间温度适宜，冷气供给应比客房更为充足。

⑤有足够的冷库。

⑥洗碗间位置合理。

⑦有专门放置临时垃圾的设施并保持其封闭。

⑧厨房与餐厅之间，有起隔声、隔热和隔气味作用的进出分开的弹簧门。

⑨有效的消杀蚊蝇、蟑螂等虫害措施。

(10)公共区域装饰装修的要求。

①有停车场(地下停车场或停车楼)。

②有足够的高质量客用电梯，轿厢装修高雅，并有服务电梯。

③有公用电话，并配备市内电话簿。

④有男女分设的公共卫生间。

⑤有商场，出售旅行日常用品、旅游纪念品、工艺品等。

⑥有商务中心，代售邮票，代发信件，办理电报、传真、国际国内长途电话、国内行李托运、冲洗胶卷等；提供打字、复印等服务。

⑦有医务室。

⑧有应急供电专用线和应急照明灯。

四、家庭装饰工程

家庭装饰工程是在原建筑物的基础上，通过艺术和技术手段，对室内空间进行重新组织和施工处理，以求美化生活、改造环境，为人们创造一个更加舒适理想的生活空间。

家庭装饰工程应符合下列要求。

1. 设计要求

设计师在进行家庭装饰设计时，应根据用户的要求和建筑空间的实际情况，综合各种因素，细致推敲、周密思考、精心设计，并将最终成果用图样表达出来。

2. 施工准备

家庭装饰施工前，施工人员必须认真阅读设计图样，充分理解设计师的设计意图。根据设计要求结合施工经验，制订出切实可行的施工方案，完美地实现设计师的设计意图。

3. 组织施工

合理地组织施工是保证工程质量和工期的前提。施工前应根据图样和设计要求，制订出施工方案，组织好施工人员，根据工期合理安排各工种、工序的施工人员。组织安排好各种施工机具和设备，尽可能采用先进的施工工艺和设备，合理安排材料的采购、运输与保管。加强施工现场的组织和管理，避免不应有的混乱现象；建立健全的质量保证体系，确保工程质量和进度。

第三节　建筑装饰工程承包企业资质等级

建筑装饰工程必须符合一定的质量、安全标准，能满足人们对装饰、装修综合效果的要求。因此，作为建筑装饰工程的承包企业，必须具备相应的资质等级。

一、建筑装饰工程设计与施工资质标准

建筑装饰工程设计与施工资质标准，是核定建筑装饰设计单位设计资质等级的依据。根据住房和城乡建设部《建设工程勘察设计资质管理规定》的原则，加强对从事建筑装饰工程设计与施工企业的管理，维护建筑市场秩序，保证工程质量和安全，促进行业健康发展，结合建筑装饰工程的特点，建筑装饰工程设计与施工资质设一级、二级、三级 3 个级别。

(一)资质标准

1. 一级资质标准

(1)企业资信。

1)具有独立企业法人资格；

建设工程勘察设计资质管理规定

2)具有良好的社会信誉并有相应的经济实力，工商注册资本金不少于 1 000 万元，净资产不少于 1 200 万元；

3)近五年独立承担过单项合同额不少于 1 500 万元的装饰工程(设计或施工或设计施工一体)不少于 2 项；或单项合同额不少于 750 万元的装饰工程(设计或施工或设计施工一体)不少于 4 项；

4)近三年每年工程结算收入不少于 4 000 万元。

(2)技术条件。

1)企业技术负责人具有不少于 8 年从事建筑装饰工程经历，具备一级注册建造师(一级结构工程师、一级建筑师、一级项目经理)执业资格或高级专业技术职称；

2)企业具备一级注册建造师(一级结构工程师、一级项目经理)执业资格的专业技术人员不少于 6 人。

(3)技术装备及管理水平。

1)有必要的技术装备及固定的工作场所；

2)有完善的质量管理体系，运行良好。具备技术、安全、经营、人事、财务、档案等管理制度。

2. 二级资质标准

(1)企业资信。

1)具有独立企业法人资格；

2)具有良好的社会信誉并有相应的经济实力，工商注册资本金不少于 500 万元，净资产不少于 600 万元；

3)近五年独立承担过单项合同额不少于 500 万元的装饰工程(设计或施工或设计施工一体)不少于 2 项；或单项合同额不少于 250 万元的装饰工程(设计或施工或设计施工一体)不少于 4 项；

4)近三年最低年工程结算收入不少于 1 000 万元。

(2)技术条件。

1)企业技术负责人具有不少于 6 年从事建筑装饰工程经历，具有二级及以上注册建造师(注册结构工程师、建筑师、项目经理)执业资格或中级及以上专业技术职称；

2)企业具有二级及以上注册建造师(结构工程师、项目经理)执业资格的专业技术人员不少于 5 人。

(3)技术装备及管理水平。

1)有必要的技术装备及固定的工作场所；

2)具有完善的质量管理体系，运行良好。具备技术、安全、经营、人事、财务、档案等管理制度。

3. 三级资质标准

(1)企业资信。

1)具有独立企业法人资格；

2)工商注册资本金不少于 50 万元，净资产不少于 60 万元。

(2)技术条件。

企业技术负责人具有不少于三年从事建筑装饰工程经历，具有二级及以上注册建造师(建筑师、项目经理)执业资格或中级及以上专业技术职称。

(3)技术装备及管理水平。

1)有必要的技术装备及固定的工作场所；

2)具有完善的技术、安全、合同、财务、档案等管理制度。

(二)承包业务范围

取得建筑装饰装修工程设计与施工资质的企业，可从事各类建设工程中的建筑装饰装修项目的咨询、设计、施工和设计与施工一体化工程，还可承担相应工程的总承包、项目管理等业务(建筑幕墙工程除外)。

(1)取得一级资质的企业可承担各类建筑装饰工程的规模不受限制(建筑幕墙工程除外)；

(2)取得二级资质的企业可承担单项合同额不高于 1 200 万元的建筑装饰装修工程(建筑幕墙工程除外)；

(3)取得三级资质的企业可承担单项合同额不高于 300 万元的建筑装饰工程(建筑幕墙工程除外)。

二、建筑装饰工程专业承包企业资质等级标准

建筑装饰工程专业承包企业资质分为一级、二级、三级。

(一)资质标准

1. 一级资质标准

(1)企业近 5 年承担过 3 项以上单位工程造价 1 000 万元以上或三星级以上宾馆大堂的

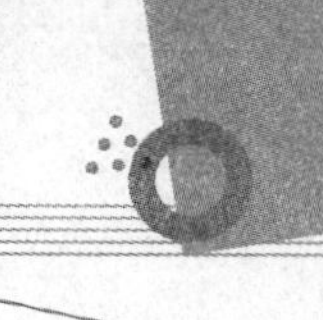

装饰工程施工，工程质量合格。

(2)企业经理具有 8 年以上从事工程管理工作经历或具有高级职称；总工程师具有 8 年以上从事建筑装饰施工技术管理工作经历并具有相关专业高级职称；总会计师具有中级以上会计职称。

企业有职称的工程技术和经济管理人员不少于 40 人，其中工程技术人员不少于 30 人，且建筑学或环境艺术、结构、暖通、给排水、电气等专业人员齐全；工程技术人员中，具有中级以上职称的人员不少于 10 人。

企业具有的一级资质项目经理不少于 5 人。

(3)企业注册资本金 1 000 万元以上，企业净资产 1 200 万元以上。

(4)企业近 3 年最高年工程结算收入 3 000 万元以上。

2. 二级资质标准

(1)企业近 5 年承担过 2 项以上单位工程造价 500 万元以上的装饰工程或 10 项以上单位工程造价 50 万元以上的装饰工程施工，工程质量合格。

(2)企业经理具有 5 年以上从事工程管理工作经历或具有中级以上职称；技术负责人具有 5 年以上从事装饰施工技术管理工作经历并具有相关专业中级以上职称；财务负责人具有中级以上会计职称。

企业有职称的工程技术和经济管理人员不少于 25 人，其中工程技术人员不少于 20 人，且建筑学或环境艺术、结构、暖通、给排水、电气等专业人员齐全；工程技术人员中，具有中级以上职称的人员不少于 5 人。

企业具有的二级资质以上项目经理不少于 5 人。

(3)企业注册资本金 500 万元以上，企业净资产 600 万元以上。

(4)企业近 3 年最高年工程结算收入 1 000 万元以上。

3. 三级资质标准

(1)企业近 3 年承担过 3 项以上单位工程造价 20 万元以上的装饰工程施工，工程质量合格。

(2)企业经理具有 3 年以上从事工程管理工作经历；技术负责人具有 5 年以上从事装饰施工技术管理工作经历并具有相关专业中级以上职称；财务负责人具有初级以上会计职称。

企业有职称的工程技术和经济管理人员不少于 15 人，其中工程技术人员不少于 10 人，且建筑学或环境艺术、暖通、给排水、电气等专业人员齐全；工程技术人员中，具有中级以上职称的人员不少于 2 人。

企业具有的三级资质以上项目经理不少于 2 人。

(3)企业注册资本金 50 万元以上，企业净资产 60 万元以上。

(4)企业近 3 年最高年工程结算收入 100 万元以上。

(二)承包工程范围

(1)一级企业：可承担各类建筑室内、室外装饰工程(建筑幕墙工程除外)的施工。

(2)二级企业：可承担单位工程造价 1 200 万元及以下建筑室内、室外装饰工程(建筑幕墙工程除外)的施工。

(3)三级企业：可承担单位工程造价 60 万元及以下建筑室内、室外装饰工程(建筑幕墙工程除外)的施工。

本章小结

建筑装饰工程是为建筑物内外空间达到一定的环境质量要求，使用装饰装修材料，对建筑物外表和内部进行修饰处理的工程建设活动。建筑装饰工程必须符合一定的质量、安全标准，能满足人们对装饰、装修综合效果的要求。因此，作为建筑装饰工程的承包企业，必须具备相应的资质等级。本章主要讲述建筑装饰工程基础知识、建筑装饰市场的工程类型、建筑装饰工程承包企业资质等级等。通过本项目的学习，对建设工程项目承揽与合同管理应有一个初步的了解。

思考与练习

一、填空题

1. ________是指为使建筑物内外空间达到一定的环境质量要求，使用装饰装修材料，对建筑物外表和内部进行装饰处理的工程建设活动。

2. 商业设施和办公楼装饰工程主要包括________、________及________等的装饰。

3. 建筑装饰工程必须符合一定的________、________，能满足人们对装饰、装修综合效果的要求。

4. 建筑装饰工程专业承包企业资质等级分为________、________、________。

5. 建筑装饰工程专业承包企业一级资质标准规定，工程技术人员中，具有中级以上职称的人员不少于__________人。

二、简答题

1. 建筑装饰工程主要分为哪几项内容?

2. 建筑装饰行业在国民经济中的作用主要体现在哪几个方面?

3. 商业设施和办公楼装饰工程施工过程中应注意哪几个方面?

4. 家庭装饰工程应符合哪些要求?

第二章　建筑装饰工程招标

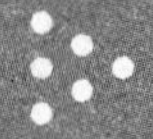

学习目标

了解建筑装饰工程招标范围，招标公告、投标人须知，建筑装饰工程招标控制价与标底的关系；熟悉建筑装饰工程施工招标的形式和内容；了解资格预审的概念、内容和组成；熟悉招标文件编制的评标方法、招标工程量清单；熟悉编制招标控制价的规定、依据、内容；掌握建筑装饰工程招标方式及程序；掌握资格预审的方法和资格预审文件的编制。

能力目标

能够拟写建筑装饰工程招标公告、资格预审通知书；能够根据工程项目特点、要求编制建筑装饰工程招标文件；具有组织建筑装饰工程项目招标的基本技能。

第一节　建筑装饰工程招标概述

一、建筑装饰工程招标范围

(一)建筑装饰工程设计招标的范围

建筑装饰工程设计招标是按照建筑市场经济规律的管理模式，用竞争性招标方式择优选择工程设计单位，并通过合同的约束在限定投资的范围内保质保量地完成建筑装饰工程设计任务。

建筑装饰工程设计招标，一般是对单位建筑装饰工程造价为3 000元/m² 以下的大型高档建筑项目的公共部分(如大堂、多功能厅、会议厅、大小餐厅、高级办公空间、娱乐空间等精装饰部分)进行装饰设计招标。

建筑装饰工程设计招标时，招标人一般要求投标当事人先绘制平面图、主要立面图、剖面图、彩色效果图及设计估算报价书等方案设计文件，待方案设计中标后，再进行施工图绘制；也有要求方案图和施工图同时绘制投标的。

（二）建筑装饰工程施工招标的范围

建筑装饰工程是建筑工程的组成部分，根据国际惯例和国家政府主管部门的规定，建筑装饰工程的招标投标仍属于建筑工程的招标投标范围，由国家和地方住建委（建设局）招标投标主管部门统一管理。

1. 必须招标的范围

根据《中华人民共和国招标投标法》的规定，在中华人民共和国境内进行的下列工程项目必须进行招标：

（1）大型基础设施、公用事业等关系社会公共利益、公众安全的项目。

（2）全部或者部分使用国有资金或者国家融资的项目。

（3）使用国际组织或者外国政府贷款、援助资金的项目。

必须招标的工程项目规定

根据《必须招标的工程项目规定》的规定，上述各类工程建设项目达到下列标准之一的，必须进行招标。

（1）全部或者部分使用国有资金投资或者国家融资的项目包括：①使用预算资金 200 万元人民币以上，并且该资金占投资额 10%以上的项目；②使用国有企业事业单位资金，并且该资金占控股或者主导地位的项目。

（2）使用国际组织或者外国政府贷款、援助资金的项目包括：①使用世界银行、亚洲开发银行等国际组织贷款、援助资金的项目；②使用外国政府及其机构贷款、援助资金的项目。

（3）不属于第（1）条、第（2）条规定情形的大型基础设施、公用事业等关系社会公共利益、公众安全的项目，必须招标的具体范围由国务院发展改革部门会同国务院有关部门按照确有必要、严格限定的原则制订，报国务院批准。

（4）第（1）条至第（3）条规定范围内的项目，其勘察、设计、施工、监理以及与工程建设有关的重要设备、材料等的采购达到下列标准之一的，必须招标：①施工单项合同估算价在 400 万元人民币以上；②重要设备、材料等货物的采购，单项合同估算价在 200 万元人民币以上；③勘察、设计、监理等服务的采购，单项合同估算价在 100 万元人民币以上。同一项目中可以合并进行的勘察、设计、施工、监理以及与工程建设有关的重要设备、材料等的采购，合同估算价合计达到前款规定标准的，必须招标。

2. 可以不进行招标的范围

根据《中华人民共和国招标投标法》的规定，涉及国家安全、国家秘密、抢险救灾或者属于利用扶贫资金实行以工代赈、需要使用农民工等特殊情况，不适宜进行招标的项目，按照国家有关规定可以不进行招标；根据《中华人民共和国招标投标法实施条例》的规定，有下列情形之一的，可以不进行招标：

（1）需要采用不可替代的专利或者专有技术。

（2）采购人依法能够自行建设、生产或者提供。

（3）已通过招标方式选定的特许经营项目投资人依法能够自行建设、生产或者提供。

（4）需要向原中标人采购工程、货物或者服务，否则将影响施工或者功能配套要求。

（5）国家规定的其他特殊情形。

二、建筑装饰工程施工招标的形式和内容

建筑装饰工程施工招标，是对建筑高级装饰部分进行的装饰施工招标。其一般包括包工包料、包工不包料和建设方供主材、承包方供辅料及包清工等几种形式。

建筑装饰工程施工招标包括室内公共空间装饰工程和建筑外部装饰工程(如玻璃幕墙工程、外墙石材饰面工程、外墙复合铝板工程等)，有的也包括水、暖、电、通风等工种的支路管线工程，或建筑室外工程及周边环境艺术工程(如园林绿化、造景、门前广场、雕塑品等)。

三、建筑装饰工程招标方式及程序

建筑装饰工程招标可以是全过程的招标，其工作内容包括设计、施工和使用后的维修；可以是阶段性建设任务的招标，如设计、施工、材料供应等；也可以是整个项目的招标，还可以是单项工程的招标。招标的内容应该包括装饰工程的质量、工期、投资、材料、工艺及报价等条件。

建筑装饰工程招标可分为公开招标和邀请招标两种方式。

(一)公开招标

公开招标又称为无限竞争招标，是由招标人以招标公告的方式邀请不特定的法人或者其他组织投标，并通过国家指定的报刊、广播、电视及信息网络等媒介发布招标公告，有意的投标人接受资格预审、购买招标文件、参加投标的招标方式。

中华人民共和国
招标投标法

1. 公开招标的特点

公开招标是最具竞争性的招标方式，其参与竞争的投标人数量最多；只要符合相应的资质条件，投标人愿意便可参加投标，不受限制，因而竞争也最为激烈。它可以为招标人选择报价合理、施工工期短、信誉好的承包商，为招标人提供最大的选择范围。

公开招标程序严密、规范，有利于招标人防范风险，保证招标的效果，防范招标投标活动操作人员和监督人员的舞弊现象。

公开招标也有缺点，如由于投标的承包商多，招标工作量大，组织工作复杂，需投入较多的人力、物力，招标过程所需时间较长等。

2. 公开招标的适用范围

公开招标是适用范围最为广泛、最有发展前景的招标方式。在国际上，招标通常都是指公开招标。在某种程度上，公开招标已成为招标的代名词。凡法律、法规要求招标的建设项目必须采用公开招标的方式；若因某些原因需要采用邀请招标的，必须经招标投标管理机构批准。

3. 公开招标的程序

建筑装饰工程招标是工程建设招标活动中的一个重要组成部分，主要是从业主的角度揭示其工作内容。招标程序是指招标活动内容的逻辑关系，不同的招标方式具有不同的活动内容。

建筑装饰工程公开招标程序如下：

(1)成立招标组织。根据招标人是否具有招标资质，招标组织可分为自行招标和委托招标两种。

①招标人实施自行招标，应具备编制招标文件和组织评标的能力，具体包括以下几项：

a. 具有项目法人资格(或者法人资格)。

b. 具有与招标项目规模和复杂程度相适应的工程技术、概(预)算、财务和工程管理等专业技术力量。

c. 有从事同类工程建设项目招标的经验。

d. 设有专门的招标机构或者拥有3名以上专职招标业务人员。

e. 熟悉和掌握招标投标法及有关法规规章。

②招标人不具备自行招标条件，或招标人具备自行招标条件而不想自行招标时，可以委托招标代理机构进行招标。招标代理机构受招标人委托代理招标，必须签订书面委托代理合同；招标代理机构必须按照有关规定，在资质证书允许的范围内开展业务活动。

招标代理的资质主要根据以下条件确定：

a. 机构的营业场所和资金情况。

b. 技术、经济专业人员的数量、职称和工作经验情况。

c. 机构在招标代理方面的工作业绩。

需要特别指出的是，越级代理属于一种无权代理行为，不受法律保护。

(2)编制招标文件。建筑装饰工程招标文件主要应对下列内容进行说明：

①工程综合说明，包括装饰、装修工程的项目概况、内容、地点，原建筑物工程说明等。

②装饰、装修工程图纸及技术说明。

③材料供应方式和工程量清单。

④装饰、装修工程的特殊要求，如新材料、新工艺的应用等。

⑤装饰、装修工程的主要合同条款要求，如付款、结算办法。

⑥投标须知及其他有关内容。

(3)编制标底。标底是招标工程的预期价格。标底文件主要包括以下几个方面：

①标底综合编制说明。

②标底价格审定书、标底价格计算书、带有价格的工程量清单等。

③主材用量。

④标底附件(如各种材料及设备的价格来源，现场的地址、水文，地上情况的有关资料，编制标底所依据的施工组织设计)。

(4)发布招标信息。《中华人民共和国招标投标法》规定，招标人采用公开招标方式的，应发布招标公告，招标公告应通过国家指定的报刊、信息网络或其他媒介公布。

(5)投标单位资格预审。资格预审是指招标人在招标开始前或者开始初期，由招标人对申请参加的投标人进行资格审查，主要包括以下内容的审查：

①企业经营执照、经营范围、资质等级。

②企业的信誉：企业过去承包工程的工程质量及合同履行情况。

③企业人员素质、装备素质、管理素质。

④企业财务状况等。

(6)招标文件的发售。根据世界银行的要求，发售招标文件的时间可延长到投标截止时间。招标文件的价格应合理。

(7)组织现场勘察。按照招标文件规定的日程，组织投标人现场勘察，介绍现场情况，解答投标人对现场情况、招标文件、设计图纸等提出的问题，并以补充招标文件的形式书面通知所有投标人。

(8)接收投标文件。在规定的投标截止时间内接收投标文件。

(9)评标。采用统一的标准和方法，对符合要求的投标进行评比，选定最佳投标人。

(10)决标谈判。评标委员会推荐2～3个合格候选人，由招标人对最后决标进行价格、付款等优惠条件的谈判。

(11)定标。评标委员会提出中标候选人推荐意见，确定中标人。

(12)发中标通知书。在规定的投标有效期内，招标人以书面形式向中标人发出中标通知书，同时将中标结果通知未中标的投标人。

(二)邀请招标

邀请招标又称为有限竞争性招标，是指招标人以投标邀请书的方式邀请特定的法人或其他组织投标。

1. 邀请招标的特点

(1)招标所需的时间较短，且招标费用较少。由于被邀请的投标人是经招标人事先选定，具备对招标工程投标资格的承包企业，不需要资格预审；被邀请的投标人数量有限，可减少评标阶段的工作量及费用支出。因此，邀请招标比公开招标时间短、费用少。

(2)目标集中，招标的组织工作容易，程序比公开招标简化。邀请招标的投标人往往为3～5家，比公开招标少，因此评标工作量减少，程序简单。

邀请招标也具有一些缺点：邀请招标不利于招标人获得最优报价，取得最佳投资效益。由于参加的投标人少，竞争性较差，招标人在选择被邀请人前所掌握的信息不可避免地存在一定局限性；业主很难了解市场上所有承包商的情况，常会忽略一些在技术、报价方面都更具竞争力的企业，使业主不易获得最合理的报价。

2. 邀请招标的适用范围

邀请招标方式在大多数国家中适用于私人投资的中、小型建筑工程项目。在我国，一般一些规模较小的项目采用邀请招标方式。

国家重点建设项目和省、自治区、直辖市人民政府确定的地方重点建设项目，以及全部使用国有资金投资或者国有资金投资占控股(或主导地位)的建设工程项目，应当公开招标。有下列情形之一的，经批准可以进行邀请招标：

(1)项目技术复杂或有特殊要求，其潜在投标人数量少。

(2)自然地域环境限制。

(3)涉及国家安全、国家秘密、抢险救灾，不宜公开招标的。

(4)拟公开招标的费用与项目的价值相比不经济。

(5)法律、法规规定不宜公开招标的。

3. 邀请招标中所选投标人的条件

邀请招标不发布招标公告，招标人根据自己的经验和所掌握的各种信息资料，向具备承接该项工程施工能力、资信良好的三个以上承包商发出投标邀请书，收到邀请书的单位参加投标。招标人采用邀请招标方式时，特邀的投标人必须能胜任招标工程项目的实施任务。

邀请招标中所选投标人应具备以下条件：

(1)投标人当前和过去的财务状况均良好。

(2)投标人近期内成功地承包过与招标工程类似的项目，有较丰富的经验。

(3)投标人有较好的信誉。

(4)投标人的技术装备、劳动力素质、管理水平等均符合招标工程的要求。

(5)投标人在施工期内有足够的力量承担招标工程的任务。

总之，被邀请的投标人必须具有经济实力、信誉实力、技术实力和管理实力，能胜任招标工程。

4. 邀请招标的程序

由于邀请招标的投标人是招标人预先通过调查、考察选定的，投标邀请书也是由招标人直接发给投标人的，因此，邀请招标无须发布资格预审通告和招标公告。除此之外，邀请招标的程序与公开招标完全相同。

案例

××宾馆室内装饰工程，本工程采取公开招标的方式，招标工作从 2019 年 7 月 2 日开始，到 8 月 30 日结束，历时 60 天。招标工作的具体步骤如下：

1. 成立招标组织机构。

2. 发布招标公告和资格预审通告。

3. 进行资格预审。7 月 16 日至 20 日出售资格预审文件，47 家省内、省外施工企业购买了资格预审文件，其中的 46 家于 7 月 22 日递交了资格预审文件。经招标工作委员会审定后，45 家单位通过了资格预审，每家被允许投 3 个以下的标段。

4. 编制招标文件。

5. 编制标底。

6. 组织投标。7 月 28 日，招标单位向上述 45 家单位发出资格预审合格通知书。7 月 30 日，向各投标人发出招标文件。8 月 5 日，召开标前会。8 月 8 日，组织投标人踏勘现场，解答投标人提出的问题。8 月 20 日，各投标人递交投标书，每标段均有 5 家以上投标人参加竞标。8 月 21 日，在公证员出席的情况下，当众开标。

7. 组织评标。评标小组按事先确定的评标办法进行评标，对合格的投标人进行评分，推荐中标单位和后备单位，写出评标报告。8 月 22 日，招标工作委员会听取评标小组汇报，决定了中标单位，发出中标通知书。

8. 8 月 30 日，招标人与中标单位签订合同。

问题：

上述招标工作的顺序是否妥当？如果不妥，请确定合理的顺序。

分析：

不妥当。合理的顺序应该是：成立招标组织机构；编制招标文件；编制标底；发售招标公告和资格预审通告；进行资格预审；发售招标文件；组织现场踏勘；召开标前会；接受投标文件；开标；评标；确定中标单位；发出中标通知书；签订承发包合同。

第二节　建筑装饰工程资格预审的编制

一、资格预审的概念和内容

1. 资格预审的概念

资格预审是指在投标前对潜在投标人进行的资格审查。资格预审是在招标阶段对申请投标人第一次筛选，目的是审查投标人的企业总体能力是否适合招标工程的需要，只有在公开招标时才设置此程序。

2. 资格预审的内容

在获得招标信息后，有意参加投标的单位应根据资格预审通告或招标公告的要求携带有关证明材料到指定地点报名并接受资格预审。资格审查应主要审查潜在投标人是否符合下列条件：

(1)具有独立订立合同的权力。

(2)具有履行合同的能力，包括专业、技术资格和能力，资金、设备和其他物质设施状况管理能力，经验、信誉和相应的从业人员。

(3)没有处于被责令停业，投标资格被取消，财产被接管、冻结，破产状态。

(4)在最近三年内没有骗取中标和严重违约及重大工程质量问题。

(5)法律、行政法规规定的其他资格条件。

资格预审申请人除必须提供营业执照、资质证书和安全生产许可证等证明企业投标资格的证明文件外，还应该提供以下资料：

(1)资格预审申请函。

(2)法定代表人身份证明。

(3)授权委托书。

(4)联合体协议书。

(5)申请人基本情况表。

(6)近年财务状况表。须是经过会计师事务所或者审计机构审计的财务会计报表。包括近年的资产负债表、近年损益表、近年利润表、近年现金流量表以及财务状况说明书。本表应特别说明企业净资产，招标人也会根据招标项目的具体情况要求说明是否拥有有效期内的银行 AAA 资信证明、本年度银行授信总额度、本年度可使用的银行授信余额等。

(7)近年完成的类似项目情况表。

(8)正在施工的和新承接的项目情况表。

(9)近年发生的诉讼和仲裁情况。

(10)其他材料：

①近年不良行为记录情况。

②在建工程以及近年已竣工工程合同履行情况。

③拟投入主要施工机械设备情况表。

④拟投入项目管理人员情况表。

二、资格预审的方法

资格预审有合格制与有限数量制两种办法，适用于不同的条件。

(1)合格制。凡符合资格预审文件规定资格条件标准的投标申请人，即取得相应投标资格。一般情况下，应当采用合格制。其优点是投标竞争性强，有利于获得更多、更好的投标人和投标方案，对满足资格条件的所有投标申请人公平、公正；其缺点是投标人可能较多，从而加大投标和评标工作量，浪费社会资源。

(2)有限数量制。当潜在投标人过多时，可采用有限数量制。招标人在资格预审文件中既要规定投标资格条件、标准和评审方法，又应明确通过资格预审的投标申请人数量。一般采用综合评估法对投标申请人的资格条件进行量化打分，然后根据分值高低排序，并按规定的限制数量由高到低确定投标申请人。目前，除各行业部门规定外，并未统一规定合格的申请人的最少数量，原则上须满足 3 家以上。采用有限数量制一般有利于降低招标活动的社会综合成本，但在一定程度上可能限制了潜在投标人的范围，降低投标竞争性。对投标人的资格审查也有采用资格后审和二次审查的。所谓资格后审，就是招标人开标后再对投标人的资格进行审查，经资格审查合格的，方准其进入评标。经资格后审不合格的投标人的投标应作废标处理。一般资格后审由参加开标的公证机构会同招标投标管理机构进行。现在许多地区对投标人的资格审查往往都采用二次审查的方法，即报名时先进行资格预审，开标时再进行资格后审(也称复审)。

三、资格预审文件的组成

《中华人民共和国标准施工招标资格预审文件》(2007 年版)中指出，资格预审文件包括资格预审公告、申请人须知、资格审查办法、资格预审申请文件格式、项目建设概况、资格预审文件的澄清、资格预审文件的修改。

房屋建筑和市政工程标准施工招标资格预审文件

当资格预审文件、资格预审文件的澄清或修改等在同一内容的表述上不一致时，以最后发出的书面文件为准。

四、资格预审文件的编制

1. 资格预审公告

资格预审文件和招标文件编制完成后，要报招标管理机构审查，审查同意后方可刊登资格预审(投标报名)通告。资格预审公告格式如下：

__________(项目名称)__________标段施工招标

资格预审公告(代招标公告)

1. 招标条件

本招标项目__________(项目名称)已由__________(项目审批、核准或备案机关名称)以__________(批文名称及编号)批准建设，项目业主为__________，建设资金来自__________(资金来源)，项目出资比例为__________，招标人为__________。项目已具备招标条件，现进行公开招标，特邀请有兴趣的潜在投标人(以下简称申请人)提出资格预审申请。

2. 项目概况与招标范围

____

____

(说明本次招标项目的建设地点、规模、计划工期、招标范围、标段划分等。)

3. 申请人资格要求

3.1 本次资格预审要求申请人具备__________资质，__________业绩，并在人员、设备、资金等方面具有相应的施工能力。

3.2 本次资格预审(□接受；□不接受)联合体资格预审申请。联合体申请资格预审的，应满足下列要求：__________。

3.3 各申请人均可就上述标段中的__________(具体数量)个标段提出资格预审申请。

4. 资格预审方法

本次资格预审采用________(合格制/有限数量制)。

5. 资格预审文件的获取

5.1 请申请人于______年____月____日至______年____月____日(法定公休日、法定节假日除外)，每日上午____时至____时，下午____时至____时(北京时间，下同)，在__________(详细地址)持单位介绍信购买资格预审文件。

5.2 资格预审文件每套售价__________元，售后不退。

5.3 邮购资格预审文件的，需另加手续费(含邮费)__________元。招标人在收到单位介绍信和邮购款(含手续费)后__________日内寄送。

6. 资格预审申请文件的递交

6.1 递交资格预审申请文件截止时间(申请截止时间，下同)为______年____月____日____时____分，地点为__________。

6.2 逾期送达的或者未送达指定地点的资格预审申请文件，招标人不予受理。

7. 发布公告的媒介

本次资格预审公告在__________(发布资格预审公告的所有媒介名称)上发布。

8. 联系方式

招标人：__________　　招标代理机构：__________

地址：__________　　地址：__________

邮编：__________　　邮编：__________

联系人：__________　　联系人：__________
电话：__________　　电话：__________
传真：__________　　传真：__________
电子邮件：__________　　电子邮件：__________
网址：__________　　网址：__________
开户银行：__________　　开户银行：__________
账号：__________　　账号：__________

______年____月____日

2. 资格预审须知

资格预审须知是资格预审文件的重要组成部分，是投标申请人编制和提交预审申请书的指南性文件。一般在资格预审须知前有一张资格预审须知前附表，见表2-1。

表 2-1　资格预审须知前附表

条款号	条 款 名 称	编 列 内 容
1.1.2	招标人	名　称： 地　址： 联系人： 电　话：
1.1.3	招标代理机构	名　称： 地　址： 联系人： 电　话：
1.1.4	项目名称	
1.1.5	建设地点	
1.2.1	资金来源	
1.2.2	出资比例	
1.2.3	资金落实情况	
1.3.1	招标范围	
1.3.2	计划工期	计划工期：______日历天 计划开工日期：______年______月______日 计划竣工日期：______年______月______日
1.3.3	质量要求	

续表

条款号	条 款 名 称	编 列 内 容
1.4.1	申请人资质条件、能力和信誉	资质条件： 财务要求： 业绩要求：(与资格预审公告要求一致) 信誉要求： (1)诉讼及仲裁情况 (2)不良行为记录 (3)合同履约率 项目经理资格：专业级(含以上级)注册建造师执业资格和有效的安全生产考核合格证书，且未担任其他在施建设工程项目的项目经理。 其他要求： (1)拟投入主要施工机械设备情况 (2)拟投入项目管理人员 (3)⋮
1.4.2	是否接受联合体资格预审申请	□不接受 □接受，应满足下列要求： 其中：联合体资质按照联合体协议约定的分工认定，其他审查标准按联合体协议中约定的各成员分工所占合同工作量的比例进行加权折算
2.2.1	申请人要求澄清 资格预审文件的截止时间	
2.2.2	招标人澄清 资格预审文件的截止时间	
2.2.3	申请人确认收到 资格预审文件澄清的时间	
2.3.1	招标人修改 资格预审文件的截止时间	
2.3.2	申请人确认收到 资格预审文件修改的时间	
3.1.1	申请人需补充的其他材料	(1)其他企业信誉情况表 (2)拟投入主要施工机械设备情况 (3)拟投入项目管理人员情况 ⋮
3.2.4	近年财务状况的年份要求	____年，指____年____月____日起至____年____月____日止
3.2.5	近年完成的类似项目的年份要求	____年，指____年____月____日起至____年____月____日止

续表

条款号	条 款 名 称	编 列 内 容
3.2.7	近年发生的诉讼及仲裁情况的年份要求	____年，指____年____月____日起至____年____月____日止
3.3.1	签字和(或)盖章要求	
3.3.2	资格预审申请文件副本份数	____份
3.3.3	资格预审申请文件的装订要求	□不分册装订 □分册装订，共分____册，分别为： ________________ ________________ 每册采用____方式装订，装订应牢固，不易拆散和换页，不得采用活页装订
4.1.2	封套上写明	招标人的地址： 招标人全称： ____(项目名称)____标段施工招标资格预审申请文件在____年____月____日____时____分前不得开启
4.2.1	申请截止时间	____年____月____日____时____分
4.2.2	递交资格预审申请文件的地点	
4.2.3	是否退还资格预审申请文件	□否　　　□是，退还安排
5.1.2	审查委员会人数	审查委员会构成：____人，其中招标人代表____人(限招标人在职人员，且应当具备评标专家的相应的或者类似的条件)，专家____人； 审查专家确定方式：________________
5.2	资格审查方法	□合格制　　□有限数量制
6.1	资格预审结果的通知时间	
6.3	资格预审结果的确认时间	
	⋮	
9	需要补充的其他内容	
9.1	词语定义	
9.1.1	类似项目	
	类似项目是指：	
9.1.2	不良行为记录	
	不良行为记录是指：	
⋮	⋮	
9.2	资格预审申请文件编制的补充要求	
9.2.1	“其他企业信誉情况表”应说明企业不良行为记录、履约率等相关情况，并附相关证明材料，年份同3.2.7中的年份要求	
9.2.2	“拟投入主要施工机械设备情况”应说明设备来源(包括租赁意向)、目前状况、停放地点等情况，并附相关证明材料	

续表

条款号	条 款 名 称	编 列 内 容
9.2.3	“拟投入项目管理人员情况”应说明项目管理人员的学历、职称、注册执业资格、拟任岗位等基本情况，项目经理和主要项目管理人员应附简历，并附相关证明材料	
9.3	通过资格预审的申请人(适用于有限数量制)	
9.3.1	通过资格预审申请人分为“正选”和“候补”两类。资格审查委员会应当根据第三章“资格审查办法(有限数量制)”第3.4.2项的排序，对通过详细审查的情况人按得分由高到低顺序，将不超过第三章“资格审查办法(有限数量制)”第1条规定数量的申请人列为通过资格预审申请人(正选)，其余的申请人依次列为通过资格预审的申请人(候补)	
9.3.2	根据本章第6.1款的规定，招标人应当首先向通过资格预审申请人(正选)发出投标邀请书	
9.3.3	根据本章第6.3款，通过资格预审申请人项目经理不能到位或者利益冲突等原因导致潜在投标人数量少于第三章“资格审查办法(有限数量制)”第1条规定的数量的，招标人应当按照通过资格预审申请人(候补)的排名次序，由高到低依次递补	
9.4	监督	
	本项目资格预审活动及其相关当事人应当接受有管辖权的建设工程招标投标行政监督部门依法实施的监督	
9.5	解释权	
	本资格预审文件由招标人负责解释	
9.6	招标人补充的内容	
⋮	⋮	

1. 总则

1.1　项目概况

1.2　资金来源和落实情况

1.3　招标范围、计划工期和质量要求

1.4　申请人资格要求

1.4.1　申请人应具备承担本标段的资质条件、能力和信誉。

(1)资质条件：见申请人须知前附表。

(2)财务要求：见申请人须知前附表。

(3)业绩要求：见申请人须知前附表。

(4)信誉要求：见申请人须知前附表。

(5)项目经理资格：见申请人须知前附表。

(6)其他要求：见申请人须知前附表。

1.4.2　除申请人须知前附表的要求外，还应遵守以下规定：

(1)联合体各方必须按资格预审文件提供的格式签订联合体协议书，明确联合体牵头人和各方的权利义务。

(2)由同一专业的单位组成的联合体，按照资质等级较低的单位确定资质等级。

(3)通过资格预审的联合体，其各方组成结构或职责，以及财务能力、信誉情况等资格条件不得改变。

(4)联合体各方不得再以自己名义单独或加入其他联合体在同一标段中参加资格预审。

1.4.3　申请人不得存在下列情形之一：

(1)为招标人不具有独立法人资格的附属机构(单位)。

(2)为本标段前期准备提供设计或咨询服务的，但设计施工总承包的除外。

(3)为本标段的监理人。

(4)为本标段的代建人。

(5)为本标段提供招标代理服务的。

(6)与本标段的监理人或代建人或招标代理机构同为一个法定代表人的。

(7)与本标段的监理人或代建人或招标代理机构相互控股或参股的。

(8)与本标段的监理人或代建人或招标代理机构相互任职或工作的。

(9)被责令停业的。

(10)被暂停或取消投标资格的。

(11)财产被接管或冻结的。

(12)在最近三年内有骗取中标或严重违约或重大工程质量问题的。

1.5　语言文字

除专用术语外，来往文件均使用中文。必要时专用术语应附有中文注释。

1.6　费用承担

申请人准备和参加资格预审发生的费用自理。

2. 资格预审文件

2.1　资格预审文件的组成

2.1.1　本次资格预审文件包括资格预审公告、申请人须知、资格审查办法、资格预审申请文件格式、项目建设概况，以及根据本章第2.2款对资格预审文件的澄清和第2.3款对资格预审文件的修改。

2.2　资格预审文件的澄清

2.2.1 申请人应仔细阅读和检查资格预审文件的全部内容。如有疑问，应在申请人须知前附表规定的时间前以书面形式(包括信函、电报、传真等可以有形表现所载内容的形式，下同)，要求招标人对资格预审文件进行澄清。

2.2.2 招标人应在申请人须知前附表规定的时间前，以书面形式将澄清内容发给所有购买资格预审文件的申请人，但不指明澄清问题的来源。

2.2.3 申请人收到澄清后，应在申请人须知前附表规定的时间内以书面性质通知招标人，确认已收到该澄清。

2.3　资格预审文件的修改

2.3.1　在申请人须知前附表规定的时间前，招标人可以书面形式通知申请人修改资格预审文件。在申请人须知前附表规定的时间后修改资格预审文件的，招标人应相应顺延申请截止时间。

2.3.2　申请人收到修改的内容后，应在申请人须知前附表规定的时间内以书面形式通知招标人，确认已收到该修改。

3. 资格预审申请文件的编制

3.1　资格预审申请文件的组成

3.1.1　资格预审申请文件应包括下列内容：

(1)资格预审申请函。

(2)法定代表人身份证明或附有法定代表人身份证明的授权委托书。

(3)联合体协议书。

(4)申请人基本情况表。

(5)近年财务状况表。

(6)近年完成的类似项目情况表。

(7)正在施工和新承接的项目情况表。

(8)近年发生的诉讼及仲裁情况。

(9)其他材料：见申请人须知前附表。

3.2 资格预审申请文件的编制要求

3.3 资格预审申请文件的装订、签字

3.3.1 申请人应按本章第3.1款和第3.2款的要求，编制完整的资格预审申请文件，用不褪色的材料书写或打印，并由申请人的法定代表人或其委托代理人签字或盖单位章。资格预审申请文件中的任何改动之处应加盖单位章或由申请人的法定代表人或其委托代理人签字确认。签字或盖章的具体要求见申请人须知前附表。

3.3.2 资格预审申请文件正本一份，副本份数见申请人须知前附表。正本和副本的封面上应清楚地标记“正本”或“副本”字样。当正本和副本不一致时，以正本为准。

4. 资格预审申请文件的递交

4.1 资格预审申请文件的密封和标识

4.1.1 资格预审申请文件的正本与副本应分开包装，加贴封条，并在封套的封口处加盖申请人单位章。

4.2 资格预审申请文件的递交

5. 资格预审申请文件的审查

5.1 审查委员会

5.1.1 资格预审申请文件由招标人组建的审查委员会负责审查。审查委员会参照《中华人民共和国招标投标法》第三十七条规定组建。

5.2 资格审查

6. 通知和确认

6.1 通知

6.2 解释

6.3 确认

通过资格预审的申请人收到投标邀请书后，应在申请人须知前附表规定的时间内以书面形式明确表示是否参加投标。在申请人须知前附表规定时间内未表示是否参加投标或明确表示不参加投标的，不得再参加投标。因此造成潜在投标人数量不足3个的，招标人重新组织资格预审或不再组织资格预审而直接招标。

7. 申请人的资格改变

8. 纪律与监督

8.1 严禁贿赂

8.2 不得干扰资格审查工作

8.3 保密

8.4 投诉

9. 需要补充的其他内容

3. 资格审查评审办法

(1)资格预审评审标准。

①投标合格条件：

a. 必要合格条件。包括营业执照、准许承接业务的范围应符合招标工程的要求、资质等级、达到或超过招标工程的要求、财务状况和流动资金、资金信用良好、以往履约情况、无毁约或被驱逐的历史、分包计划合同。

b. 附加合格条件。对于大型复杂工程或有特殊专业技术要求的项目，资格审查时可以设立附加合格条件，例如，要求投标人具有同类工程的建设经验和能力，对主要管理人员和专业技术人员的要求，针对工程所需的特别措施或工艺的专长，环境保护方针和保证体系等。

(2)评审方法。

①综合评议法。通过专家评议，把符合投标合同条件的投标人名称全部列入合格投标人名单，淘汰所有不符合投标合格条件的投标人。

②计权评分量化审查。对必要合格条件和附加合格条件所列的资格审查的项目确定计权系数，并用这些项目评价投标申请人，计算出每个投标申请人的审查总分，按总分从高到低的次序将投标申请人排序，取前数名(根据招标项目情况确定投标人数量)为合格投标人。

在确定资格预审合格申请人时可以采用合格制或有限数量制。

4. 资格预审申请文件的格式

资格预审申请文件由招标人为进行资格预审所制定的统一格式，所有申请参加拟招标工程资格预审的潜在投标人都应按此格式填报资格预审材料。主要申请文件见表 2-2 ~ 表 2-9。

表 2-2 资格预审申请书

________(招标人名称)：

1. 按照资格预审文件的要求，我方(申请人)递交的资格预审申请文件及有关资料，用于你方(招标人)审查我方参加________(项目名称)________标段施工招标的投标资格。

2. 我方的资格预审申请文件包含“申请人须知”规定的全部内容。

3. 我方接受你方的授权代表进行调查，以审核我方提交的文件和资料，并通过我方的客户，澄清资格预审申请文件中有关财务和技术方面的情况。

4. 你方授权代表可通过________(联系人及联系方式)得到进一步的资料。

5. 我方在此声明，所递交的资格预审申请文件及有关资料内容完整、真实和准确，且不存在“申请人须知”第 1.4.3 项规定的任何一种情形。

申请人：________________(盖单位章)

法定代表人或其委托代理人：________(签字)

电　话：________________

传　真：________________

申请人地址：________________

邮政编码：________________

____年____月____日

表 2-3　法定代表人身份证明

投标人名称：______________________________

单位性质：______________________________

地址：______________________________

成立时间：__________年______月______日

经营期限：______________________________

姓名：__________性别：__________年龄：__________职务：__________

系____________________（投标人名称）的法定代表人。

特此证明。

申请人：______________________________（盖单位章）

______年____月____日

表 2-4　授权委托书

本人__________（姓名）系__________（申请人名称）的法定代表人，现委托__________（姓名）为我方代理人。代理人根据授权，以我方名义签署、澄清、递交、撤回、修改__________（项目名称）__________标段施工招标资格预审申请文件，其法律后果由我方承担。

委托期限：______________________________。

代理人无转委托权。

附：法定代表人身份证明

申请人：______________________________（盖单位章）

法定代表人：______________________________（签字）

身份证号码：______________________________

委托代理人：______________________________（签字）

身份证号码：______________________________

______年______月______日

表 2-5 申请人基本情况表

<table>
<tr><td>申请人名称</td><td colspan="6"></td></tr>
<tr><td>注册地址</td><td colspan="3"></td><td colspan="2">邮政编码</td><td></td></tr>
<tr><td rowspan="2">联系方式</td><td>联系人</td><td colspan="2"></td><td colspan="2">电话</td><td></td></tr>
<tr><td>传真</td><td colspan="2"></td><td colspan="2">网址</td><td></td></tr>
<tr><td>法定代表人</td><td>姓名</td><td></td><td>技术职称</td><td></td><td>电话</td><td></td></tr>
<tr><td>技术负责人</td><td>姓名</td><td></td><td>技术职称</td><td></td><td>电话</td><td></td></tr>
<tr><td>成立时间</td><td colspan="2"></td><td colspan="2">员工总人数</td><td colspan="2"></td></tr>
<tr><td>企业资质等级</td><td colspan="2"></td><td colspan="2">项目经理数</td><td colspan="2"></td></tr>
<tr><td>营业执照号</td><td colspan="2"></td><td colspan="2">高级职称人员</td><td colspan="2"></td></tr>
<tr><td>注册资金</td><td colspan="2"></td><td colspan="2">中级职称人员</td><td colspan="2"></td></tr>
<tr><td>开户银行</td><td colspan="2"></td><td colspan="2">初级职称人员</td><td colspan="2"></td></tr>
<tr><td>账号</td><td colspan="2"></td><td colspan="2">技工</td><td colspan="2"></td></tr>
<tr><td>经营范围</td><td colspan="6"></td></tr>
<tr><td>备注</td><td colspan="6"></td></tr>
</table>

表 2-6 项目经理简历表

项目经理应附项目经理证、身份证、职称证、学历证、养老保险复印件，管理过的项目业绩须附合同协议书复印件。

<table>
<tr><td>姓名</td><td colspan="2"></td><td>年龄</td><td></td><td>学历</td><td></td></tr>
<tr><td>职称</td><td colspan="2"></td><td>职务</td><td></td><td>拟在本合同任职</td><td></td></tr>
<tr><td>毕业学校</td><td colspan="6">年毕业于 学校 专业</td></tr>
<tr><td colspan="7">主要工作经历</td></tr>
<tr><td colspan="2">时间</td><td colspan="3">参加过的类似项目</td><td>担任职务</td><td>发包人及联系电话</td></tr>
<tr><td colspan="2"></td><td colspan="3"></td><td></td><td></td></tr>
<tr><td colspan="2"></td><td colspan="3"></td><td></td><td></td></tr>
</table>

表 2-7 近年财务状况表

<table>
<tr><td rowspan="4">开户银行</td><td colspan="2">名称：</td></tr>
<tr><td colspan="2">地址：</td></tr>
<tr><td>电话：</td><td>联系人及职务：</td></tr>
<tr><td>传真：</td><td>电传：</td></tr>
<tr><td>财务状况(年份)</td><td>年一 年</td><td>年一 年</td></tr>
<tr><td>总资产</td><td></td><td></td></tr>
<tr><td>流动资产</td><td></td><td></td></tr>
<tr><td>总负债</td><td></td><td></td></tr>
<tr><td>流动负债</td><td></td><td></td></tr>
<tr><td>税前利润</td><td></td><td></td></tr>
<tr><td>税后利润</td><td></td><td></td></tr>
</table>

表 2-8　近年完成的类似项目情况表

项目名称	
项目所在地	
发包人名称	
发包人地址	
发包人电话	
合同价格	
开工日期	
竣工日期	
承担的工作	
工程质量	
项目经理	
技术负责人	
总监理工程师及电话	
项目描述	
备注	

表 2-9　正在施工和新承接的项目情况表

项目名称	
项目所在地	
发包人名称	
发包人地址	
发包人电话	
签约合同价格	
开工日期	
计划竣工日期	
承担的工作	
工程质量	
项目经理	
技术负责人	
总监理工程师及电话	
项目描述	
备注	

案例

某医院综合楼工程外墙面装修进行公开招标，采用资格预审的方式，资金来源为政府补贴及自筹，工程概算为2亿元，总面积为50 000 m^2，一类高层建筑，地上17层，地下3层，建高为70 m。已完成立项报批手续，图纸设计、现场施工条件、工程资金已准备就绪。于××××年××月发布了资格预审公告并出售了资格预审文件。

1. 其资格预审公告和出售资格预审文件为3天，并在当地报纸、网站发布。

2. 其资格条件为房建工程总承包二级资质，且具有钢结构工程专业总承包二级资质，项目经理为相关专业二级项目经理。

3. 需为当地装修公司，不接受外地公司投标。

4. 评审办法中没有具体评审细则，由行政主管部门、业主、专家组评审小组采用投票方式择优确定5个单位。

问题：

以上案例中有哪些不妥之处？

分析：

1. 应为5个工作日，并应当在国家指定的网、报发布。

2. 应为总承包一级钢结构工程专业，承包一级项目经理为相关专业一级。

3. 此为歧视性不合理的要求。

4. 应当有评审细则，行政主管部门不能参加评审，评审专家要占评审人员的三分之二。

要在合格申请人中排队，或抽取方式，确定申请人不能少于9名。

第三节　建筑装饰工程招标文件的编制

招标文件是规范整个招标过程，确定招标人与投标人权利与义务的重要依据，招标文件的重要性主要体现在以下几个方面：

(1)招标文件是招标人对未来工程的描述，主要包括拟建工程的概论、技术要求、工期要求等。

(2)招标文件是招标人对投标过程的描述，主要包括提交投标文件截止时间、开标时间和地点、评标的标准和方法、投标保证金的规定以及其他必要的描述。

(3)招标文件是招标人对投标人资格条件的描述。这一点对于潜在的投标人是非常重要的，因为这决定了潜在的投标人是否有机会参与竞争。

(4)招标文件是投标人编制投标文件的依据。招标文件中规定了投标文件和投标文件的填写格式等事项，投标人必须按照招标文件的要求编制投标书。

(5)招标文件是招标人和投标人订立合同的基础。招标文件不仅包括招标项目的技术要求、投标报价要求和评标标准等所有实质性要求和条件，还包括签订合同的主要条款。中标的投标文件应当对招标文件的实质性要求和条件做出响应。

招标文件主要包括招标公告(或投标邀请书)、投标人须知、评标方法、合同条款及格式、工程量清单、图纸、技术标准和要求、投标文件格式及投标人须知前附表规定的其他材料。

一、招标公告(或投标邀请书)

1. 招标公告

招标公告应当载明招标人的名称和地址，招标项目的性质、数量、实施地点和时间，投标截止日期以及获取招标文件的办法等事项。招标人或其委托的招标代理机构应当保证招标公告内容的真实、准确和完整。

拟发布的招标公告文件，应当由招标人或其委托的招标代理机构的主要负责人签名并加盖公章。招标人或其委托的招标代理机构发布招标公告，应当向指定媒介提供营业执照(或法人证书)、项目批准文件的复印件等证明文件。

招标人或其委托的招标代理机构，应至少在一家指定的媒介发布招标公告。指定报纸在发布招标公告的同时，应将招标公告如实抄送指定网络。招标人或其委托的招标代理机构，在两个以上媒介发布的同一招标项目的招标公告，其内容应当相同。

招标公告的内容及格式如下：

(1)招标条件。在招标公告中，招标条件的填写格式如下：

本招标项目__________(项目名称)已由__________(项目审批、核准和备案机关名称)以__________(批文名称及编号)批准建设，招标人(项目业主)为____________，建设资金来自__________(资金来源)，项目出资比例为______________。项目已具备招标条件，现对该项目的施工进行公开招标。

(2)项目概况与招标范围。主要说明本次招标项目的建设地点、规模、合同估算价、计划工期、招标范围、标段划分(如果有)等。

(3)投标人资格要求。在招标公告中，投标人资格要求的填写格式如下：

①本次招标要求投标人须具备__________资质，__________(类似项目描述)业绩，并在人员、设备、资金等方面具有相应的施工能力，其中，投标人拟派项目经理须具备________专业________级注册建造师执业资格，具备有效的安全生产考核合格证书，且未担任其他在施建设工程的项目经理。

②本次招标____________(接受或不接受)联合体投标。联合体投标的，应满足下列要求：______________________。

③各投标人均可就本招标项目上述标段中的__________(具体数量)个标段投标，但最多允许中标____________(具体数量)个标段(适用于分标段的招标项目)。

(4)招标报名。在招标公告中，招标报名要求的填写格式如下：

凡有意参加投标者，请于__________年________月________日至________年________月________日(法定公休日、法定节假日除外)，每日上午________时至________时，下午

________时至________时(北京时间，下同)，在(有形建筑市场/交易中心名称及地址)报名。

(5)招标文件的获取。招标公告中，招标文件的获取填写格式如下：

①凡通过上述报名者，请于________年________月________日至________年________月________日(法定公休日、法定节假日除外)，每日上午________时至________时，下午________时至________时，在________(详细地址)持单位介绍信购买招标文件。

②招标文件每套售价________元，售后不退。图纸押金________元，在退还图纸时退还(不计利息)。

③邮购招标文件的，需另加手续费(含邮费)________元。招标人在收到单位介绍信和邮购款(含手续费)后________日内寄送。

(6)投标文件的递交。在招标公告中，投标文件的递交填写格式如下：

①投标文件递交的截止时间(投标截止时间，下同)为________年________月________日________时________分，地点为____________(有形建筑市场/交易中心名称及地址)。

②逾期送达的或者未送达指定地点的投标文件，招标人不予受理。

(7)发布公告的媒介。在招标公告中，投标文件的递交填写格式如下：

本次招标公告同时在____________(发布公告的媒介名称)上发布。

(8)联系方式。

招 标 人：________________	招标代理机构：________________
地　　址：________________	地　　址：________________
邮　　编：________________	邮　　编：________________
联 系 人：________________	联 系 人：________________
电　　话：________________	电　　话：________________
传　　真：________________	传　　真：________________
电子邮件：________________	电子邮件：________________
网　　址：________________	网　　址：________________
开户银行：________________	开户银行：________________
账　　号：________________	账　　号：________________

________年________月________日

2. 投标邀请书

招标人采用邀请招标方式，应向三个以上具备承担招标项目的能力、资信良好的法人或者其他组织发出投标邀请书。投标邀请书的格式参照上述“招标公告”及《中华人民共和国标准施工招标文件》的相关内容。

二、投标人须知

1. 投标人须知前附表

投标人须知前附表用于进一步明确正文中的未尽事宜，由招标人根据招标项目具体特点和实际需要编制和填写，但务必与招标文件中其他章节相衔接，并不得与正文相应内容相抵触，否则抵触内容无效。

2. 总则

投标须知的总则包括项目概况，资金来源和落实情况，招标范围、计划工期和质量要求，投标人资格要求，费用承担(投标人准备和参加投标活动发生的费用自理)，保密(参与招标投标活动的各方应对招标文件和投标文件中的商业和技术等秘密保密，违者应对由此造成的后果承担法律责任)，语言文字，计量单位，踏勘现场，投标预备会，分包及偏离等内容。

需要说明以下几个问题：

(1)踏勘现场。招标人对于投标须知前附表要求组织踏勘现场的，招标人按投标人须知前附表规定的时间、地点等组织投标人踏勘项目现场。踏勘现场应符合下列规定：

①投标人踏勘现场发生的费用自理。

②除招标人的原因外，投标人自行负责在踏勘现场中所发生的人员伤亡和财产损失。

③招标人在踏勘现场中介绍的工程场地和相关的周边环境情况，供投标人在编制投标文件时参考，招标人不对投标人据此作出的判断和决策负责。

(2)投标预备会。投标人须知前附表规定召开投标预备会的，招标人按投标人须知前附表规定的时间和地点召开投标预备会，澄清投标人提出的问题。

①投标人应在投标人须知前附表规定的时间前，以书面形式将提出的问题送至招标人，以便招标人在会议期间澄清。

②投标预备会后，招标人在投标人须知前附表规定的时间内，将对投标人所提问题的澄清，以书面方式通知所有购买招标文件的投标人；该澄清内容为招标文件的组成部分。

(3)分包。投标人拟在中标后将中标项目的部分非主体、非关键性工作进行分包的，应符合投标人须知前附表规定的分包内容、分包金额和接受分包的第三人资质要求等限制性条件。

(4)偏离。投标人须知前附表允许投标文件偏离招标文件某些要求的，偏离应当符合招标文件规定的偏离范围和幅度。

3. 招标文件

在投标人须知中，招标文件部分主要包括招标文件的组成、招标文件的澄清及招标文件的修改。

4. 投标文件

在投标人须知中，投标文件部分主要包括投标文件的组成、投标报价、投标有效期、投标保证金、资格审查资料、备选投标方案及投标文件的编制。

5. 投标

投标内容一般包括投标文件的密封和标注，投标文件的递交及投标文件的修改与撤回。

6. 开标

开标内容一般包括开标时间、地点和开标程序。

7. 评标

在投标人须知中，评标部分主要包括评标委员会组成、评标原则和评标办法。

8. 合同授予

合同授予是投标须知中对授予合同问题的解释说明。其主要内容包括合同授予标准、中标通知书、合同的签署、履约担保等。

三、评标方法

评标办法是评标委员会的评标专家在评标过程中对所有投标文件的评审依据，评标委员会不能采用招标文件中没有标明的方法和标准进行评标。

评标办法可分为经评审的最低投标价法和综合评估法两类。

1. 经评审的最低投标价法

(1)评标方法。经评审的最低投标价法的具体做法为：评标委员会对满足招标文件实质要求的投标文件，根据规定的量化因素及量化标准进行价格折算，按照经评审的投标价由低到高的顺序推荐中标候选人，或根据招标人授权直接确定中标人，但投标报价低于其成本的除外。经评审的投标价相等时，投标报价低的优先；投标报价也相等的，由招标人自行确定。

采用经评审的最低投标价法，评标委员会对报价进行评审时，特别是对报价明显较低的或者在设有标底时明显低于标底的，必须经过质疑、答辩的程序，或要求投标人提出相关说明资料，以证明具有实现低标价的有力措施，保证方案合理可行且不低于投标人的个别成本。

经评审的最低投标价法一般适用于具有通用技术、性能标准或者招标人对其技术、性能没有特殊要求，工程质量、工期、成本受施工技术管理方案影响较小的招标项目。

(2)评审标准。

①初步评审标准。初步评审因素及其标准的内容在招标文件中可以用“评分办法前附表”标明。采用经评审的最低投标价法的初步评审因素及标准见表 2-10。

表 2-10　采用经评审的最低投标价法的初步评审因素及标准

条款号	条款	评审因素	评审标准
1	形式评审标准	投标人名称	与营业执照、资质证书、安全生产许可证一致
		投标函签字盖章	由法定代表人或其委托代理人签字或加盖单位章
		投标文件格式	符合“投标文件格式”的要求
		联合体投标人	提交联合体协议书，并明确联合体牵头人(如有)
		报价唯一	只能有一个有效报价
		……	……
2	资格评审标准	营业执照	具备有效的营业执照
		安全生产许可证	具备有效的安全生产许可证
		资质等级	符合“投标人须知”规定
		财务状况	符合“投标人须知”规定
		类似项目业绩	符合“投标人须知”规定
		信誉	符合“投标人须知”规定
		项目经理	符合“投标人须知”规定
		其他要求	符合“投标人须知”规定
		联合体投标人	符合“投标人须知”规定(如有)
		……	……

续表

条款号	条款	评审因素	评审标准
3	响应性评审标准	投标内容	符合“投标人须知”规定
		工期	符合“投标人须知”规定
		工程质量	符合“投标人须知”规定
		投标有效期	符合“投标人须知”规定
		投标保证金	符合“投标人须知”规定
		权利与义务	符合“合同条款及格式”规定
		已标价工程量清单	符合“工程量清单”给出的范围及数量
		技术标准和要求	符合“技术标准和要求”规定
		……	……
4	施工组织设计和项目管理机构评审标准	施工方案与技术措施	……
		质量管理体系与措施	……
		安全管理体系与措施	……
		环境保护管理体系与措施	……
		工程进度计划与措施	……
		资源配备计划	……
		技术负责人	……
		其他主要人员	……
		施工设备	……
		试验、检测仪器设备	……
		……	……

②详细评审标准。采用经评审的最低投标价法的详细评审因素及标准见表2-11。

表2-11　采用经评审的最低投标价法的详细评审因素及标准

条款号	量化因素	量化标准
详细评审标准	单价遗漏	……
	付款条件	……
	……	……

(3)评审程序。

①初步评审。对未进行资格预审的，评标委员会可以要求投标人提交“投标人须知”中规定的有关证明和证件的原件，以便核验。评标委员会依据规定的标准对投标文件进行初步评审。有一项不符合评审标准的，作为废标处理。

对已进行资格预审的，评标委员会依据规定的标准对投标文件进行初步评审。有一项不符合评审标准的，作为废标处理。当投标人资格预审申请文件的内容发生重大变化时，评标委员会依据规定的标准对其更新资料进行评审。

投标人有以下情形之一的，其投标作为废标处理：有“投标人须知”中规定的任何一种情形的；串通投标或弄虚作假或有其他违法行为的；不按评标委员会要求澄清、说明或补正的。

投标报价有算术错误的，评标委员会对投标报价进行修正，具体要求为：投标文件中的大写金额与小写金额不一致的，以大写金额为准；总价金额与依据单价计算出的结果不一致的，以单价金额为准修正总价，但单价金额小数点有明显错误的除外。修正的价格经投标人书面确认后具有约束力。投标人不接受修正价格的，其投标作为废标处理。

②详细评审。评标委员会按规定的量化因素和标准进行价格折算，计算出评标价，并编制价格比较一览表。

评标委员会发现投标人的报价明显低于其他投标报价，或者在设有标底时明显低于标底，使得其投标报价可能低于其成本的，应当要求该投标人作出书面说明并提供相应的证明材料。投标人不能合理说明或者不能提供相应证明材料的，由评标委员会认定该投标人以低于成本报价竞标，其投标作为废标处理。

③投标文件的澄清和补正。在评标过程中，评标委员会可以书面形式要求投标人对所提交的投标文件中不明确的内容进行书面澄清或说明，或者对细微偏差进行补正。评标委员会不接受投标人主动提出的澄清、说明或补正。

澄清、说明和补正不得改变投标文件的实质性内容(算术性错误修正的除外)。投标人的书面澄清、说明和补正属于投标文件的组成部分。

评标委员会对投标人提交的澄清、说明或补正有疑问的，可以要求投标人进一步澄清、说明或补正，直至满足评标委员会的要求。

④评标结果。除“投标人须知”前附表授权直接确定中标人外，评标委员会按照经评审的价格由低到高的顺序推荐中标候选人。评标委员会完成评标后，应当向招标人提交书面评标报告。

2. 综合评估法

(1)评标方法。

综合评估法的具体方法为：评标委员会对满足招标文件实质性要求的投标文件，按照规定的评分标准进行打分，并按得分由高到低顺序推荐中标候选人，或根据招标人授权直接确定中标人，但投标报价低于其成本的除外。综合评分相等时，以投标报价低的优先；投标报价也相等的，由招标人自行确定。

采用综合评估法的，投标人经过充分考虑衡量后，需要编制施工组织建议方案及按照工程量清单进行报价、提供技术标书和经济报价。投标文件是否最大限度地满足招标文件中规定的各项评价标准，需要将报价、施工组织设计(施工方案)、质量保证、工期保证、业绩与信誉等评价因素赋予不同的权重，用打分的方法或折算货币的方法，计算出总得分，评出中标人。需要量化的因素及其权重应当在招标文件中明确规定。

综合评估法一般适用于工程技术复杂、专业性较强、工程项目规模较大、履约工期长、工程施工技术管理方案的选择性较大，且工程质量、工期、成本受施工技术管理方案影响较大的招标项目。

(2)评审标准。

①初步评审标准。初步评审因素及其标准的内容在招标文件中可以用“评标办法前附表”标明。采用综合评估法的初步评审因素及标准见表 2-12。

表 2-12　采用综合评估法的初步评审因素及标准

条款号	条款	评审因素	评审标准
1	形式评审标准	投标人名称	与营业执照、资质证书、安全生产许可证一致
		投标函签字盖章	由法定代表人或其委托代理人签字或加盖单位章
		投标文件格式	符合“投标文件格式”的要求
		联合体投标人	提交联合体协议书，并明确联合体牵头人
		报价唯一	只能有一个有效报价
		……	……
2	资格评审标准	营业执照	具备有效的营业执照
		安全生产许可证	具备有效的安全生产许可证
		资质等级	符合“投标人须知”规定
		财务状况	符合“投标人须知”规定
		类似项目业绩	符合“投标人须知”规定
		信誉	符合“投标人须知”规定
		项目经理	符合“投标人须知”规定
		其他要求	符合“投标人须知”规定
		联合体投标人	符合“投标人须知”规定
		……	……
3	响应性评审标准	投标内容	符合“投标人须知”规定
		工期	符合“投标人须知”规定
		工程质量	符合“投标人须知”规定
		投标有效期	符合“投标人须知”规定
		投标保证金	符合“投标人须知”规定
		权利与义务	符合“合同条款及格式”规定
		已标价工程量清单	符合“工程量清单”给出的范围及数量
		技术标准和要求	符合“技术标准和要求”规定
		……	……

②分值构成。采用综合评估法的分值构成见表 2-13。

表 2-13 采用综合评估法的分值构成

条款号	条款内容	编列内容
1	分值构成(总分 100 分)	施工组织设计： 分 项目管理机构： 分 投标报价： 分 其他评分因素： 分
2	评标基准价计算方法	
3	投标报价的偏差率计算公式	偏差率＝100％×(投标人报价－评标基准价)/评标基准价

③评分标准。采用综合评估法的评分标准见表 2-14。

表 2-14 采用综合评估法的评分标准

条款号	条款	评分因素	评分标准
1	施工组织设计评分标准	内容完整性和编制水平	……
		施工方案与技术措施	……
		质量管理体系与措施	……
		安全管理体系与措施	……
		环境保护管理体系与措施	……
		工程进度计划与措施	……
		资源配备计划	……
		……	……
2	项目管理机构评分标准	项目经理任职资格与业绩	……
		技术负责人任职资格与业绩	……
		其他主要人员	……
		……	……
3	投标报价评分标准		
4	其他因素评分标准		

(3)评标程序。

综合评估法的评标程序与经评审的最低投标价法的评标程序大致相同，只是详细评审时的评分计算方法不同，现作如下介绍：

①评标委员会按规定的量化因素和分值进行打分，并计算出综合评估得分。

a. 按规定的评审因素和分值对施工组织设计计算出得分 A。

b. 按规定的评审因素和分值对项目管理机构计算出得分 B。

c. 按规定的评审因素和分值对投标报价计算出得分C。

d. 按规定的评审因素和分值对其他部分计算出得分D。

②评分分值计算保留小数点后两位，小数点后第三位“四舍五入”。

③投标人得分＝A＋B＋C＋D。

四、合同条款及格式

合同条款及格式规定了合同所采用的文本格式。招标单位与中标单位依据所采用的合同格式，结合具体工程情况，协议签订合同条款。合同条款使用说明如下：

(1)合同条款根据国家有关法律、法规和部门规章，以及按合同管理的操作要求进行约定和设置。

(2)合同条款是以发包人委托监理人管理工程合同的模式下设定合同当事人的权利、义务和责任，区别于由发包人和承包人双方直接进行约定和操作的合同管理模式。

(3)合同条款对发包人、承包人的责任进行了恰当划分；在材料和设备、工程质量、计量、变更、违约责任等方面，对双方当事人权利、义务、责任作了相对具体、集中和具有操作性的规定，为明确责任、减少合同纠纷提供了条件。

(4)为了保证合同的完整性和严密性，便于合同管理并兼顾到各行业的不同特点，合同条款应留有空间，供行业主管部门和招标人根据项目具体情况编制专用合同条款予以补充，使整个合同文件趋于完整和严密。

(5)合同条款同时适用于单价合同和总价合同。

(6)从合同的公平原则出发，合同条款引入了争议评审机制，供当事人选择使用，以更好地引导双方解决争议，提高合同管理效率。

(7)为增强合同管理可操作性，合同条款设置了几个主要的合同管理程序，包括工程进度控制程序、暂停施工程序、隐蔽部位覆盖检查程序、变更程序、工程进度付款及修正程序、竣工结算程序、竣工验收程序、最终结清程序、争议解决程序等。

通常《合同协议书》格式如下。

合同协议书

__________(发包人名称，以下简称“发包人”)为实施__________________________(项目名称)，已接受________(承包人名称，以下简称“承包人”)对该项目________标段施工的投标。发包人和承包人共同达成如下协议：

1. 本协议书与下列文件一起构成合同文件：

(1)中标通知书。

(2)投标函及投标函附录。

(3)专用合同条款。

(4)通用合同条款。

(5)技术标准和要求。

(6)图纸。

(7)已标价工程量清单。

(8)其他合同文件。

2. 上述文件互相补充和解释，如有不明确或不一致之处，以合同约定次序在先者为准。

3. 签约合同价：人民币(大写)__________元(¥__________)。

4. 承包人项目经理：__________。

5. 工程质量符合__________标准。

6. 承包人承诺按合同约定承担工程的实施、完成及缺陷修复。

7. 发包人承诺按合同约定的条件、时间和方式向承包人支付合同价款。

8. 承包人应按照监理人指示开工，工期为______日历天。

9. 本协议书一式______份，合同双方各执一份。

10. 合同未尽事宜，双方另行签订补充协议；补充协议是合同的组成部分。

发包人：__________(盖单位章)　承包人：__________(盖单位章)

法定代表人或其委托代理人：______(签字)　法定代表人或其委托代理人：______(签字)

____年____月____日　____年____月____日

五、招标工程量清单

工程量清单是表现拟建工程的分部分项工程项目、措施项目、其他项目、规费项目和税金项目的名称与相应数量的明细清单。工程量清单包括分部分项工程量清单、措施项目清单、其他项目清单、规费项目清单和税金项目清单。

1. 工程量清单的说明

(1)工程量清单根据招标文件中包括的有合同约束力的图纸，以及有关工程量清单的国家标准、行业标准、合同条款中约定的工程量计算规则编制。

(2)工程量清单应与招标文件中的投标人须知、通用合同条款、专用合同条款、技术标准和要求及图纸等一起阅读和理解。

(3)工程量清单仅是投标报价的共同基础，实际工程计量和工程价款的支付应遵循合同条款的约定及相关技术标准和要求的规定。

(4)补充子目工程量计算规则及子目工作内容说明，以解决招标文件所约定的国家或行业标准工程量计算规则中没有的子目，或者为方便计量而对所约定的工程量清单中规定的若干子目进行适当拆分或者合并问题。

2. 工程量清单的编制

(1)分部分项工程项目清单。分部分项工程项目清单必须载明项目编码、项目名称、项目特征、计量单位和工程量。其是构成一个分部分项工程项目清单的五个要件，在分部分项工程项目清单的组成中缺一不可。分部分项工程项目清单必须根据《房屋建筑与装饰工程工程量计算规范》(GB 50854—2013)规定的项目编码、项目名称、项目特征、计量单位和工程量计算规则进行编制。

(2)措施项目清单。能计量的措施项目(即单价措施项目)，与分部分项工程项目清单一样，编制工程量清单时必须列出项目编码、项目名称、项目特征、计量单位。对不能计量、《房屋建筑与装饰工程工程量计算规范》(GB 50854—2013)中仅列出项目编码、项目名称，未列出项目特征、计量单位和工程量计算规则的措施项目(即总价措施项目)，编制工程量清单时可仅按项目编码、项目名称确定清单项目，不必描述其项目特征和确定其计量单位。

(3)其他项目清单。其他项目清单是指分部分项清单项目和措施项目以外，该工程项目施工中可能发生的其他费用项目和相应数量的清单。

①暂列金额。暂列金额是招标人在工程量清单中暂定并包括在合同价款中的一笔款项。清单计价规范中明确规定暂列金额用于施工合同签订时尚未确定或者不可预见的所需材料、设备、服务的采购，施工中可能发生的工程变更、合同约定调整因素出现时的工程价款调整以及发生的索赔、现场签证确认等的费用。

②暂估价。暂估价是指招标阶段直至签订合同协议时，招标人在招标文件中提供的用于支付必然发生但暂时不能确定价格的材料以及专业工程的金额。暂估价包括材料暂估单价、工程设备暂估单价和专业工程暂估价。

③计日工。计日工是为解决现场发生的零星工作的计价而设立的，其为额外工作和变更的计价提供了一个方便快捷的途径。计日工适用的所谓零星工作一般是指合同约定之外的或者因变更而产生的、工程量清单中没有相应项目的额外工作，尤其是那些不允许事先商定价格的额外工作。计日工以完成零星工作所消耗的人工工时、材料数量、机械台班进行计量，并按照计日工表中填报的适用项目的单价进行计价支付。

④承包服务费。总承包服务费是为了解决招标人在法律、法规允许的条件下进行专业工程发包，以及自行供应材料、设备，并需要总承包人对发包的专业工程提供协调和配合服务，对供应的材料、设备提供收、发和保管服务以及进行施工现场管理时发生，并向总承包人支付的费用。招标人应预计该项费用并按投标人的投标报价向投标人支付该项费用。

(4)规费项目清单。规费是根据省级政府或省级有关权力部门规定必须缴纳的，应计入建筑安装工程造价的费用。根据住房和城乡建设部、财政部《关于印发〈建筑安装工程费用项目组成〉的通知》(建标〔2013〕44 号)的规定，规费主要包括社会保险费、住房公积金、工程排污费，其中社会保险费包括养老保险费、医疗保险费、失业保险费、工伤保险费和生育保险费。清单编制人对《建筑安装工程费用项目组成》中未包括的规费项目，在编制规费项目清单时应根据省级政府或省级有关权力部门的规定列项。

(5)税金项目清单。根据住房和城乡建设部、财政部《关于印发〈建筑安装工程费用项目组成〉的通知》(建标〔2013〕44 号)的规定，目前我国税法规定应计入建筑安装工程造价的税种包括增值税、城市建设维护税、教育费附加和地方教育附加。如国家税法发生变化，税务部门依据职权增加了税种，应对税金项目清单进行补充。

建筑装饰工程工程量清单的编制格式及示例见表 2-15～表 2-23。

表 2-15　分部分项工程和单价措施项目清单与计价表

工程名称：×××装饰装修工程　　　　标段：　　　　第　页共　页

序号	项目编码	项目名称	项目特征描述	计量单位	工程量	金额/元		
						综合单价	合价	其中：暂估价
			0111 楼地面装饰工程					
1	011101001001	水泥砂浆楼地面	二层楼面粉水泥砂浆，1∶2 水泥砂浆，厚 20 mm	m^2	10.68			

续表

序号	项目编码	项目名称	项目特征描述	计量单位	工程量	金额/元		
						综合单价	合价	其中：暂估价
2	011102001001	石材楼地面	一层大理石地面，混凝土垫层C10，厚0.08 m，0.80 m×0.80 m大理石面层	m^2	83.25			
			（其他略）					
			分部小计					
			0112墙、柱面装饰与隔断、幕墙工程					
3	011201001001	墙面一般抹灰	混合砂浆15 mm厚，888涂料3遍	m^2	926.15			
4	011204003001	块料墙面	瓷板墙裙，砖墙面层，17 mm厚1∶3水泥砂浆	m^2	66.32			
			（其他略）					
			分部小计					
			0113天棚工程					
5	011301001001	天棚抹灰	天棚抹灰（现浇板底），7 mm厚1∶4水泥、石灰砂浆，5 mm厚1∶0.5∶3水泥砂浆，888涂料3遍	m^2	123.61			
6	011302002001	格栅吊顶	不上人型U形轻钢龙骨600 mm×600 mm间距，600 mm×600 mm石膏板面层	m^2	162.40			
			（其他略）					
			分部小计					
			0108门窗工程					
7	010801001001	胶合板门	胶合板门M－2，900 mm×2 400 mm，杉木框钉5 mm胶合板，面层3 mm厚榉木板，聚氨酯5遍，门碰、执手锁11个	樘	13			

续表

序号	项目编码	项目名称	项目特征描述	计量单位	工程量	金额/元		
						综合单价	合价	其中：暂估价
8	010807001001	金属平开窗	铝合金平开窗，1 500 mm×1 500 mm铝合金 1.2 mm 厚，50系列5 mm厚白玻璃	樘	8			
		(其他略)						
		分部小计						
		0114 油漆、涂料、裱糊工程						
9	011406001001	抹灰面油漆	外墙门窗套外墙漆，水泥砂浆面上刷外墙漆	m^2	42.82			
		(其他略)						
		分部小计						
		0117 措施项目						
10	011701001001	综合脚手架	砖混结构，檐高 21 m	m^2	5 628			
		(其他略)						
		分部小计						
合　计								
注：为计取规费等使用，可在表中增设“其中：定额人工费”。								

表 2-16　总价措施项目清单与计价表

工程名称：×××装饰装修工程　　　　标段：　　　　第　页共　页

序号	项目编码	项目名称	计算基础	费率/%	金额/元	调整费费率/%	调整后金额/元	备　注
	011707001001	安全文明施工费						
	011707002001	夜间施工增加费						
	011207004001	二次搬运费						
	011707005001	冬、雨期施工增加费						
	011707007001	已完工程及设备保护费						

续表

序号	项目编码	项目名称	计算基础	费率/%	金额/元	调整费费率/%	调整后金额/元	备注
合计								

注：1. “计算基础”中安全文明施工费可为“定额基价”“定额人工费”或“定额人工费＋定额机械费”，其他项目可为“定额人工费”或“定额人工费＋定额机械费”。

2. 按施工方案计算的措施费，若无“计算基础”和“费率”的数值，也可只填“金额”数值，但应在备注栏说明施工方案出处或计算方法。

编制人(造价人员)： 复核人(造价工程师)：

表 2-17 其他项目清单与计价汇总表

工程名称：×××装饰装修工程 标段： 第 页共 页

序号	项目名称	金额/元	结算金额/元	备注
1	暂列金额	56 000.00		
2	暂估价	76 000.00		
2.1	材料(工程设备)暂估价/结算价	—		
2.2	专业工程暂估价/结算价	76 000.00		
3	计日工			
4	总承包服务费			
5				
合计				

注：材料(工程设备)暂估单价计入清单项目综合单价，此处不汇总。

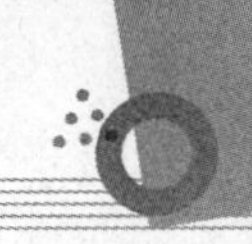

表 2-18　暂列金额明细表

工程名称：×××装饰装修工程　　　　标段：　　　　第　页共　页

序号	项目名称	计量单位	暂定金额/元	备　注
1	图纸中已经标明可能位置，但未最终确定是否需要的主入口处的钢结构雨篷工程的安装工作	项	50 000.00	此部分的设计图纸有待进一步完善
2	其他	项	6 000.00	
3				
合　计			56 000.00	

注：此表由招标人填写，如不能详列，也可只列暂定金额总额，投标人应将上述暂列金额计入投标总价中。

表 2-19　材料(工程设备)暂估单价及调整表

工程名称：×××装饰装修工程　　　　标段：　　　　第　页共　页

序号	材料(工程设备)名称、规格、型号	计量单位	数量		暂估/元		确认/元		差额/元		备　注
			暂估	确认	单价	合价	单价	合价	单价	合价	
1	胶合板门	樘	13		856.00	11 128.00					含门框、门扇，用于本工程的门安装工程项目
合　计						11 128.00					

注：此表由招标人填写“暂估单价”，并在“备注”栏说明暂估单价的材料、工程设备拟用在哪些清单项目上，投标人应将上述材料、工程设备暂估单价计入工程量清单综合单价报价中。

表 2-20 专业工程暂估价及结算价表

工程名称：×××装饰装修工程　　　　标段：　　　　第　页共　页

序号	工程名称	工作内容	暂估金额/元	结算金额/元	差额/元	备　注
1	消防工程	合同图纸中标明的以及工程规范和技术说明中规定的各系统，包括但不限于消火栓系统、消防及游泳池供水系统、水喷淋系统、火灾自动报警系统及消防联动系统中的设备、管道、阀门、线缆等的供应、安装和调试工作	76 000.00			
合　计			76 000.00			
注：此表“暂估金额”由招标人填写，招标人应将“暂估金额”计入投标总价中。结算时按合同约定结算金额填写。						

表 2-21 计日工表

工程名称：×××装饰装修工程　　　　标段：　　　　第　页共　页

编号	项目名称	单位	暂定数量	实际数量	综合单价/元	合价/元	
						暂定	实际
一	人工						
1	普工		50				
2	技工		39				
3							
4							
人工小计							
二	材料						
1	水泥 P·O42.5	t	5				
2	中砂	m^3	18				

续表

编号	项目名称	单位	暂定数量	实际数量	综合单价/元	合价/元	
						暂定	实际
3	卵石 5～40 mm	m^3	30				
4							
5							
材料小计							
三	施工机械						
1	灰浆搅拌机	台班	30				
2	地板磨光机	台班	10				
3							
施工机械小计							
四、企业管理费和利润							
总　计							

注：此表项目名称、暂定数量由招标人填写，编制招标控制价时，单价由招标人按有关规定确定；投标时，单价由投标人自主确定，按暂定数量计算合价计入投标总价中；结算时，按发、承包双方确定的实际数量计算合价。

表 2-22　总承包服务费计价表

工程名称：×××装饰装修工程　　　　标段：　　　　第　页共　页

序号	项目名称	项目价值/元	服务内容	计算基础	费率/%	金额/元
1	发包人发包专业工程	76 000	(1)按专业工程承包人的要求提供施工作业面并对施工现场进行统一管理 (2)为专业工程承包人提供垂直运输机械和焊接电源接入点，并承担垂直运输费和电费			
2	发包人提供材料	11 128.00	对发包人供应的材料进行验收保管及使用发放			
	合　计	—	—		—	

注：此表项目名称、服务内容由招标人填写，编制招标控制价时，费率及金额由招标人按有关计价规定确定；投标时，费率及金额由投标人自主报价，计入投标总价中。

表 2-23　规费、税金项目计价表

工程名称：×××装饰装修工程　　　　　　　　标段：　　　　　　　　　　第　页共　页

序号	项目名称	计算基础	计算基数	计算费率/%	金额/元
1	规费	定额人工费			
1.1	社会保险费	定额人工费			
(1)	养老保险费	定额人工费			
(2)	失业保险费	定额人工费			
(3)	医疗保险费	定额人工费			
(4)	工伤保险费	定额人工费			
(5)	生育保险费	定额人工费			
1.2	住房公积金	定额人工费			
1.3	工程排污费	按工程所在地环境保护部门收取标准，按实计入			
2	税金	分部分项工程费＋措施项目费＋其他项目费＋规费－按规定不计税的工程设备金额			
合　计					

编制人：　　　　　　　　　　　　　　　　复核人（造价工程师）：

六、图纸

招标文件中的图纸，不仅是投标人拟定施工方案、确定施工方法、提出代替方案、计算投标报价必不可少的资料，也是工程合同的组成部分。因此，必须列出图纸序号、图名、图号、版本、出图日期等内容。

七、技术标准和要求

列出建筑装饰工程各项目的适用规范及标准。

八、投标文件格式

提供投标文件的统一格式，包括目录、投标函及投标函的附录、法定代表人身份证明、授权委托书、联合体协议书、投标保证金、已标价工程量清单、施工组织设计等。

案例

某学校教学楼装修工程具备招标条件，决定进行公开招标。招标人委托某招标代理机构K进行招标代理。招标方案由K招标代理机构编制，经招标人同意后实施。招标文件规定本项目采取公开招标、资格后审方式选择承包人，同时规定投标有效期为90天。2017年10月12日下午4：00为投标截止时间，2017年10月14日下午2：00在某某会议室召开开标会议。

2017年9月15日，K招标代理机构在国家指定媒介上发布招标公告。招标公告内容包括：招标人的名称和地址；招标代理机构的名称和地址；招标项目的内容、规模及标段的划分情况；招标项目的实施地点和工期；对招标文件收取的费用。

2017年9月18日，招标人开始出售招标文件。2017年9月22日，有两家外省市的施工单位前来购买招标文件，被告知招标文件已停止出售。

截至2017年10月12日下午4：00即投标文件递交截止时间，共有48家投标单位提交了投标文件。在招标文件规定的时间进行开标，经招标人代表检查投标文件的密封情况后，由招标代理机构当众拆封，宣读投标人名称、投标价格、工期等内容，并由投标人代表对开标结果进行了签字确认。

随后，招标人依法组建的评标委员会对投标人的投标文件进行了评审，最后确定了A、B、C三家投标人分别为某合同段第一、第二、第三中标候选人。招标人于2017年10月28日向A投标人发出了中标通知书，A中标人于当日确认收到此中标通知书。此后，自10月30日至11月30日招标人又与A投标人就合同价格进行了多次谈判，于是A投标人将价格在正式报价的基础上下浮了0.5%，最终双方于12月3日签订了书面合同。

问题：

1. 针对本工程的一个完整的招标程序是什么？

2. 本案例招标投标程序有哪些不妥之处？为什么？

分析：

1. 针对本工程，一个完整的招标程序如下：

成立招标工作小组→委托招标代理机构→编制招标文件→编制标底(如有)→发布招标公告→出售招标文件→组织现场踏勘和招标答疑→接受投标文件→开标→评标→确定中标人→发出中标通知书→签订合同协议书。

2. 本案例招标程序中，存以下不妥之处：

(1)开标时间2017年10月14日下午2：00与提交投标文件的截止时间2017年10月12日下午4：00不一致不妥。《中华人民共和国招标投标法》第三十四条规定，开标应当在招标文件确定的提交投标文件截止时间的同一时间公开进行。

(2)招标公告的内容不全。《工程建设项目施工招标投标办法》第十四条规定，除已明确的内容外，还应载明以下事项：招标项目的资金来源、获取招标文件的时间和地点、对投标人的资质等级要求等(注：在这里提醒大家，记住招标公告的编写方法与内容)。

(3)招标文件停止出售的时间不妥。《工程建设项目施工招标投标办法》第十五条规定，自招标文件开始出售之日起至停止出售止，最短不得少于五日。

(4)由招标人代表检查投标文件的密封情况不妥。《中华人民共和国招标投标法》第三十六条规定，开标时，由投标人或者其推选的代表检查投标文件的密封情况，也可以由招标人委托的公证机构检查并公证。

(5)中标通知书发出后，招标人与中标人A就合同价格进行谈判不妥。《中华人民共和国招标投标法》第四十六条规定，招标人和中标人应当自中标通知书发出之日起30日内，按照招标文件和中标人的投标文件订立书面合同。招标人和中标人不得再行订立背离合同实质性内容的其他协议。这里的合同价格属于《中华人民共和国招标投标法》第四十三条界定的实质性内容。

(6)招标人和中标人签订书面合同的期限和合同价格不妥。《中华人民共和国招标投标法》第四十六条规定，招标人和中标人应当自中标通知书发出之日起30日内，按照招标文件和中标人的投标文件订立书面合同。本案例中通知书于10月28日发出，直至12月3日才签订了书面合同，已超过了法律规定的30日期限。

中标人的中标价格属于合同实质性内容，其中标价就是签约合同价。本案例中将其下浮0.5%后作为签约合同价，违反了《中华人民共和国招标投标法》。

第四节　建筑装饰工程招标控制价的编制

一、建筑装饰工程招标控制价与标底的关系

招标控制价是推行工程量清单计价过程中对传统标底概念的性质进行界定后所设置的专业术语，它使招标时评标定价的管理方式发生了很大的变化。设标底招标、无标底招标以及招标控制价招标的利弊分析如下。

1. 设标底招标

(1)设标底时易发生泄露标底及暗箱操作的现象，失去招标的公平公正性，容易诱发违法违规行为。

(2)编制的标底价是预期价格，因较难考虑施工方案、技术措施对造价的影响，容易与市场造价水平脱节，不利于引导投标人理性竞争。

(3)标底在评标过程的特殊地位使标底价成为左右工程造价的杠杆，不合理的标底会使合理的投标报价在评标中显得不合理，有可能成为地方或行业保护的手段。

(4)将标底作为衡量投标人报价的基准，导致投标人尽力地去迎合标底，往往招标投标过程反映的不是投标人实力的竞争，而是投标人编制预算文件能力的竞争，或者各种合法

或非法的“投标策略”的竞争。

2. 无标底招标

(1)容易出现围标串标现象，各投标人哄抬价格，给招标人带来投资失控的风险。

(2)容易出现低价中标后偷工减料，以牺牲工程质量来降低工程成本，或产生先低价中标，后高额索赔等不良后果。

(3)评标时，招标人对投标人的报价没有参考依据和评判基准。

3. 招标控制价招标

(1)采用招标控制价招标的优点如下：

①可有效控制投资，防止恶性哄抬报价带来的投资风险。

②提高了透明度，避免了暗箱操作、寻租等违法活动的产生。

③可使各投标人自主报价、公平竞争，符合市场规律。投标人自主报价，不受标底的左右。

④既设置了控制上限又尽量地减少了业主依赖评标基准价的影响。

(2)采用招标控制价招标也可能出现如下问题：

①若“最高限价”大大高于市场平均价时，就预示中标后利润很丰厚，只要投标不超过公布的限额都是有效投标，从而可能诱导投标人串标围标。

②若公布的最高限价远远低于市场平均价，就会影响招标效率。即可能出现只有1～2人投标或出现无人投标情况，因为按此限额投标将无利可图，超出此限额投标又成为无效投标，结果使招标人不得不修改招标控制价进行二次招标。

二、编制招标控制价的规定

(1)国有资金投资的工程建设项目应实行工程量清单招标，招标人应编制招标控制价，并应当拒绝高于招标控制价的投标报价，即投标人的投标报价若超过公布的招标控制价，则其投标应被否决。

(2)招标控制价应由具有编制能力的招标人或受其委托、具有相应资质的工程造价咨询人编制。工程造价咨询人不得同时接受招标人和投标人对同一工程的招标控制价和投标报价的编制。

(3)招标控制价应当依据工程量清单、工程计价有关规定和市场价格信息等编制。招标控制价应在招标文件中公布，对所编制的招标控制价不得进行上浮或下调。招标人应当在招标时公布招标控制价的总价，以及各单位工程的分部分项工程费、措施项目费、其他项目费、规费和税金。

(4)招标控制价超过批准的概算时，招标人应将其报原概算审批部门审核。这是由于我国对国有资金投资项目的投资控制实行的是设计概算审批制度，国有资金投资的工程原则上不能超过批准的设计概算。

(5)投标人经复核认为招标人公布的招标控制价未按照《建设工程工程量清单计价规范》(GB 50500—2013)的规定进行编制的，应在招标控制价公布后5天内向招标投标监督机构和工程造价管理机构投诉。工程造价管理机构受理投诉后，应立即对招标控制价进行复查，组织投诉人、被投诉人或其委托的招标控制价编制人等单位人员对投诉问题逐一核对。工程造价管理机构应当在受理投诉的10天内完成复查，特殊情况下可适当延长，并作出书面结论通知投诉人、被投诉人及负责该工程招投标监督的招投标管理机构。当招标控制价复查结论与原公布的招标控制价误差大于±3%时，应责成招标人改正。当重新公布招标控制价时，若重新公布之日起至原投标截止期不足15天的应延长投标截止期。

(6)招标人应将招标控制价及有关资料报送工程所在地或有该工程管辖权的行业管理部门工程造价管理机构备查。

三、招标控制价的编制依据

招标控制价的编制依据是指在编制招标控制价时需要进行工程量计量、价格确认、工程计价的有关参数、率值的确定等工作时所需的基础性资料，主要包括以下几项：

(1)现行国家标准《建设工程工程量清单计价规范》(GB 50500—2013)与专业工程量计算规范。

(2)国家或省级、行业建设主管部门颁发的计价定额和计价办法。

(3)建设工程设计文件及相关资料。

(4)拟定的招标文件及招标工程量清单。

(5)与建设项目相关的标准、规范、技术资料。

(6)施工现场情况、工程特点及常规施工方案。

(7)工程造价管理机构发布的工程造价信息，但工程造价信息没有发布的，参照市场价。

(8)其他的相关资料。

四、招标控制价的编制内容

1. 招标控制计价程序

建设工程的招标控制价反映的是单位工程费用，各单位工程费用是由分部分项工程费、措施项目费、其他项目费、规费和税金组成的。单位工程招标控制价计价程序见表2-24。

由于投标人(施工企业)投标报价计价程序与招标人(建设单位)招标控制价计价程序具有相同的表格，为便于对比分析，此处将两种表格合并列出，其中表格栏目中斜线后带括号的内容用于投标报价，其余为通用栏目。

表2-24　建筑装饰工程招标控制计价程序表

工程名称：　　　　　　　　　　　　　　　　　　　　　　　　标段：第　页 共　页

序号	汇总内容	计算方法	金额/元
1	分部分项工程	按计价规定计算(自主报价)	
1.1			
1.2			
2	措施项目	按计价规定计算(自主报价)	
2.1	其中：安全文明施工费	按规定标准估算(按规定标准计算)	
3	其他项目		
3.1	其中：暂列金额	按计价规定估算/ (按招标文件提供金额计列)	
3.2	其中：专业工程暂估价	按计价规定估算/ (按招标文件提供金额计列)	
3.3	其中：计日工	按计价规定估算/(自主报价)	
3.4	其中：总承包服务费	按计价规定估算/(自主报价)	
4	规费	按规定标准计算	

续表

序号	汇总内容	计算方法	金额/元
5	税金	(人工费+材料费+施工机具使用费+企业管理费+利润+规费)×规定税率	
招标控制价(投标报价)		合计=1+2+3+4+5	
注：本表适用于单位工程招标控制价计算或投标报价计算，如无单位工程划分，单项工程也使用本表。			

2. 分部分项工程费的编制

分部分项工程费应根据招标文件中的分部分项工程项目清单及有关要求，按《建设工程工程量清单计价规范》(GB 50500—2013)有关规定确定综合单价计价。

(1)综合单价的组价过程。招标控制价的分部分项工程费应由各单位工程的招标工程量清单中给定的工程量乘以其相应综合单价汇总而成。综合单价应按照招标人发布的分部分项工程项目清单的项目名称、工程量、项目特征描述，依据工程所在地区颁发的计价定额和人工、材料、机具台班价格信息等进行组价确定。首先，依据提供的工程量清单和施工图纸，按照工程所在地区颁发的计价定额的规定，确定所组价的定额项目名称，并计算出相应的工程量；其次，依据工程造价政策规定或工程造价信息确定其人工、材料、机具台班单价；同时，在考虑风险因素确定管理费率和利润率的基础上，按规定程序计算出所组价定额项目的合价，见式(2-1)，然后将若干项所组价的定额项目合价相加除以工程量清单项目工程量，便得到工程量清单项目综合单价，见式(2-2)，对于未计价材料费(包括暂估单价的材料费)应计入综合单价。

$$\text{定额项目合价}=\text{定额项目工程量}\times[\sum(\text{定额人工消耗量}\times\text{人工单价})+\sum(\text{定额材料消耗量}\times\text{材料单价})+\sum(\text{定额机械台班消耗量}\times\text{机械台班单价})+\text{价差(基价或人工、材料、机具费用)}+\text{管理费和利润}] \tag{2-1}$$

$$\text{工程量清单综合单价}=\frac{\sum\text{定额项目合价}+\text{未计价材料}}{\text{工程量清单项目工程量}} \tag{2-2}$$

(2)综合单价中的风险因素。为使招标控制价与投标报价所包含的内容一致，综合单价中应包括招标文件中要求投标人所承担的风险内容及其范围(幅度)产生的风险费用。

①对于技术难度较大和管理复杂的项目，可考虑一定的风险费用，并纳入综合单价中。

②对于工程设备、材料价格的市场风险，应依据招标文件的规定，工程所在地或行业工程造价管理机构的有关规定，以及市场价格趋势考虑一定率值的风险费用，纳入综合单价中。

③税金、规费等法律、法规、规章和政策变化的风险和人工单价等风险费用不应纳入综合单价。

3. 措施项目费的编制

(1)措施项目费中的安全文明施工费应当按照国家或省级、行业建设主管部门的规定标准计价，该部分不得作为竞争性费用。

(2)措施项目应按招标文件中提供的措施项目清单确定，措施项目分为以“量”计算和以“项”计算两种。对于可计量的措施项目，以“量”计算即按其工程量用与分部分项工程项目清单单价相同的方式确定综合单价；对于不可计量的措施项目，则以“项”为单位，采用费率法按有关规定综合取定，采用费率法时需确定某项费用的计费基数及其费率，结果应是包括除规费、税金以外的全部费用，其计算公式如下：

以“项”计算的措施项目清单费＝措施项目计费基数×费率　　(2-3)

4. 其他项目费的编制

(1)暂列金额。暂列金额由招标人根据工程特点、工期长短，按有关计价规定进行估算，一般可以分部分项工程费的10%～15%为参考。

(2)暂估价。暂估价中的材料单价应按照工程造价管理机构发布的工程造价信息中的材料单价计算，工程造价信息未发布的材料单价，其单价参考市场价格估算；暂估价中的专业工程暂估价应分不同专业，按有关计价规定估算。

(3)计日工。在编制招标控制价时，对计日工中的人工单价和施工机具台班单价应按省级、行业建设主管部门或其授权的工程造价管理机构公布的单价计算；材料应按工程造价管理机构发布的工程造价信息中的材料单价计算，工程造价信息未发布单价的材料，其价格应按市场调查确定的单价计算。

(4)总承包服务费。总承包服务费应按照省级或行业建设主管部门的规定计算，在计算时可参考以下标准：

1)招标人仅要求对分包的专业工程进行总承包管理和协调时，按分包的专业工程估算造价的1.5%计算；

2)招标人要求对分包的专业工程进行总承包管理和协调，并同时要求提供配合服务时，根据招标文件中列出的配合服务内容和提出的要求，按分包的专业工程估算造价的3%～5%计算；

3)招标人自行供应材料的，按招标人供应材料价值的1%计算。

5. 规费和税金的编制

规费和税金必须按国家或省级、行业建设主管部门的规定计算，其中：

税金＝(人工费＋材料费＋施工机具使用费＋企业管理费＋利润＋规费)×综合税率　　(2-4)

案例

某国有资金投资办公楼装修项目，业主委托某具有相应招标代理和造价咨询资质的招标代理机构编制该项目的招标控制价，并采用公开招标方式进行装修招标，为了加大竞争，以减少可能的围标而导致竞争不足，招标人(业主)要求招标代理人对已经根据计价规范、行业主管部门颁发的计价定额、工程量清单、工程造价管理机构发布的造价信息或市场造价信息等资料编制好的招标控制价再下浮10%，并仅公布了招标控制价总价。

问题：

请指出该事件中招标人行为的不妥之处，并说明理由。

分析：

(1)上述实例中招标人的行为有以下不妥之处：招标人要求招标控制价下浮10%。根据《建设工程工程量清单计价规范》(GB 50500—2013)的有关规定，招标控制价在招标时公布，不应上调或下浮。

(2)仅公布招标控制价总价。招标人在公布招标控制价时，应公布招标控制价各组成部分的详细内容，不得只公布招标控制价总价。

本章小结

建筑装饰工程的招标投标属于建筑工程的招标投标范围。本章主要介绍了建筑装饰工程招标范围、建筑装饰工程资格预审的编制、建筑装饰工程招标文件的编制、建筑装饰招标控制价的编制。

思考与练习

一、填空题

1. 建筑装饰工程的招标可分为__________和__________。

2. __________是指招标人以及投标邀请书的方式邀请特定的法人或其他组织投标。

3. __________是在招标阶段对申请投标人第一次筛选，目的是审查投标人的企业总体能力是否适合招标工程的需要，只有在公开招标时才设置此程序。

4. 资格预审有__________与__________两种办法，适用于不同的条件。

5. 资格审查评审办法有__________和__________。

6. 在投标人须知中，评标部分主要包括__________、__________和__________。

7. 在评标办法可分为__________和__________两类。

二、选择题

1. 下列不属于必须招标范围的是(　　)。

   A. 大型基础设施、公用事业等关系社会公共利益、公众安全的项目
   B. 全部或者部分使用国有资金或者国家融资的项目
   C. 使用国际组织或者外国政府贷款、援助资金的项目
   D. 利用扶贫资金实行以工代赈、需要使用农民工等特殊情况的工程

2. 有下列(　　)情况之一的，经批准可以进行邀请招标。

   A. 项目技术复杂或有特殊要求，其潜在投标人数量少
   B. 自然地域环境允许
   C. 涉及国家安全、国家秘密、抢险救灾，不宜公开招标的
   D. 拟公开招标的费用与项目的价值相比不经济

3. (　　)是资格预审文件的重要组成部分，是投标申请人编制和提交预审申请书的指南性文件。

   A. 资格预审须知　　　　B. 资格预审公告
   C. 资格审查评审　　　　D. 招标条件

三、简答题

1. 建筑装饰工程施工招标的形式和内容有哪些？
2. 公开招标的适用范围是什么？
3. 建筑装饰工程公开招标的程序是什么？
4. 资格审查应主要审查潜在投标人符合哪些条件？
5. 资格预审文件包括哪些内容？
6. 招标文件的重要性主要体现在哪些方面？
7. 简述经评审的最低投标价法的评审程序。

第三章　建筑装饰工程投标

学习目标

了解建筑装饰工程投标人资格要求；熟悉建筑装饰工程投标的类型(风险标、保险标、盈利标、保本标、亏损标)；熟悉建筑装饰工程投标程序；掌握建筑装饰工程投标文件的组成与编制；掌握建筑装饰工程投标报价编制、分析与询价、复核。

能力目标

能够理解建筑装饰工程投标程序的要求；能够编制建筑装饰工程投标文件；能够组织办理建筑装饰工程施工投标；具备在建筑市场中获取建筑装饰施工任务的能力。

第一节　建筑装饰工程投标基础知识

建筑装饰工程投标是指承包商向招标单位提出承包该建筑装饰工程项目的价格和条件供招标单位选择，以获得承包权的活动。

一、建筑装饰工程投标人资格要求

为保证建筑装饰工程的质量、工期、成本目标的实现，投标人必须具备相应的资格条件，这种资格条件主要体现在承包企业的资质和业绩上。

1. 建筑装饰工程投标人的资质等级条件

投标人应具备承担招标项目的能力；国家有关规定对投标人资格条件或者招标文件对投标人资格条件有规定的，投标人应当具备规定的资格条件。

(1)承包建筑装饰工程的单位应当持有依法取得的资质证书，并在其资质等级许可的业务范围内承揽工程。禁止建筑装饰企业超越本企业资质等级许可的业务范围，或者以任何形式用其他建筑装饰企业的名义承揽工程。

(2)禁止建筑装饰企业以任何形式允许其他单位或者个人使用本企业的资质证书、营业执照，以本企业的名义承揽工程。

(3)建筑装饰工程勘察资质可分为工程勘察综合资质、工程勘察专业资质、工程勘察劳务资质。每种资质各有其相应等级，各等级具有不同的承担工程项目的能力，各企业应在其资质等级范围内承担工程。

(4)建筑装饰工程设计资质可分为工程设计综合资质、工程设计行为资质、工程设计专项资质。每种资质各有其相应等级，各等级具有不同的承担工程项目的能力，各企业应在其资质等级范围内承担工程。

(5)新设立的建筑业企业或建设工程勘察、设计企业，到工商行政管理部门办理登记注册手续并取得企业法人营业执照后，方可到住房城乡建设主管部门办理资质申请手续。这实际上把建设工程施工和勘察、设计投标人的资格限定在企业法人。

2. 建筑装饰工程投标人应符合的其他条件

招标文件对投标人的资格条件有规定的，投标人应当符合该规定的条件。参加建筑装饰工程的设计、监理、施工及主要设备、材料供应等投标的单位，必须具备下列条件：

(1)具有招标条件要求的资质证书，并为独立的法人实体。

(2)承担过类似建设项目的相关工作，并有良好的工作业绩和履约记录。

(3)财产状况良好，没有财产被接管、破产或者其他关、停、并、转状态。

(4)在最近三年没有骗取合同以及其他经济方面的严重违法行为。

(5)近几年有较好的安全记录，投标当年内没有发生重大质量事故和特大安全事故。

二、建筑装饰工程投标组织机构

在建筑装饰工程招标投标活动中，投标人参加投标就面临一场竞争，比较的不仅是报价的高低、技术方案的优劣，还要比人员、管理、经验、实力的信誉。因此，建立一个专业的、优秀的投标班子是投标获得成功的根本保证。

1. 投标组织机构工作内容

投标组织机构，在平时要注意投标信息资料的收集与分析，研究投标策略。当有招标项目时，则承担起选择投标对象、研究招标文件和勘察现场、确定投标报价、编制投标文件等工作；及至中标，则负责合同谈判、合同条款的起草及合同的签订等工作。由于招标投标的过程涉及的情况非常复杂，投标组织机构的成员要具备丰富的专业知识和经验。一般来说，在一个投标机构中应该包括经营管理类人才、技术类人才、商务金融类人才及法律类人才。如果是涉外工程，还要求具有熟悉相应语言和国际环境的专门人才。

2. 投标组织机构人员组成

(1)经营管理类人才，是指专门从事工程业务承揽工作的公司经营部门管理人员和拟定的项目经理。经营部管理人员应具备一定的法律知识，掌握大量的调查和统计资料，具备分析和预测等科学手段，有较强的社会活动与公共关系能力，而项目经理应熟悉项目运行的内在规律，具有丰富的实践经验和大量的市场信息。这类人才在投标班子中起核心作用，制订和贯彻经营方针与规划，负责工作的全面筹划和安排。

(2)专业技术人才，主要是指工程施工中的各类技术人才。他们具有较高的学历和技术职称，掌握本学科最新的专业知识，具备较强的实际操作能力，在投标时能从本公司的实际技术水平出发，确定各项专业实施方案。

(3)商务金融类人才，是指从事预算、财务和商务等方面业务的人才。他们具有概预

算、材料设备采购、财务会计、金融、保险和税务等方面的专业知识。投标报价主要由这类人才进行具体编制。

三、建筑装饰工程联合承包方式

对于规模庞大、技术复杂的建筑装饰工程项目，可以由几家建筑装饰企业联合投标，以发挥各企业的特长和优势，补充技术力量的不足，增大融资能力。

联合投标可以是同一个国家的公司相互联合，也可以是来自不止一个国家的公司的联合。联合投标组织有以下几种：

(1)合资公司。合资公司是指由两个或几个公司共同出资正式组成一个新的法人单位，进行注册并进行长期的经营活动。

(2)联合集团。联合集团是指集团内各公司单独具有法人资格，不一定要以集团名义注册为一家公司，各公司可以联合投标和承包一项或多项工程。

(3)联合体。联合体是指专门为特定的工程项目组成一个非永久性的团体，对该项目进行投标和承包。联合体的组织形式有利于各公司相互学习、取长补短、相互促进、共同发展，但需要拟定完善的合作协议和严格的规章制度，并加强管理。

四、建筑装饰工程投标的类型

建筑装饰工程投标根据不同的分类标准可以分为不同的类型，具体见表3-1。

表3-1　建筑装饰工程投标的类型

分类标准	类　别	内　　容
按投标性质分类	风险标	风险标，是指明知工程承包难度大、风险大，且技术、设备、资金上都有未解决的问题，但由于队伍窝工，或因为工程盈利丰厚，或为了开拓新技术领域而决定参加投标，同时设法解决存在的问题。投标后，如果问题解决得好，可取得较好的经济效益；并可锻炼出一支好的施工队伍，使企业更上一层楼。否则，企业的信誉、利益就会因此受到损害，严重者将导致企业亏损甚至破产。因此，投风险标必须审慎
	保险标	保险标，是指对可以预见的情况在技术、设备、资金上都有了解决的对策之后再投标。企业经济实力较弱，经不起失误的打击，则往往投保险标。当前，我国施工企业多数都愿意投保险标，特别是在国际工程承包市场上
按投标效益分类	盈利标	如果招标工程既是本企业的强项，又是竞争对手的弱项；或建设单位意向明确；或本企业任务饱满，利润丰厚，考虑让企业超负荷运转，此种情况下的投标，称为盈利标
	保本标	当企业无后继工程，或已出现部分窝工，必须争取投标中标，但招标的工程项目对于本企业又无优势可言，竞争对手又是强手如林，此时，宜投保本标，至多投薄利标
	亏损标	亏损标，是一种非常手段，一般在下列情况下采用：本企业已大量窝工，严重亏损，若中标，至少可以使部分人工、机械运转、减少亏损；为在对手林立的竞争中夺得头标，不惜血本压低标价；为了在本企业垄断的市场中，挤垮企图插足的竞争对手；为打入新市场，取得拓宽市场的立足点

第二节　建筑装饰工程投标程序

建筑装饰工程施工项目特指建筑装饰工程的施工阶段。投标实施过程是从填写资格预审表开始，到将正式投标文件送交招标人止，与招标实施过程实质上是一个过程的两个方面。建筑装饰工程具体投标程序如图 3-1 所示。

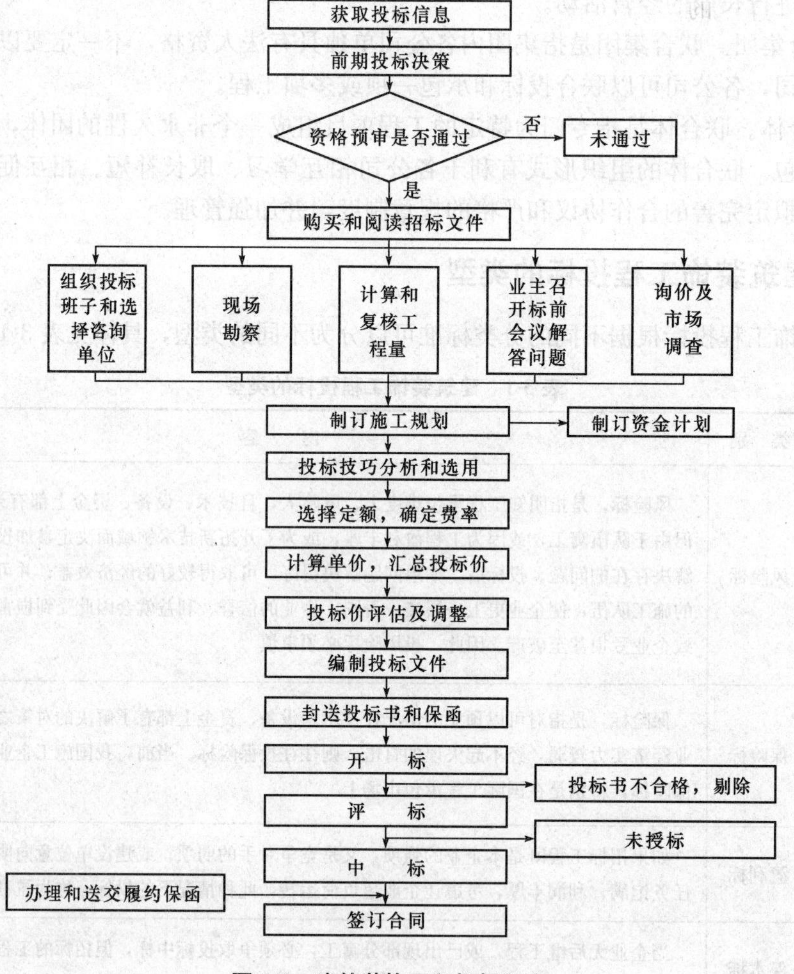

图 3-1　建筑装饰工程投标程序

一、投标信息的收集与分析

在建筑装饰工程投标竞争中，投标信息是一种非常宝贵的资源，正确全面、可靠的信息，对投标决策起着至关重要的作用。投标信息的调研就是承包者对市场进行详细的调查研究，广泛收集项目信息并进行认真分析，从而选择适合本单位投标的项目。投标信息包括影响投标决策的各种因素，主要包括以下几个方面：

(1)企业技术方面的实力。投标者拥有的各类专业技术人才、熟练工人、技术装备及类似工程经验，以解决工程施工中所遇到的技术难题。

(2)企业经济方面的实力。企业经济方面的实力包括垫付资金的能力、购买项目所需新的大型机械设备的能力、支付施工用款的周转资金的多少、支付各种担保费用，以及办理纳税和保险的能力等。

(3)管理水平。管理水平是指投标者拥有的管理人才、组织机构、规章制度、质量和进度保证体系等。

(4)社会信誉。企业拥有良好的社会信誉，是获取承包合同的重要因素，而社会信誉的建立不是一朝一夕的，要靠保质、按期完成工程项目来逐步建立。

(5)业主和监理工程师的情况。业主和监理工程师的情况是指业主的合法地位、支付能力及履约信誉情况；监理工程师处理问题的公正性、合理性、是否易于合作等。

(6)项目的社会环境。项目的社会环境主要是国家的政治经济形势，建筑市场是否繁荣，竞争激烈程度，与建筑市场或该项目有关的国家的政策、法令、法规、税收制度以及银行贷款利率等方面的情况。

(7)项目的自然条件。项目的自然条件是指项目所在地气候、水文、地质等对项目进展和费用有影响的因素。

(8)项目的社会经济条件。项目的社会经济条件包括交通运输、原材料及构配件供应、水电供应、工程款的支付、劳动力的供应等各方面的条件。

(9)竞争环境。竞争环境是指竞争对手的数量，其实力与自身实力的对比以及对方可能采取的竞争策略等。

(10)工程项目的难易程度。如工程的质量要求、施工工艺难度的高低，是否采用了新结构、新材料，是否有特种结构施工以及工期的紧迫程度等。

二、前期投标决策

决策是指为实现一定的目标，运用科学的方法，在若干可行方案中寻找满意的行动方案的过程。建筑装饰工程投标决策即寻找满意的投标方案的过程。

1. 投标决策的内容

(1)针对项目招标决策是投标或是不投标。一定时期内，企业可能同时面临多个项目的投标机会，受施工能力所限，企业不可能实践所有的投标机会，而应在多个项目中进行选择。就某一具体项目而言，从效益的角度看有盈利标、保本标和亏损标，企业需根据项目特点和企业现实状况决定采取何种投标方式，以实现企业的既定目标，诸如获取盈利、占领市场、树立企业新形象等。

(2)倘若去投标，决定投什么性质的标。按性质划分，投标有风险标和保险标。从经济学的角度看，某项事业的收益水平与其风险程度成正比，企业需在高风险、高收益与低风险、低收益之间进行抉择。

(3)投标企业需制定扬长避短的策略与技巧，达到战胜竞争对手的目的。投标决策是投标活动的首要环节，科学的投标决策是承包商战胜竞争对手，并取得较好的经济效益与社会效益的前提。

2. 投标决策阶段的划分

建筑装饰工程投标决策可分为两个阶段进行，即投标决策前期阶段和投标决策后期阶段。

建筑装饰工程投标决策的主要依据是招标广告以及装饰企业对招标工程、业主情况的调研和了解的程度。通常情况下，对下列招标项目应放弃投标：

(1)本施工企业主管和兼营能力之外的项目。

(2)工程规模、技术要求超过本施工企业技术等级的项目。

(3)本施工企业生产任务饱满，而招标工程的盈利水平较低或风险较大的项目。

(4)本施工企业技术等级、信誉、施工水平明显不如竞争对手的项目。

3. 影响投标决策的主要因素

影响建筑装饰工程投标决策的因素主要有企业内部因素和外部因素，见表 3-2 和表 3-3。

表 3-2　影响建筑装饰工程投标决策的企业内部因素

序号	影响因素	内　容
1	技术方面的实力	(1)有精通建筑装饰行业的估算师、建筑师、工程师、会计师和管理专家组成的组织机构。 (2)有建筑装饰工程项目设计、施工专业特长，能解决技术难度大的问题和各类工程施工中的技术难题的能力。 (3)具有建筑装饰工程的施工经验。 (4)有一定技术实力的合作伙伴。技术实力是实现较低的价格、较短的工期、优良的工程质量的保证，直接关系到企业投标中的竞争能力
2	经济方面的实力	(1)具有一定的垫付资金的能力。 (2)具有一定的固定资产和机具设备，并能投入所需资金。 (3)具有一定的资金周转用来支付施工用款。因为对已完成的工程量需要监理工程师确认后并经过一定手续、一定的时间后才能将工程款拨入。 (4)承担国际工程尚需筹集承包工程所需外汇。 (5)具有支付各种担保的能力。 (6)具有支付各种纳税和保险的能力。 (7)要有财力承担不可抗力带来的风险。即使是属于业主的风险，承包商也会有损失；如果不属于业主的风险，则承包商损失更大。 (8)承担国际工程往往需要重金聘请有丰富经验或有较高地位的代理人，以及其他“佣金”，需要承包商具有这方面的支付能力
3	管理方面的实力	具有高素质的项目管理人员，特别是懂技术、会经营、善管理的项目经理人选。能够根据合同的要求，高效率地完成项目管理的各项目标，通过项目管理活动创造较好的经济效益和社会效益
4	信誉方面的实力	承包商一定要有良好的信誉，这是投标中标的关键。要建立良好的信誉，就必须遵守法律和行政法规，或按国际惯例办事，同时，要认真履约，保证工程的施工安全、工期和质量，而且各方面的实力要雄厚

表 3-3　影响建筑装饰工程投标决策的企业外部因素

序号	影响因素	内　容
1	业主和监理工程师情况	主要应考虑业主的合法地位、支付能力、履约信誉；监理工程师处理问题的公正性、合理性及与本企业之间的关系等
2	竞争对手和竞争形势	应注意竞争对手的实力、优势及投标环境的优劣情况。如果对手的在建工程即将完工，获得新承包项目心切，投标报价不会很高；如果对手在建工程规模大、时间长，如仍参加投标，则标价可能很高。从总的竞争形势来看，大型工程承包公司技术水平高，善于管理，适应性强，可以承包大型工程；中小型工程由中小型工程公司或当地的工程公司承包可能性大，因为当地中小型公司在当地有自己成熟的材料、劳动力供应渠道，管理人员相对较少，有自己惯用的特殊施工方法等优势
3	法律、法规情况	对于国内工程承包，自然适用我国的法律和法规，其法制环境基本相同。如果是国际工程承包，则有一个法律适用问题。法律适用的原则有以下5条： (1)强制适用工程所在地法原则。 (2)意思自治原则。 (3)最密切联系原则。 (4)适用国际惯例原则。 (5)国际法效力优于国内法效力原则
4	风险问题	工程承包，特别是国际工程承包，由于影响因素众多，因而存在很大的风险性。从来源的角度看，风险可分为政治风险、经济风险、技术风险、商务及公共关系风险和管理风险等。投标决策中应对拟投标项目的各种风险进行深入研究，进行风险因素辨识，以便有效规避各种风险，避免或减少经济损失

4. 投标策略的确定

建筑装饰企业参加投标竞争，能否战胜对手，在很大程度上取决于自身能否运用正确、灵活的投标策略来指导投标全过程的活动。

正确的投标策略来自实践经验的积累、对客观规律的深入认识以及对具体情况的了解。同时，决策者的能力和魄力也是不可缺少的。概括起来，投标策略可以归纳为四大因素，即“把握形势，以长胜短，掌握主动，随机应变”。具体地讲，常见的投标策略有以下几种：

(1)靠经营管理水平高取胜。通过做好施工组织设计，采取合理的施工技术和施工机械，精心采购材料、设备，安排紧凑的施工进度，节省管理费用等有效地降低工程成本，从而获得较高的利润。

(2)靠改进设计取胜。仔细研究原设计图纸，及时发现不合理处，采取改进措施，以降低造价。

(3)靠缩短建设工期取胜。采取有效措施，在招标文件要求的工期前完工，从而使工程早投产，早收益。

(4)低利政策。低利政策主要适用于承包商任务不足的情况，与其坐吃山空，不如以低利承包到一些工程。另外，承包商初到一个新的地区，为了打入承包市场，建立信誉，也往往采用这种策略。

(5)着眼于施工索赔，从而得到高额利润。利用图纸、技术说明书与合同条款中不明确之处寻找索赔机会，一般索赔金额可达标价的10%～20%。不过这种策略并不是到处可用的。

(6)着眼于发展，为争取将来的优势，而宁愿目前少赚钱。承包商为了掌握某种有发展前途的工程施工技术，就可能采用这种有远见的策略。

上述各种投标策略不是互相排斥的，在建筑装饰工程投标竞争中可根据具体情况综合运用。

三、投标人资格预审

1. 资格审查与资格预审的含义

资格审查是指招标人对投标人的投标资格进行审查，以确定投标人是否有能力承担工程建设的任务。资格审查可以分为资格预审和资格后审。资格预审是指在投标前对潜在投标人进行的资格审查。资格后审是指在开标后对投标人进行的资格审查。

由于资格预审可以在投标人投标之前就将不符合投标资格的投标人剔除，有利于节约评标的时间和成本，所以相对于资格后审，目前得到广泛应用。

资格预审并不是法律要求的必经程序，而是招标人根据项目本身的特点自行决定是否需要进行资格预审。但是，对于国家对投标人资质条件有规定的项目，招标人应该对投标人的资格进行资格预审。

2. 资格预审的种类

(1)定期资格预审，是指在固定的时间内集中进行全面的资格预审。大多数国家的政府采购使用定期资格预审的办法。审查合格者被资格审查机构列入资格审查合格者名单。

(2)临时资格预审，是指招标人在招标开始之前或者开始之初，由招标人对申请参加投标的潜在投标人进行资质条件、业绩、信誉、技术、资金等的审查。

3. 资格预审的意义

一般来说，对于大中型建设项目、“交钥匙”项目和技术复杂的项目，资格预审程序是必不可少的。

资格预审的意义主要体现在以下几个方面：

(1)招标人可以通过资格预审程序了解潜在投标人的资信情况。

(2)资格预审可以降低招标人的采购成本，提高招标工作的效率。

(3)通过资格预审，招标人可以了解到潜在的投标人对项目的招标有多大兴趣。如果潜在的投标人兴趣大大低于招标人的预料，招标人可以修改招标条款，以吸引更多的投标人参加投标。

(4)资格预审可吸引实力雄厚的承包商或者供应商进行投标，而不合格的承包商或者供应商便会被筛选掉。

4. 资格预审的程序

资格预审的程序主要包括：一是发布资格预审公告；二是编制、发出资格预审文件；三是对投标人资格审查与确定合格者名单。

(1)发布资格预审公告。资格预审公告是指招标人向潜在的投标人发出的参加资格预审的广泛邀请。该公告可以在购买资格预审文件前一周内刊登两次以上，也可以通过其他媒介发出资格预审公告。资格预审公告应当包括以下几个方面的内容。

①资金的来源，资金用于投资项目的名称和合同的名称。

②对申请预审人的要求，主要是投标人应具备类似的经验和在设备人员及资金方面完成本工作能力的要求，有的还对投标者本身成员的政治地位提出要求。

③发包人的名称和邀请投标人对工程建设项目完成的工作，包括工程概述和所需劳务、材料、设备和主要工程量清单。

④获取进一步信息和资料预审文件的办公室名称和地址、负责人姓名、购买资格预审文件的时间和价格。

⑤资格预审申请递交的截止日期、地址和负责人姓名。

⑥向所有参加资格预审的投标人公布资格预审合格的投标人名单的时间。

(2)编制、发出资格预审文件。资格预审文件包括资格预审申请书格式、申请人须知，以及需要投标申请人提供的企业资质、业绩、技术装备、财务状况和拟派出的项目经理与主要技术人员的简历、业绩等证明材料。

资格预审公告后，招标人向申请参加资格预审的申请人发放或者出售资格预审文件。

(3)对投标人资格审查与确定合格者名单。招标人在收到资格申请人完成的资格预审资料之后，根据资格预审须知中规定的程序和方法对资格预审资料进行分析，挑选出符合资格预审要求的申请人。经资格预审后，招标人应当向资格预审合格的潜在投标人发出资格预审合格通过书，告知获取招标文件的时间、地点和方法，并同时向资格预审不合格的潜在投标人通知资格预审结果。资格预审不合格的潜在投标人不得参加投标。经资格后审不合格的投标人的投标应作废标处理。

对各申请投标人填报的资格预审文件评定，大多采用加权评分法。

①依据建筑装饰工程项目特点和发包工作的性质，划分出评审的几大方面，如资质条件、人员能力、设备和技术能力、财务状况、工程经验、企业信誉等，并分别给予不同的权重。

②对各方面再细划分评定内容和分项打分标准。

③按照规定的原则和方法逐个对资格预审文件进行评定和打分，确定各投标人的综合素质得分。为了避免出现投标人在资格预审表中言过其实的情况，还可对其已实施过的工程进行现场调查。

④确定投标人短名单。依据投标申请人的得分排序，以及预定的邀请投标人数目，从高分向低分录取。此时还需要注意的是，若某一投标人的总分排在前几名之内，但某一方面的得分偏低，招标单位应适当考虑其一旦中标后，实施过程中会有哪些风险，最终再确定他是否有资格进入短名单之内。对短名单之内的投标单位，招标单位分别发出投标邀请书，并请他们确认投标意向。如果某一通过资格预审单位决定不再参加投标，招标单位应以得分排序的下一名投标单位递补。对没有通过资格预审的单位，招标单位也应发出相应通知。

5. 资格预审文件的内容

(1)资格预审须知及其附件。资格预审须知包括总则、申请人应提供的资料和有关证明、资格预审通过的强制性标准、对联营体提交资格预审申请的要求、对通过资格预审单位所建议的分包人的要求、其他规定及相关附件。

①总则。资格预审须知总则中应分别列出建筑装饰工程项目或其各合同的资金来源、工程概述、工程量清单、合同的最小规模(可用附件的形式)、对申请人的基本要求等。

②申请人应提供的资料和有关证明。资格预审须知中申请人应提供的资料和相关证明一般包括：申请人的身份和组织机构；申请人详细履历(包括联营体各方成员)；可用于本工程的主要施工设备的详细情况；在本工程内外从事管理及执行本工程的主要人员的资历和经验；主要工作内容拟议的分包情况说明；过去两年经审计的财务报表(联营体应提供各自的资料)，今后两年的财务预测以及申请人出具的允许发包人在其开户银行进行查询的授权书；申请人近两年涉及诉讼的情况。

③资格预审通过的强制性标准。强制性标准是指资格预审时对列入工程项目一览表中各主要项目提出的强制性要求，一般以附件的形式列入，包括强制性经验标准、强制性财务、人员、设备、分包、诉讼及履约标准等。

④对联合体提交资格预审申请的要求。对于能凭一家的能力通过资格预审的建筑装饰工程合同项目，应当鼓励以单独的身份参加资格预审。但在许多情况下，一家企业无力完成承揽工程的任务，就可以采取多家企业合作的方式来投标，对于联合体，也需要满足招标文件中列明的或者国家规定的资质标准，因此，在资格预审须知中应对联合体通过资格预审作出具体规定。

⑤对通过资格预审单位所建议的分包人的要求。禁止总承包单位将工程分包给不具备相应资质条件的单位，禁止分包单位将其承包的工程再分包。

⑥其他规定。包括递交资格预审文件的份数，送交单位的地址、邮编、电话、传真、负责人、截止日期等。

⑦资格预审须知的有关附件如下：

a. 工程概述：说明包括工程项目的地点、地形与地貌、地质条件、气象与水文、交通和能源及服务设施、主体结构等情况。

b. 主要工程一览表：用表格的形式将工程项目中各项工程的名称、数量、尺寸和规格列出。

c. 强制性标准一览表：对于各工程项目通过资格预审的强制性要求用表格的形式全部列出，并要求申请人填写满足或超过强制性标准的详细情况。该表一般分为三栏：第一栏为提出强制性要求的项目名称；第二栏是强制性业绩要求；第三栏是申请人满足或超过业绩要求的项目评述(由申请人填写)。

d. 资格预审时间表：表中列出发布资格预审通告的时间，出售资格预审文件的时间，递交资格预审申请书的最后日期和通知资格预审合格的投标人名单的日期等。

(2)资格预审申请书。建筑装饰工程投标人资格预审申请，应按统一的格式递交申请书，在资格预审文件中按通过资格预审的条件编制成统一的表格，通常包括下列内容：

①申请人表。申请人表主要包括申请者的名称、地址、电话、电传、成立日期等。如是联合体，应首先列明牵头的申请者，然后是所有合伙人的名称、地址等，并附上每个公司的章程、合伙关系的文件等。

②申请合同表。如果一个建筑装饰工程项目分几个合同招标，应在表中分别列出各合同的编号和名称，以便让申请人选择申请资格预审的合同。

③组织机构表。组织机构表包括公司简况、领导层名单、股东名单、直属公司名单、

驻当地办事处或联络机构名单等。

④组织机构框图。组织机构框图主要用框图表示申请者的组织机构，与母公司或子公司的关系，总负责人和主要人员。如果是联合体，应说明合作伙伴关系及在合同中的责任划分。

⑤财务状况表。财务状况表包括注册资金、实有资金、总资产、流动资产、总负债、流动负债、未完成工程的年投资额、未完成工程的总投资额，近3年的年均完成投资额、最大施工能力等基本数据。

⑥公司人员表。公司人员表包括管理人员、技术人员、工人及其他人员的数量；拟为本合同提供的各类专业技术人员数及其从事本专业工作的年限。

⑦施工机械设备表。施工机械设备包括拟用于本合同自有设备，拟新购置设备和租用设备的名称、数量、型号、商标、出厂日期、现值等。

⑧分包商表。分包商表包括拟分包工程项目的名称、占总工程量的百分数，分包商的名称、经验、财务状况、主要人员、主要设备等。

⑨已完成的同类工程项目表。已完成的同类工程项目表包括项目名称、地点、结构类型、合同价格、竣工日期、工期，发包人或监理工程师的地址、电话、电传等。

⑩在建项目表。在建项目表包括正在施工和已知意向但未签订合同的项目名称、地点、工程概况、完成日期、合同总价等。

⑪涉及诉讼案件表。详细说明申请者或联合体内合伙人介入诉讼或仲裁的案件。

6. 资格预审的要求

建筑装饰工程资格预审时，要求投标人符合下列条件：

(1)独立订立合同的权利。

(2)具有圆满履行合同的能力，包括专业、技术资格和能力，设备和其他物资设施状况，管理能力，经验、信誉和相应的工作人员。

(3)以往承担类似项目的业绩情况。

(4)没有处于被责令停业及财产未处于接管、冻结、破产状态。

(5)在最近几年内没有与骗取合同有关的犯罪或质量责任和重大安全责任事故及其他违法、违规行为。

四、阅读招标文件

招标文件是投标的主要依据，投标单位应仔细阅读和分析招标文件，明确其要求，熟悉投标须知，准确了解表述的要求，避免废标。

1. 研究合同条件，明确双方的权利、义务

(1)工程承包方式。

(2)工期及工期惩罚。

(3)材料供应及价款结算办法。

(4)预付款的支付和工程款的结算办法。

(5)工程变更及停工、窝工损失的处理办法。

2. 详细研究设计图纸、技术说明书

(1)明确整个装饰工程设计及其各部分详图的尺寸、各图纸之间的关系。

(2)弄清楚工程的技术细节和具体要求，详细了解设计规定的各部位的材料和工艺做法。

(3)了解工程对建筑装饰材料有无特殊要求。

五、现场勘察

《中华人民共和国招标投标法》规定，招标人根据招标项目的具体情况，可以组织潜在投标人踏勘项目现场。所谓踏勘项目现场，就是到拟建工程的现场去看一看，以便投标人掌握更多关于拟建工程的信息。

投标人拿到招标文件后，应进行全面细致的调查研究。若有疑问需要招标人予以澄清和解答的，应在收到招标文件后的一定期限内以书面形式向招标人提出。为获取与编制投标文件有关的必要的信息，投标人要按照招标文件中注明的现场踏勘和投标预备会的时间和地点，积极参加现场踏勘和投标预备会。

建筑装饰工程施工是在土建、给水排水、暖通、防水、强弱电、烟感喷淋、保安等配套工程的基础上进行的，各专业配套工程的施工进度、配合协调情况，土建、防水工程施工的质量情况和材料堆放场地、施工用水电情况等，都直接关系到投标书的编制。特别是大中型装饰工程项目，施工投标的同时，也包含着设计的投标，因此，施工现场的勘察是必不可少的。

投标人在去现场踏勘之前，应先仔细研究招标文件有关概念的含义和各项要求，特别是招标文件中的工作范围、专用条款以及设计图纸和说明等，然后有针对性地拟订出踏勘提纲，确定重点需要澄清和解答的问题，做到心中有数。投标人进行现场踏勘的内容，主要包括以下几个方面：

(1)各专业配套工程的施工进度、配合协调情况。

(2)土建、给水排水、暖通、防水等工程的施工质量情况。

(3)材料的存放情况。

(4)施工所需的水电供应情况。

(5)当地的建筑装饰材料和设备的供应情况。

(6)当地的建筑装饰公认的技术操作水平和工价。

(7)当地气候条件和运输情况。

六、计算和复核工程量

工程量是以自然计量单位或物理计量单位表示的各分项工程或结构构件的工程数量。正确、快速地计算工程量是这一核心任务的首要工作。工程量计算是编制工程预算的基础工作，具有工作量较大、烦琐、费时、细致等特点，占编制整份工程预算工作量的50％～70％，而且其精确度和快慢程度将直接影响预算的质量与速度。改进工程量计算方法，对于提高概预算质量，加快概预算速度，减轻概预算人员的工作量，增强审核、审定透明度都具有十分重要的意义。其主要表现在以下几个方面：

(1)工程计价以工程量为基本依据，因此，工程量计算的准确与否，直接影响工程造价的准确性，以及工程建设的投资控制。

(2)工程量是施工企业编制施工作业计划，合理安排施工进度，组织现场劳动力、材料

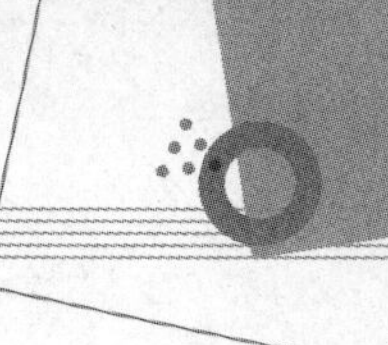

以及机械的重要依据。

(3)工程量是施工企业编制工程形象进度统计报表，向工程建设投资方结算工程价款的重要依据。

1. 工程量计算依据

(1)建筑装饰工程施工图纸及配套的标准图集。施工图纸全面反映建筑物的结构构造、各部位的尺寸及工程做法，是工程量计算的基础资料和基本依据。

(2)预算定额、工程量清单计价规范。根据工程计价的方式，计算工程量应选择相应的工程量计算规则。编制施工图预算，应按预算定额及其工程量计算规则计算；若工程招标投标编制工程量清单，应按《建设工程工程量清单计价规范》(GB 50500—2013)中的工程量计算规则计算。

(3)施工组织设计或施工方案。施工图纸主要表现拟建工程的实体项目；分项工程的具体施工方法及措施，应按施工组织设计或施工方案确定。

2. 工程量计算方法

工程量计算之前，首先应安排分部工程的计算顺序，然后安排分部工程中各分项工程的计算顺序。计算工程量时，设计图纸所列项目的工程内容和计量单位，必须与相应的工程量计算规则中相应项目的工程内容和计量单位一致，不得随意改变。

计算工程量一般采用以下几种方法：

(1)按顺时针顺序计算。以图纸左上角为起点，按顺时针方向依次进行计算，当按计算顺序绕图一周后又重新回到起点。这种方法的特点是能有效防止漏算和重复计算。

(2)按编号顺序计算。结构图中包括不同种类、不同型号的构件，而且分布在不同的部位，为了便于计算和复核，需要按构件编号顺序统计数量，然后进行计算。

(3)按轴线编号计算。对于结构比较复杂的工程量，为了方便计算和复核，有些分项工程可按施工图轴线编号的方法计算。

(4)分段计算。在通长构件中，当其中截面有变化时，可采取分段计算。

(5)分层计算。分层计算的工程量计算方法在建筑装饰工程中较为常见，如墙体、构件布置、墙柱面装饰、楼地面做法等不同时，都应分层计算，然后再将各层相同工程做法的项目汇总。

(6)分区域计算。大型工程项目平面设计比较复杂时，可在伸缩缝或沉降缝处将平面图划分成几个区域分别计算工程量，然后再将各区域相同特征的项目合并计算。

(7)工程量快速计算法。工程量快速计算法是在基本方法的基础上，根据构件或分项工程的计算特点和规律总结出来的简便、快捷方法。其核心内容是利用工程量数表、工程量计算专用表、各种计算公式计算，从而达到快速、准确计算的目的。

3. 工程量的复核

工程量的大小是投标报价的直接依据。复核工程量的准确程度，将在两个方面影响承包商的经营行为：一是根据复核后的工程量与招标文件提供的工程量之间的差距，考虑相应的投标策略，决定报价尺度；二是根据工程量的大小采取合适的施工方法，选择适用、经济的施工机具设备，投入适量的劳动力等。为确保复核工程量准确，在计算中应注意以下几个方面：

(1)正确划分分部分项工程项目，与当地现价定额项目一致。

(2)按一定顺序进行，避免漏算或重算。

(3)以工程设计图纸为依据。

(4)结合已定的施工方案或施工方法。

(5)进行认真复核与检查。

在核算完全部工程量表中的细目后，投标者应按大项分类汇总主要工程总量，以便获得对这个工程项目施工规模的全面和清楚的认识，并用以选用合适的施工方法，选择适用和经济的施工机具设备。

七、制订施工规划

1. 制订施工规划的目的

(1)招标单位通过规划可以具体了解投标人的施工技术和管理水平以及机械装备、材料、人才的情况，使其对所投的标有信心。

(2)投标人通过施工规划可以改进施工方案、施工方法与施工机械的选用，甚至出奇制胜，降低报价、缩短工期而中标。

2. 制订施工规划的内容

施工规划的内容，一般包括施工方案和施工方法，施工进度计划，施工机械、材料、设备和劳动力计划，以及临时生产、生活设施。制订施工规划的依据是设计图纸，规范，经复核的工程量，招标文件要求的开工、竣工日期，以及对市场材料、机械设备、劳力价格的调查。编制的原则是在保证工期和工程质量的前提下，使成本最低、利润最大。

(1)选择和确定施工方法。根据建筑装饰工程类型，研究可以采用的施工方法。对于一些较简单的建筑装饰工程，可结合已有施工机械及工人技术水平来选定施工方法，努力做到节省开支、加快进度。

(2)选择施工设备和施工设施，一般与研究施工方法同时进行。在工程估价过程中要不断进行施工设备和施工设施的比较，利用旧设备还是采购新设备，在国内采购还是在国外采购，须对设备的型号、配套、数量(包括使用数量和备用数量)进行比较，研究哪些类型的机械可以采用租赁办法，对于特殊的、专用的设备，其折旧率须进行单独考虑。另外，订货设备清单中还应考虑辅助和修配用机械以及备用零件，尤其是订购外国机械时。

(3)编制施工进度计划。编制施工进度计划应紧密结合施工方法和施工设备。施工进度计划中应提出各时段应完成的工程量及限定日期。施工进度计划是采用网络进度计划还是线条进度计划，根据招标文件要求而定。

八、投标技巧分析和选用

投标技巧也称投标报价技巧，是指在投标报价中采用一定的手法或技巧使业主可以接受，而中标后又能获得更多的利润。

投标人为了中标和取得期望的效益，必须在满足招标文件各项要求的条件下，研究和运用投标技巧，这种研究与运用贯穿在整个投标过程中。常用的建筑装饰工程投标技巧主要有以下几种。

1. 灵活报价法

灵活报价法是指根据投标工程的不同特点采用不同报价。

下列工程的报价可高些：施工条件差的工程；工期要求急的工程；投标对手少的工程；专业要求高而本企业又有专长，声望也较高的技术密集型工程；总价较低而本企业不愿意做又不得不投标的小工程；特殊工程。

下列工程的报价可低些：施工条件好的工程；本企业在附近有工程，而本项目又可利用该工程的设备、劳务或有条件短期内突击完成的工程；投标对手较多，竞争激烈的工程；工作简单、工程量大，一般企业都可以做的工程；本企业目前急需打入某一市场、某一地区，或在该地区工程结束、机械设备等无工地转移时期的工程；非急需工程；支付条件好的工程。

采用灵活报价法进行建筑装饰工程投标报价时，既要考虑自身的优势和劣势，也要分析招标项目的特点，按照工程的不同特点、类别、施工条件等来选择报价策略。

2. 不平衡报价法

不平衡报价法也称前重后轻法，是指在总价基本确定的前提下，如何调整内部各个子项的报价，以期既不影响总报价，中标后投标人又可尽早收回垫付于工程中的资金和获取较好的经济效益。

一般在以下几个方面采用不平衡报价：

(1)对能早期结账收回工程款的项目的单价可报以较高价，以利于资金周转；对后期项目单价可适当降低。

(2)估计今后工程量可能增加的项目，其单价可提高；而工程量可能减少的项目，其单价可降低。

(3)图纸内容不明确或有错误，估计修改后工程量要增加的，其单价可提高；而工程内容不明确的，其单价可降低。

(4)暂定项目，又称任意项目或选择项目，这一类项目要开工后由发包人研究决定是否实施和由哪一家承包人实施，因此，对这类项目进行不平衡投标报价时应做具体分析。如果工程不分标，只由一家企业施工，则其中肯定要做的单价可高些，不一定要做的则应低些。如果工程分标，该暂定项目也可能由其他承包人施工时，则不宜报高价，以免抬高总报价。

(5)单价包干混合制合同中，发包人要求风险高、完成后可全部按报价结账的项目采用包干报价时，宜报高价。而其余单价项目则可适当降低。

(6)有的招标文件要求投标者对工程量大的项目报“单价分析表”，投标时可将单价分析表中的人工费及机械设备费报得较高，而材料费算得较低。这主要是为了在今后补充项目报价时可以参考选用“单价分析表”中的较高的人工费和机构设备费，而材料则往往采用市场价，因而可获得较高的收益。

(7)在议标时，承包人一般都要压低标价。这时应该首先压低那些工程量小的单价，这样即使压低了很多个单价，总的标价也不会降低很多，而给发包人的感觉却是工程量清单上的单价大幅度下降，承包人很有诚意。

(8)如果是单纯报计日工或计台班机械单价，可以高些，以便在日后发包人用工或使用机械时可多盈利。但如果计日工表中有一个假定的“名义工程量”时，则需要具体分析是否报高价，以免抬高总报价。总之，要分析发包人在开工后可能使用的计日工数量，然后确定报价。

(9)不平衡报价一定要建立在对工程量表中工程量风险仔细核对的基础上，特别是对于报低单价的项目，工程量一旦增多，将造成承包人的重大损失，同时一定要控制在合理幅度内(一般在10%左右)，以免引起发包人反对，甚至导致废标。如果不注意这一点，有时发包人会挑选出报价过高的项目，要求投标者进行单价分析，从而围绕单价分析中过高的内容压价，以致承包人得不偿失。

3. 可供选择的项目报价法

有些建筑装饰工程的分项工程，业主可能要求按某一方案报价，而后再提供几种可选择方案的比较报告。但是，所谓“可供选择的项目”并非由承包商任意选择，只有业主才有权进行选择。因此，提高报价并不意味能取得较高的利润，只是提供了一种可能性。

例如，某住房工程的地面水磨石砖，工程量表中要求按25 cm×25 cm×2 cm的规格报价，另外，还要求投标人用更小规格砖20 cm×20 cm×2 cm和更大规格砖30 cm×30 cm×3 cm作为可供选择项目报价。投标报价时，除对工程量表中要求的几种水磨石地面砖调查询价外，还应对当地习惯用砖情况进行调查。对于将来有可能被选择使用的地面砖，应适当提高其报价；对于当地难以供货的某些规格的地面砖，可将价格抬得更高一些，以阻挠业主选用。

4. 计日工报价

分析业主在开工后可能使用的计日工数量确定报价方针。较多时可适当提高；可能很少时，则降低。

5. 开口升级报价法

开口升级报价法就是将报价看成是协商的开始，报价时利用招标文件中规定的不明确的有利条件，将造价很高的一些单项工程的报价抛开作为活口，将标价降低至无法与之竞争的数额。利用这种"最低标价"来吸引业主，从而取得与业主商谈的机会，利用活口进行升级加价，以达到最后赢利的目的，在施工企业投标竞争中，各种报价策略与技巧往往不是单独使用的。

6. 突然袭击法

由于投标竞争激烈，为迷惑对方，可在整个报价过程中，仍然按照一般情况进行，甚至有意泄露一些虚假情况，如宣扬自己对该工程兴趣不大，不打算参加投标(或准备投高标)，表现出无利可图不干等假象，到投标截止前几小时，突然前往投标，并压低投标价(或加价)，从而使对手措手不及而败北。

7. 无利润算标

承包商在缺乏竞争优势的情况下，只有在算标中不参考利润才能夺标。无利润算标的投标技巧适用于下列情况：

(1)有可能在得标后，将大部分工程分包给索价较低的一些分包商。

(2)对于分期建设的项目，先以低价获得首期工程，而后赢得机会创造第二期工程中的竞争优势，并在以后的实施中取得利润。

(3)较长时期内，承包商没有在建的工程项目，如果再不得标，就难以维持生存。因此，虽然工程无利可图，但只要能有一定的管理费维持公司的日常运转，就可设法渡过难关，以图将来东山再起。

九、投标文件的编制与递交

建筑装饰工程投标文件应完全按照招标文件的各项要求编制，主要包括投标书、投标书附录、投标保证金、法定投标人资格证明文件、授权委托书、具有标价的工程量清单、资格审查表、招标文件规定提交的其他材料。

投标企业应在规定的投标截止日期前，将投标文件密封送到招标企业。招标企业在接到投标文件后，应签收或通知投标企业已收到投标文件。

第三节　建筑装饰工程投标文件

建筑装饰工程投标文件，是建筑装饰工程投标人单方面阐述自己响应招标文件要求，旨在向招标人提出愿意订立合同的意思，是投标人确定和解释有关投标事项的各种书面表达形式的统称。从合同订立过程来分析，建筑装饰工程投标文件在性质上属于一种要约，其目的是向招标人提出订立合同的意愿。

一、建筑装饰工程投标文件的组成

建筑装饰工程投标文件是由一系列有关投标方面的书面资料组成的。一般来说，投标文件由以下几个部分组成。

1. 投标函及投标函附录

投标函的主要内容为投标报价、质量、工期目录、履约保证金数额等。建筑装饰工程投标函的一般格式如下。

投标函

致：________________(招标人名称)

在考察现场并充分研究________________(项目名称)________标段(以下简称“本工程”)施工招标文件的全部内容后，我方兹以：

人民币(大写)：________________元

RMB¥：________________元

的投标价格和按合同约定有权得到的其他金额，并严格按照合同约定，施工、竣工和交付本工程并维修其中的任何缺陷。

在我方的上述投标报价中，包括：

安全文明施工费RMB¥：________________元

暂列金额(不包括计日工部分)RMB¥：____________元

专业工程暂估价RMB¥：________________元

如果我方中标，我方保证在________年________月________日或按照合同约定的开工日期开始本工程的施工，________天(日历日)内竣工，并确保工程质量达到________标准。我方同意本投标函在招标文件规定的提交投标文件截止时间后，在招标文件规定的投标有效期期满前对我方具有约束力，且随时准备接受你方发出的中标通知书。

随本投标函递交的投标函附录是本投标函的组成部分，对我方构成约束力。

随同本投标函递交投标保证金一份，金额为人民币(大写)：________元(￥：____元)。

在签署协议书之前，你方的中标通知书连同本投标函，包括投标函附录，对双方具有约束力。

投标人(盖章)：____________________

法人代表或委托代理人(签字或盖章)：____________

日　　期：________年____月____日

投标函附录

工程名称：__________　　（项目名称）__________　　标段

序号	条款内容	合同条款号	约定内容	
1	项目经理	1.1.2.4	姓名：______	
2	工期	1.1.4.3	______日历天	
3	缺陷责任期	1.1.4.5		
4	承包人履约担保金额	4.2		
5	分包	4.3.4	见分包项目情况表	
6	逾期竣工违约金	11.5	______元/天	
7	逾期竣工违约金最高限额	11.5	______元	
8	质量标准	13.1		
9	价格调整的差额计算	16.1.1	见价格指数权重表	
10	预付款额度	17.2.1		
11	预付款保函金额	17.2.2		
12	质量保证金扣留百分比	17.4.1		
13	质量保证金额度	17.4.1		
……	……			
备注：投标人在响应招标文件中规定的实质性要求和条件的基础上，可做出其他有利于招标人的承诺。此类承诺可在本表中予以补充填写。				

投标人(盖章)：____________________

法人代表或委托代理人(签字或盖章)：____________

日　　期：________年____月____日

价格指数权重表

名称		基本价格指数		权重			价格指数来源
		代号	指数值	代号	允许范围	投标人建议值	
定值部分				A			
变值部分	人工费	F_{01}		B_1	___至___		
	钢材	F_{02}		B_2	___至___		
	水泥	F_{03}		B_3	___至___		
	……	……		……	……		
合计						1.00	

2. 法定代表人身份证明或附有法定代表人身份证明的授权委托书

(1)法定代表人身份证明格式。

法定代表人身份证明

投标人名称：________________________

单位性质：________________________

地　　址：________________________

成立时间：__________年______月______日

经营期限：________________________

姓名：__________　性别：__________　年龄：__________　职务：__________

系____________________(投标人名称)的法定代表人。

特此证明。

投标人：____________(盖单位章)

________年____月____日

(2)法定代表人身份证明委托书格式。

授权委托书

本人________(姓名)系________(投标人名称)的法定代表人，现委托________(姓名)为我方代理人。代理人根据授权，以我方名义签署、澄清、说明、补正、递交、撤回、修改________(项目名称)________标段施工投标文件，签订合同和处理有关事宜，其法律后果由我方承担。

委托期限：________。

代理人无转委托权。

附：法定代表人身份证明

投　标　人：__________(盖单位章)

法定代表人：__________(签字)

身份证号码：__________

委托代理人：__________(签字)

身份证号码：__________

______年____月____日

3. 联合体协议书

联合体协议书格式如下：

联合体协议书

牵头人名称：______________________

法定代表人：______________________

法定住所：______________________

成员二名称：______________________

法定代表人：______________________

法定住所：______________________

鉴于上述各成员单位经过友好协商，自愿组成__________(联合体名称)联合体，共同参加__________(招标人名称)(以下简称招标人)__________(项目名称)__________标段(以下简称本工程)的施工投标并争取赢得本工程施工承包合同(以下简称合同)。现就联合体投标事宜订立如下协议：

1. ________(某成员单位名称)为________(联合体名称)牵头人。

2. 在本工程投标阶段，联合体牵头人合法代表联合体各成员负责本工程投标文件编制活动，代表联合体提交和接收相关的资料、信息及指示，并处理与投标和中标有关的一切事务；联合体中标后，联合体牵头人负责合同订立和合同实施阶段的主办、组织和协调工作。

3. 联合体将严格按照招标文件的各项要求，递交投标文件，履行投标义务和中标后的合同，共同承担合同规定的一切义务和责任，联合体各成员单位按照内部职责的划分，承担各自所负的责任和风险，并向招标人承担连带责任。

4. 联合体各成员单位内部的职责分工如下：____________。按照本条上述分工，联合体成员单位各自所承担的合同工作量比例如下：____________。

5. 投标工作和联合体在中标后工程实施过程中的有关费用按各自承担的工作量分摊。

6. 联合体中标后，本联合体协议是合同的附件，对联合体各成员单位有合同约束力。

7. 本协议书自签署之日起生效，联合体未中标或者中标时合同履行完毕后自动失效。

8. 本协议书一式________份，联合体成员和招标人各执一份。

牵头人名称：________________________（盖单位章）

法定代表人或其委托代理人：____________（签字）

成员二名称：________________________（盖单位章）

法定代表人或其委托代理人：____________（签字）

……

________年____月____日

备注：本协议书由委托代理人签字的，应附法定代表人签字的授权委托书。

4. 投标保证金

投标保证金的形式有现金、支票、汇票和银行保函，但具体采用何种形式应根据招标文件规定。另外，投标保证金被视作投标文件的组成部分，未及时交纳投标保证金，该投标将被作为废标而遭拒绝。

5. 已标价工程量清单

工程量清单中的每一子目须填入单价或价格，且只允许有一个报价。工程量清单中标价的单价或金额，应包括所需人工费、施工机械使用费、材料费、其他(运杂费、质检费、安装费、缺陷修复费、保险费，以及合同明示或暗示的风险、责任和义务等)，以及管理费、利润等。工程量清单中投标人没有填入单价或价格的子目，其费用视为已分摊在工程量清单其他相关子目的单价或价格之中。

工程量清单计价采用《建设工程工程量清单计价规范》(GB 50500—2013)规定的统一的格式。

6. 施工组织设计

建筑装饰工程投标人编制施工组织设计时应采用文字并结合图表形式说明施工方法。施工组织设计应包括下列内容：

(1)拟投入本标段的主要施工设备情况、拟配备本标段的试验和检测仪器设备情况、劳动力计划等。

(2)结合工程特点提出切实可行的工程质量、安全生产、文明施工、工程进度、技术组织措施，同时应对关键工序、复杂环节重点提出相应技术措施，如冬、雨期施工技术、减少噪声、降低环境污染、地下管线及其他地上地下设施的保护加固措施等。

(3)施工组织设计除采用文字表述外，还可以附图表加以说明，包括拟投入本标段的主要施工设备表，拟配备本标段的试验和检测仪器设备表，劳动力计划表，计划开工、竣工日期和施工进度网络图，施工总平面图及临时用电表等。

7. 项目管理机构

(1)项目管理机构组成表(表 3-4)。

表 3-4　项目管理机构组成表

职务	姓名	职称	执业或职业资格证明					备注
			证书名称	级别	证号	专业	养老保险	

(2)主要成员简历表。主要成员简历表中的项目经理应附项目经理证、身份证、职称证、学历证、养老保险复印件，管理过的项目业绩须附合同协议书复印件；技术负责人应附身份证、职称证、学历证、养老保险复印件，管理过的项目业绩须附证明其所任技术职务的企业文件或用户证明；其他主要人员应附职称证(执业证或上岗证书)、养老保险复印件。

8. 拟分包项目情况表

建筑装饰工程拟分包项目情况见表 3-5。

表 3-5　拟分包项目情况

分包人名称		地址	
法定代表人		电话	
营业执照号码		资质等级	
拟分包的工程项目	主要内容	预计造价/万元	已经做过的类似工程

9. 资格审查资料

建筑装饰工程投标人资格审查资料包括投标人基本情况表、近年财务状况表、近年完成的类似项目情况表、正在施工的新承接的项目情况表及近年发生的诉讼及仲裁情况等。

10. 其他材料

其他材料指的是"投标人须知前附表"前附的其他材料。

二、建筑装饰工程投标文件的编制

1. 投标文件应符合的基本法律要求

(1)《中华人民共和国招标投标法》第二十七条第 1 款规定："投标人应当按照招标文件的要求编制投标文件。投标文件应当对招标文件提出的实质性要求和条件作出响应。"

(2)《中华人民共和国招标投标法》第二十七条第 2 款规定："招标项目属于建设施工的，招标文件的内容应当包括拟派出的项目负责人与主要技术人员的简历、业绩和拟用于完成招标项目的机械设备等。"

(3)《工程建设项目施工招标投标办法》第二十五条规定："招标人可以要求投标人在提交符合招标文件规定要求的投标文件外，提交备选投标方案，但应当在招标文件中作出说明，并提出相应的评审和比较办法。"

(4)《建筑工程设计招标投标实施细则》第十三条规定："投标人应当按照招标文件、建筑方案设计文件编制深度规定的要求编制投标文件；进行概念设计招标的，应当按照招标文件要求编制投标文件。投标文件应当由具有相应资格的注册建筑师签单，加盖单位公章。"

2. 投标文件编制的一般要求

(1)投标人编制投标文件时必须使用招标文件中提供的投标文件表格格式，但表格可以按同样格式扩展。投标保证金、履约保证金的方式，按招标文件有关条款的规定可以选择。投标人根据招标文件的要求和条件填写投标文件的空格时，凡要求填写的空格都必须填写，不得空着不填，否则被视为放弃意见。实质性的项目或数字如工期、质量等级、价格等未填写的，将被视为无效或作废的投标文件处理。

(2)应当编制的投标文件"正本"仅一份，"副本"则按招标文件前附表所述的份数提供，同时要在标书封面标明“投标文件正本”和“投标文件副本”字样。投标文件正、副本之间若存在不一致之处，应以正本为准。

(3)投标文件正本和副本的填写字迹都要清晰、端正，补充设计图纸要整洁、美观，且应使用不能擦去的墨水打印或书写。

(4)所有投标文件均由投标人的法定代表人签署、加盖印章，并加盖法人单位公章。

(5)对填报的投标文件应进行反复校核，保证分项和汇总计算均无错误。全套投标文件均应无涂改和行间插字，除非这些删改是根据招标人的要求进行的，或者是投标人造成的必须修改的错误。修改处应由投标文件签字人签字证明并加盖印章。

(6)如招标文件规定投标保证金为合同总价的某百分比时，开投标保函不要太早，以防泄露己方报价。但是某些投标商为麻痹竞争对手而故意提前开出或加大投标保函金额的情况也是存在的。

(7)投标人应将投标文件的技术标和商务标分别密封在内层包封，再密封在一个外层包封中，并在内封上标明“技术标”和“商务标”。标书包封的封口处都必须加贴封条，封条贴缝应全部加盖密封章或法人章。内层和外层包封都应由投标人的法定代表人签署、加盖印章，并加盖法人单位公章。内层和外层包封都应写明投标人名称和地址、工程名称、招标编号，并注明开标时间以前不得开封。在内层和外层包封上还应写明投标人的名称与地址、邮政编码，以便投标出现逾期送达时能原封退回。如果内外层包封没有按上述规定密封并加写标志，投标文件将被拒绝，并退还给投标人。

(8)投标文件的打印应力求整洁、悦目，避免评标专家产生反感。投标文件的装订也要力求精美，使评标专家从侧面产生对投标人企业实力的认可。

3. 技术标的编制要求

技术标的重要组成部分是施工组织设计。编制技术标时，要能让评标委员会的专家们在较短的时间内发现标书的价值和独到之处，从而给予较高的评价。

建筑装饰工程技术标编制应注意下列问题：

(1)针对性。在评标过程中，为了使标书比较“上规模”，以体现投标人的水平，投标人往往把技术标做得很厚。而其中的内容往往都是对规范、标准的成篇引用，或对其他项目标书的成篇抄袭，毫无针对性。这样的标书容易引起评标专家的反感，最终导致技术标严重失分。

(2)可行性。技术标的内容最终都是要付诸实施的，应具有较强的可行性。为了突出技术标的先进性，盲目提出不切实际的施工方案、设备计划，都会给今后的具体实施带来困难，甚至导致建设单位或监理工程师提出违约指控。

(3)先进性。技术标要获得高分，应具有技术亮点和能够吸引招标人的技术方案。因此，编制技术标时投标人应仔细分析招标人的热衷点，在这些点上采用先进的技术、设备、材料或工艺，使标书对招标人和评标专家产生更强的吸引力。

(4)全面性。技术标的评分标准一般都分为许多项目，这些项目都分别被赋予一定的评分分值。因此，编制技术标时一定不能发生缺项。一旦发生缺项，该项目就可能被评为零分，会大大降低中标概率。

另外，对一般项目而言，评标的时间往往有限，评标专家没有时间对技术标进行深入分析。因此，只要有关内容齐全，且无明显的低级错误或理论上的错误，技术标一般不会

扣很多分。所以，对一般工程来说，技术标内容的全面性比内容的深入、细致更重要。

(5)经济性。投标人参加投标承揽业务的最终目的都是获取最大的经济利益，而施工方案的经济性直接关系到投标人的效益，因此必须十分慎重。另外，施工方案也是投标报价的一个重要影响因素，经济、合理的施工方案能够降低投标报价，使报价更具竞争力。

4. 投标担保

投标担保是指为防止投标人不审慎进行投标活动而设定的一种担保形式。招标人不希望投标人在投标有效期内随意撤回标书或中标后不能提交履约保证金和签署合同。因此，为了约束投标人的投标行为，保护招标人的利益，维护招标投标活动的正常秩序，应进行投标担保。

投标担保的作用是维护招标人的合法权益，但在实践中，也有个别招标人利用收取巨额投标保证金排斥潜在投标人。这种以非法手段谋取中标的不正当竞争行为是被《中华人民共和国招标投标法》和《中华人民共和国反不正当竞争法》所严格禁止的。

(1)投标担保的形式。招标人一般在招标文件中要求投标人提交投标保证金。投标保证金除现金外，可以是银行出具的银行保函、保兑支票、银行汇票或现金支票。投标保证金一般不得超过投标总价的 2%，但最高不得超过 80 万元人民币。对于不能按招标文件要求提交投标保证金的投标人，其投标文件将被拒绝，作为废标处理。

(2)投标保证金的期限。投标保证金如果采用非现金方式进行担保的，都会存在一个有效期限的问题。为了保证投标保证金在投标过程中的作用，对于投标保证金的有效期限应该作出规定。

所谓的投标有效期，指的是一个时间范围，在这个时间范围内，投标人应该保证其所有投标文件都持续有效。要求投标保证金超出投标有效期 30 天，就是为了在投标人不审慎投标的情况下给招标人以充分的时间去没收投标保证金，而不会由于投标保证金已经失效而使得招标人无法没收投标保证金。

三、建筑装饰工程投标文件的递交

递交投标文件也称递标，是指投标人在规定的投标截止日期之前，将准备好的所有投标文件密封递送到招标单位的行为。

所有的投标文件必须经反复校核、审查并签字盖章，特别是投标授权书要由具有法人地位的公司总经理或董事长签署、盖章；投标保函在保证银行行长签字盖章后，还要由投标人签字确认。然后，按投标须知要求认真、细致地分装密封起来，由投标人亲自在截标之前送交收标单位；或者通过邮寄递交。邮寄递交要考虑在途的时间，并且注意投标文件的完整性，一次递交、迟交或文件不完整，都将导致投标文件作废。

在投标过程中，如果投标人投标后，发现在投标文件中存在严重错误或者因故改变主意，可以在投标截止时间前撤回已提交的投标文件，也可以修改、补充投标文件，这是投标人的法定权利。在投标文件截止时间后，投标人就不可以再对投标文件进行补充、修改和撤回了。因为这些补充、修改、撤回的文件对招标投标活动会产生重要的影响，所以在开标前，招标人应妥善保管好已接收的投标文件、修改或撤回通知、备选投标方案等投标资料。

案例

某投资公司建设一幢办公楼，采用公开招标方式选择装修施工单位，投标保证金有效期时间同投标有效期。提交投标文件截止时间为2017年5月30日。该公司于2017年3月6日发出招标公告，后有A、B、C、D、E 5家建筑装修施工单位参加了投标，E单位由于工作人员疏忽于2017年6月2日提交投标保证金。开标会于2017年6月3日由该省建委主持，D单位在开标前向投资公司要求撤回投标文件。经过综合评选，最终确定B单位中标。双方按规定签订了施工承包合同。

问题：

(1)E单位的投标文件按要求应如何处理？为什么？

(2)对D单位撤回投标文件的要求应当如何处理？为什么？

(3)上述招标投标程序中，有哪些不妥之处？请说明理由。

分析：

(1)E单位的投标文件应当被认为是无效投标而拒收。投标保证金作为投标文件的有效组成部分，应在招标文件规定的时间内(不得晚于投标文件递交截止时间)提交给招标人，因此，E单位迟交投标保证金应属于未响应招标文件的实质性要求，其投标文件将被拒绝。

(2)D单位的行为将被没收投标保证金。因为投标文件相当于要约，在递交截止时间后就生效了，因此，在开标前撤回投标文件将构成要约的撤销，相关法规明确规定，在投标有效期内撤销要约其投标保证金将不予退还。

(3)开标应由招标人或其委托的招标代理机构组织，由省建委主持召开不妥。省建委作为行政管理机关只能监督招标投标的活动，不能作为开标会的主持人。

开标时间应为递交投标文件截止时间的同一时间，5月30日截止递交投标文件，6月3日才进行开标，明显不符合《中华人民共和国招标投标法》规定，所以不妥。

第四节　建筑装饰工程投标报价

投标报价是投标人响应招标文件要求所报出的，在已标价工程量清单中标明的总价，它是依据招标工程量清单所提供的工程数量，计算综合单价与合价后所形成的。为使得投标报价更加合理并具有竞争性，通常投标报价的编制应遵循一定的程序，如图3-2所示。

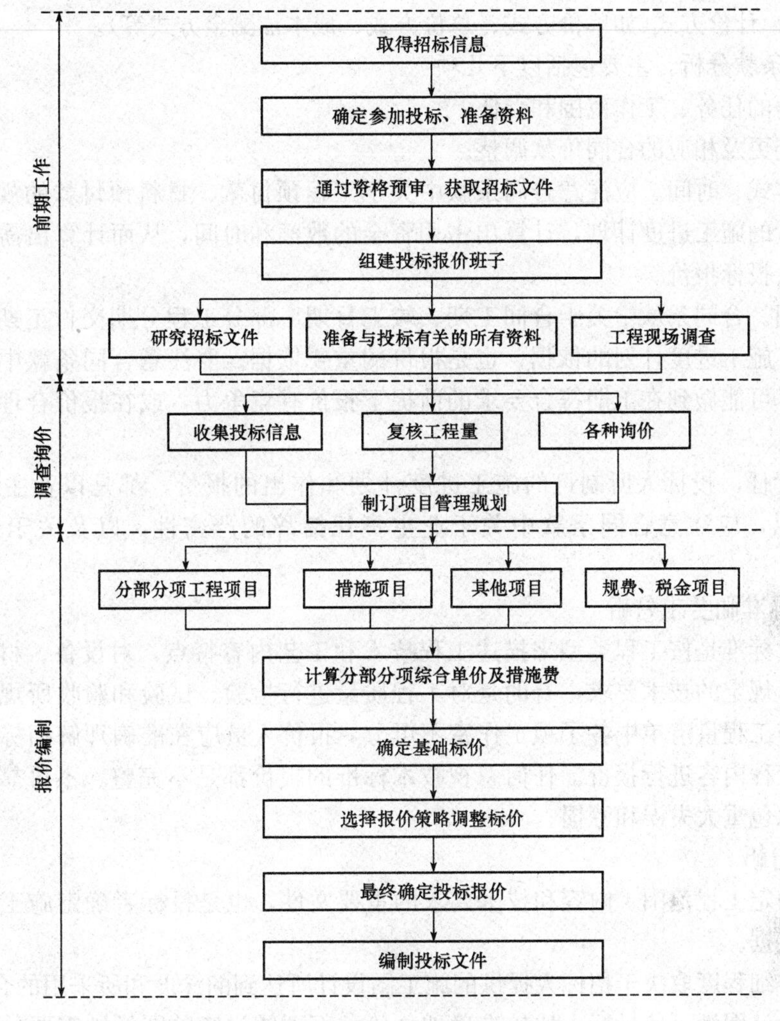

图 3-2 投标报价编制流程

一、投标报价前期工作

(一)研究招标文件

投标人取得招标文件后，为保证工程量清单报价的合理性，应对投标人须知、合同条件、技术规范、图纸和工程量清单等重点内容进行分析，深刻而正确地理解招标文件和招标人的意图。

1. 投标人须知

投标人须知反映了招标人对投标的要求，特别要注意项目的资金来源、投标书的编制和递交、投标保证金、更改或备选方案、评标方法等，重点在于防止投标被否决。

2. 合同分析

(1)合同背景分析。投标人有必要了解与自己承包的工程内容有关的合同背景，了解监理方式，了解合同的法律依据，为报价和合同实施及索赔提供依据。

(2)合同形式分析，主要分析承包方式(如分项承包、施工承包、设计与施工总承包和管理承包等)；计价方式(如单价方式、总价方式、成本加酬金方式等)。

(3)合同条款分析，主要包括以下几项：

①承包商的任务、工作范围和责任。

②工程变更及相应的合同价款调整。

③付款方式、时间。应注意合同条款中关于工程预付款、材料预付款的规定。根据这些规定和预计的施工进度计划，计算出占用资金的数额和时间，从而计算出需要支付的利息数额并计入投标报价。

④施工期。合同条款中关于合同工期、竣工日期、部分工程分期交付工期等规定，这是投标人制订施工进度计划的依据，也是报价的重要依据。要注意合同条款中有无工期奖罚的规定，尽可能做到在工期符合要求的前提下报价有竞争力，或在报价合理的前提下工期有竞争力。

⑤业主责任。投标人所制订的施工进度计划和作出的报价，都是以业主履行责任为前提的。所以，应注意合同条款中关于业主责任措辞的严密性，以及关于索赔的有关规定。

3. 技术标准和要求分析

工程技术标准是按工程类型来描述工程技术和工艺内容特点，对设备、材料、施工和安装方法等所规定的技术要求，有的是对工程质量进行检验、试验和验收所规定的方法和要求。它们与工程量清单中各子项工作密不可分，报价人员应在准确理解招标人要求的基础上对有关工程内容进行报价。任何忽视技术标准的报价都是不完整、不可靠的，有时可能导致工程承包重大失误和亏损。

4. 图纸分析

图纸是确定工程范围、内容和技术要求的重要文件，也是投标者确定施工方法等施工计划的主要依据。

图纸的详细程度取决于招标人提供的施工图设计所达到的深度和所采用的合同形式。

详细的设计图纸可使投标人比较准确地估价，而不够详细的图纸则需要估价人员采用综合估价方法，其结果一般不很精确。

(二)调查工程现场

招标人在招标文件中一般会明确进行工程现场踏勘的时间和地点。投标人对一般区域调查重点应注意以下几个方面。

1. 自然条件调查

自然条件调查主要包括对气象资料，水文资料，地震、洪水及其他自然灾害情况，地质情况等的调查。

2. 施工条件调查

施工条件调查的内容主要包括：工程现场的用地范围、地形、地貌、地物、高程，地上或地下障碍物，现场的三通一平情况；工程现场周围的道路、进出场条件、有无特殊交通限制；工程现场施工临时设施、大型施工机具、材料堆放场地安排的可能性，是否需要二次搬运；工程现场邻近建筑物与招标工程的间距、结构形式、基础埋深、新旧程度、高度；市政给水及污水、雨水排放管线位置、高程、管径、压力、废水、污水处理方式，市政、消防供水管道管径、压力、位置等；当地供电方式、方位、距离、电压等；当地煤气

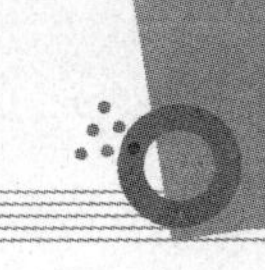

供应能力，管线位置、高程等；工程现场通信线路的连接和铺设；当地政府有关部门对施工现场管理的一般要求、特殊要求及规定，是否允许节假日和夜间施工等。

3. 其他条件调查

其他条件调查主要包括各种构件、半成品及商品混凝土的供应能力和价格，以及现场附近的生活设施、治安情况等的调查。

二、询价与工程量复核

(一)询价

询价是投标报价的一个非常重要的环节。在工程投标活动中，施工单位不仅要考虑投标报价能否中标，还应考虑中标后所承担的风险。因此，在报价前必须通过各种渠道，采用各种方式对所需人工、材料、施工机具等要素进行系统的调查，掌握各要素的价格、质量、供应时间、供应数量等数据，这个过程称为询价。询价除需要了解生产要素价格外，还应了解影响价格的各种因素，这样才能够为报价提供可靠的依据。询价时要特别注意两个问题：一是产品质量必须可靠，并满足招标文件的有关规定；二是供货方式、时间、地点，有无附加条件和费用。

1. 询价的渠道

(1)直接与生产厂商联系。

(2)了解生产厂商的代理人或从事该项业务的经纪人。

(3)了解经营该项产品的销售商。

(4)向咨询公司进行询价。通过咨询公司所得到的询价资料比较可靠，但需要支付一定的咨询费用，也可向同行了解。

(5)通过互联网查询。

(6)自行进行市场调查或信函询价。

2. 生产要素询价

(1)材料询价。材料询价的内容包括调查对比材料价格、供应数量、运输方式、保险和有效期、不同买卖条件下的支付方式等。询价人员在施工方案初步确定后，立即发出材料询价单，并催促材料供应商及时报价。收到询价单后，询价人员应将从各种渠道所询得的材料报价及其他有关资料汇总整理。对同种材料从不同经销部门所得到的所有资料进行比较分析，选择合适、可靠的材料供应商的报价，提供给工程报价人员使用。

(2)施工机具询价。在外地施工需用的施工机具，有时在当地租赁或采购可能更为有利，因此，事前需进行施工机具的询价。必须采购的施工机具，可向供应厂商询价。对于租赁的施工机具，可向专门从事租赁业务的机构询价，并应详细了解其计价方法。例如，各种施工机具每台班的租赁费、最低计费起点、施工机具停滞时租赁费及进出厂费的计算，燃料费及机上人员工资是否在台班租赁费之内。如需另行计算，这些费用项目的具体数额为多少等。

(3)劳务询价。如果承包商准备在工程所在地招募工人，则劳务询价是必不可少的。劳务询价主要有两种情况：一种是成建制的劳务公司，相当于劳务分包，一般费用较高，但素质较可靠，工效较高，承包商的管理工作较轻；另一种是劳务市场招募零散劳动力，根据需要进行选择，这种方式虽然劳务价格低廉，但有时素质达不到要求或工效较低，且承包商的管理工作较繁重。投标人应在对劳务市场充分了解的基础上决定采用哪种方式，并以此为依据进行投标报价。

3. 分包询价

总承包商在确定了分包工作内容后，就将拟分包的专业工程施工图纸和技术说明送交预先选定的分包单位，请他们在约定的时间内报价，以便进行比较选择，最终选择合适的分包人。对分包人询价应注意的是，分包标函是否完整，分包工程单价所包含的内容，分包人的工程质量、信誉及可信赖程度，质量保证措施，分包报价。

(二)复核工程量

工程量清单作为招标文件的组成部分，是由招标人提供的。工程量的大小是投标报价最直接的依据。复核工程量的准确程度将影响承包商的经营行为：一是根据复核后的工程量与招标文件提供的工程量之间的差距，从而考虑相应的投标策略，决定报价尺度；二是根据工程量的大小采取合适的施工方法，选择适用、经济的施工机具设备、投入使用相应的劳动力数量等。

复核工程量，要与招标文件中所给的工程量进行对比，应注意以下几个方面的问题：

(1)投标人应认真根据招标说明、图纸、地质资料等招标文件资料，计算主要清单工程量，复核工程量清单。其中，特别注意的是按一定顺序进行，避免漏算或重算；正确划分分部分项工程项目，与“清单计价规范”保持一致。

(2)复核工程量的目的不是修改工程量清单，即使有误，投标人也不能修改工程量清单中的工程量，因为修改了清单将导致在评标时认为投标文件未响应招标文件而被否决。对工程量清单存在的错误，可以向招标人提出，由招标人统一修改并将修改情况通知所有投标人。

(3)针对工程量清单中工程量的遗漏或错误，是否向招标人提出修改意见取决于投标策略。投标人可以运用一些报价的技巧提高报价的质量，争取在中标后能获得更大的收益。

(4)通过工程量计算复核还能准确地确定订货及采购物资的数量，防止由于超量或少购等带来的浪费、积压或停工待料。

在核算完全部工程量清单中的细目后，投标人应按大项分类汇总主要工程总量，以便获得对整个工程施工规模的整体概念，并据此研究采用合适的施工方法，选择适用的施工设备等，并准确地确定订货及采购物资的数量，防止由于超量或少购等带来的浪费、积压或停工待料。

三、投标报价的编制原则与依据

投标报价是投标人希望达成工程承包交易的期望价格，它不能高于招标人设定的招标控制价。作为投标报价计算的必要条件，应预先确定施工方案和施工进度，另外，投标报价计算还必须与采用的合同形式相协调。

(一)投标报价的编制原则

报价是投标的关键性工作，报价是否合理不仅直接关系到投标的成败，还关系到中标后企业的盈亏。投标报价的编制原则如下：

(1)投标报价由投标人自主确定，但必须执行《建设工程工程量清单计价规范》(GB 50500—

2013)的强制性规定。投标报价应用投标人或受其委托、具有相应资质的工程造价咨询人员编制。

(2)投标人的投标报价不得低于工程成本。《中华人民共和国招标投标法》第四十一条规定："中标人的投标应当符合下列条件……(二)能够满足招标文件的实质性要求，并且经评审的投标价格最低；但是投标价格低于成本的除外。"《评标委员会和评标方法暂行规定》(七部委第12号令)第二十一条规定："在评标过程中，评标委员会发现投标人的报价明显低于其他投标报价或者在设有标底时明显低于标底的，使得其投标报价可能低于其个别成本的，应当要求该投标人做出书面说明并提供相关证明材料。投标人不能合理说明或者不能提供相关证明材料的，由评标委员会认定该投标人以低于成本报价竞标，应当否决该投标人的投标。"根据上述法律、规章的规定，特别要求投标人的投标报价不得低于工程成本。

(3)投标报价要以招标文件中设定的发承包双方责任划分，作为考虑投标报价费用项目和费用计算的基础，发承包双方的责任划分不同，会导致合同风险不同的分摊，从而导致投标人选择不同的报价；根据工程发承包模式考虑投标报价的费用内容和计算深度。

(4)以施工方案、技术措施等作为投标报价计算的基本条件；以反映企业技术和管理水平的企业定额作为计算人工、材料和机具台班消耗量的基本依据；充分利用现场考察、调研成果、市场价格信息和行情资料，编制基础标价。

(5)报价计算方法要科学严谨，简明适用。

(二)投标报价的编制依据

《建设工程工程量清单计价规范》(GB 50500—2013)规定，投标报价应根据下列依据编制：

(1)《建设工程工程量清单计价规范》(GB 50500—2013)与专业工程量计算规范。

(2)国家或省级、行业建设主管部门颁发的计价办法。

(3)企业定额，国家或省级、行业建设主管部门颁发的计价定额。

(4)招标文件、工程量清单及其补充通知、答疑纪要。

(5)建设工程设计文件及相关资料。

(6)施工现场情况、工程特点及投标时拟定的施工组织设计或施工方案。

(7)与建设项目相关的标准、规范等技术资料。

(8)市场价格信息或工程造价管理机构发布的工程造价信息。

(9)其他的相关资料。

四、投标报价的编制方法和内容

投标报价的编制过程，应首先根据招标人提供的工程量清单编制分部分项工程和措施项目清单与计价表，其他项目清单与计价汇总表，规费、税金项目计价表，计算完毕之后，汇总得到单位工程投标报价汇总表，再层层汇总，分别得出单项工程投标报价汇总表和工程项目投标总价汇总表，投标总价的组成如图3-3所示。在编制过程中，投标人应按招标人提供的工程量清单填报价格。填写的项目编码、项目名称、项目特征、计量单位、工程量必须与招标人提供的一致。

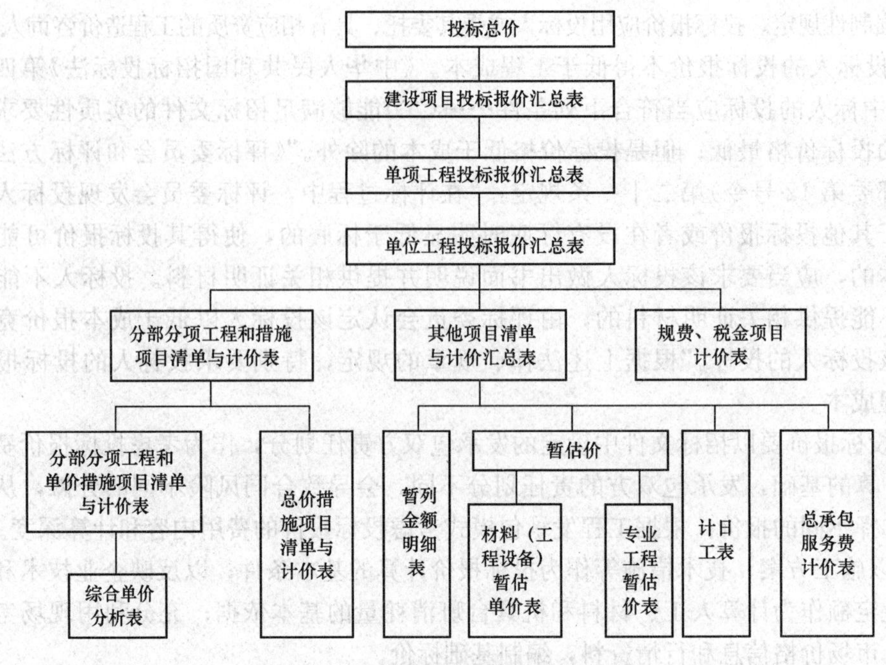

图 3-3　建设项目施工投标总价组成

(一)分部分项工程和措施项目清单与计价表的编制

1. 分部分项工程和单价措施项目清单与计价表的编制

承包人投标报价中的分部分项工程费和以单价计算的措施项目费应按招标文件中分部分项工程和单价措施项目清单与计价表的特征描述确定综合单价计算。因此，确定综合单价是分部分项工程和单价措施项目清单与计价表编制过程中最主要的内容。综合单价包括完成一个规定清单项目所需的人工费、材料和工程设备费、施工机具使用费、企业管理费、利润，并考虑风险费用的分摊。综合单价的计算公式如下：

综合单价＝人工费＋材料和工程设备费＋施工机具使用费＋企业管理费＋利润 (3-1)

(1)确定综合单价时的注意事项。

①以项目特征描述为依据。项目特征是确定综合单价的重要依据之一，投标人投标报价时应依据招标文件中清单项目的特征描述确定综合单价。在招标投标过程中，当出现招标工程量清单特征描述与设计图纸不符时，投标人应以招标工程量清单的项目特征描述为准，确定投标报价的综合单价。当施工中施工图纸或设计变更与招标工程量清单项目特征描述不一致时，发、承包双方应按实际施工的项目特征，依据合同约定重新确定综合单价。

②材料、工程设备暂估价的处理。招标文件中在其他项目清单中提供了暂估单价的材料和工程设备，应按其暂估的单价计入清单项目的综合单价中。

③考虑合理的风险。招标文件中要求投标人承担的风险费用，投标人应考虑进入综合单价。在施工过程中，当出现的风险内容及其范围(幅度)在招标文件规定的范围(幅度)内时，综合单价不得变动，合同价款不作调整。根据国际惯例并结合我国工程建设的特点，发承包双方对工程施工阶段的风险宜采用如下分摊原则：

a. 对于主要由市场价格波动导致的价格风险，如工程造价中的建筑材料、燃料等价格

风险，发、承包双方应当在招标文件中或在合同中对此类风险的范围和幅度予以明确约定，进行合理分摊。根据工程特点和工期要求，一般采取的方式是承包人承担5%以内的材料、工程设备价格风险，10%以内的施工机具使用费风险。

b. 对于法律、法规、规章或有关政策出台导致工程税金、规费、人工费发生变化，并由省级、行业住房城乡建设主管部门或其授权的工程造价管理机构根据上述变化发布的政策性调整，以及由政府定价或政府指导价管理的原材料等价格进行了调整，承包人不应承担此类风险，应按照有关调整规定执行。

c. 对于承包人根据自身技术水平、管理、经营状况能够自主控制的风险，如承包人的管理费、利润的风险，承包人应结合市场情况，根据企业自身的实际合理确定、自主报价，该部分风险由承包人全部承担。

(2)综合单价确定的步骤和方法。当分部分项工程内容比较简单，由单一计价子项计价，且《建设工程工程量清单计价规范》(GB 50500—2013)与所使用计价定额中的工程量计算规则相同时，综合单价的确定只需用相应计价定额子目中的人工、材料、施工机具使用费做基数计算管理费、利润，再考虑相应的风险费用即可。当工程量清单给出的分部分项工程与所用计价定额的单位不同或工程量计算规则不同，则需要按计价定额的计算规则重新计算工程量，并按照下列步骤来确定综合单价：

①确定计算基础。计算基础主要包括消耗量指标和生产要素单价。应根据本企业的实际消耗量水平，并结合拟定的施工方案确定完成清单项目需要消耗的各种人工、材料、机具台班的数量。计算时应采用企业定额，在没有企业定额或企业定额缺项时，可参照与本企业实际水平相近的国家、地区、行业定额，并通过调整来确定清单项目的人工、材料、施工机具台班单位用量。各种人工、材料、机具台班的单价，则应根据询价的结果和市场行情综合确定。

②分析每一清单项目的工程内容。在招标工程量清单中，招标人已对项目特征进行了准确、详细的描述，投标人根据这一描述，再结合施工现场情况和拟定的施工方案确定完成各清单项目实际应发生的工程内容。必要时可参照《建设工程工程量清单计价规范》(GB 50500—2013)中提供的工程内容，有些特殊的工程也可能出现规范列表之外的工程内容。

③计算工程内容的工程数量与清单单位的含量。每一项工程内容都应根据所选定额的工程量计算规则计算其工程数量，当定额的工程量计算规则与清单的工程量计算规则相一致时，可直接以工程量清单中的工程量作为工程内容的工程数量。其计算公式如下：

当采用清单单位含量计算人工费、材料费、施工机具使用费时，还需要计算每一计量单位的清单项目所分摊的工程内容的工程数量，即清单单位含量。其计算公式如下：

$$\text{清单单位含量}=\frac{\text{某工程内容的定额工程量}}{\text{清单工程量}} \tag{3-2}$$

④分部分项工程人工、材料、施工机具使用费的计算。以完成每一计量单位的清单项目所需的人工、材料、机具用量为基础计算，即

$$\text{每一计量单位清单项目某种资源的使用量}=\text{该种资源的定额单位用量}\times\text{相应定额条目的清单单位含量} \tag{3-3}$$

再根据预先确定的各种生产要素的单位价格，可计算出每一计量单位清单项目的分部分项工程的人工费、材料费与施工机具使用费。其计算公式如下：

$$人工费=完成单位清单项目所需人工的工日数量\times人工工日单价 \tag{3-4}$$

$$材料费=\sum(完成单位清单项目所需各种材料、半成品的数量\times各种材料、半成品单价)+工程设备费 \tag{3-5}$$

$$施工机具使用费=\sum(完成单位清单项目所需各种机械的台班数量\times各种机械的台班单价)+\sum(完成单位清单项目所需各种仪器仪表的台班数量\times各种仪器仪表的台班单价) \tag{3-6}$$

当招标人提供的其他项目清单中列示了材料暂估价时，应根据招标人提供的价格计算材料费，并在分部分项工程项目清单与计价表中表现出来。

⑤计算综合单价。企业管理费和利润的计算可按照规定的取费基数以及一定的费率取费计算，若以人工费与施工机具使用费之和为取费基数，则：

$$企业管理费=(人工费+施工机具使用费)\times企业管理费费率 \tag{3-7}$$

$$利润=(人工费+施工机具使用费)\times利润率 \tag{3-8}$$

将上述五项费用汇总，并考虑合理的风险费用后，即可得到清单综合单价。根据计算出的综合单价，可编制分部分项工程和单价措施项目清单与计价表。

(3)工程量清单综合单价分析表的编制。为表明综合单价的合理性，投标人应对其进行单价分析，以作为评标时的判断依据。

2. 总价措施项目清单与计价表的编制

对于不能精确计算的措施项目，应编制总价措施项目清单与计价表。投标人对措施项目中的总价项目投标报价应遵循以下原则：

(1)措施项目的内容应依据招标人提供的措施项目清单和投标人投标时拟定的施工组织设计或施工方案确定。

(2)措施项目费由投标人自主确定，但其中安全文明施工费必须按照国家或省级、行业主管部门的规定计价，不得作为竞争性费用。招标人不得要求投标人对该项费用进行优惠，投标人也不得将该项费用参与市场竞争。

(二)其他项目清单与计价表的编制

其他项目费主要由暂列金额、暂估价、计日工以及总承包服务费组成。投标人对其他项目费投标报价时应遵循以下原则：

(1)暂列金额应按照招标人提供的其他项目清单中列出的金额填写，不得变动。

(2)暂估价不得变动和更改。暂估价中的材料、工程设备暂估价必须按照招标人提供的暂估单价计入清单项目的综合单价；专业工程暂估价必须按照招标人提供的其他项目清单中列出的金额填写。材料、工程设备暂估单价和专业工程暂估价均由招标人提供，为暂估价格，在工程实施过程中，对于不同类型的材料与专业工程采用不同的计价方法。

(3)计日工应按照招标人提供的其他项目清单列出的项目和估算的数量，自主确定各项综合单价并计算费用。

(4)总承包服务费应根据招标人在招标文件中列出的分包专业工程内容和供应材料、设备情况，按照招标人提出的协调、配合与服务要求和施工现场管理需要自主确定。

(三)规费、税金项目计价表的编制

规费和税金应按国家或省级、行业建设主管部门的规定计算，不得作为竞争性费用。

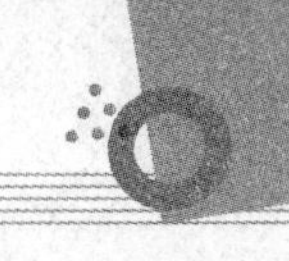

这是由于规费和税金的计取标准是依据有关法律、法规和政策规定制定的，具有强制性。因此，投标人在投标报价时必须按照国家或省级、行业建设主管部门的有关规定计算规费和税金。

(四)投标报价的汇总

投标人的投标总价应当与组成工程量清单的分部分项工程费、措施项目费、其他项目费和规费、税金的合计金额相一致，即投标人在进行工程量清单招标的投标报价时，不能进行投标总价优惠(或降价、让利)，投标人对投标报价的任何优惠(或降价、让利)均应反映在相应清单项目的综合单价中。

案 例

2018年2月，A房地产开发有限公司对其开发的某小区装修项目“金花米黄”等五大类石材采购进行了公开招标。A房地产公司对石材采购的种类、数量及质量要求在招标文件中作了明确的要求，要求通过投标资格审查的投标单位进行现场竞价，竞价采用降价竞价方式，按价低者得的原则确定中标人，同时招标文件规定确定中标人后，中标人须在现场与招标人签订《中标确认书》，中标人须在签订《中标确认书》次日起7日内与招标人签订《采购合同书》。

2018年3月2日，5家投标单位参加了石材的投标。B石业有限公司初始报价4 571 500元，经现场几轮竞价，B公司最终以1 410 000元报价成为所有投标单位中最低报价单位。经过评比，A房地产公司认为B公司的报价最低，初步决定让B公司中标，但现场没有签发《中标通知书》。随后，A公司办理内部投标文件及合同签订等审批事宜，法律顾问在审核B公司的报价资料时发现：B公司其中一项“金花米黄”石材初始报价为480元/ m^2，供应数量为2 800 m^2，总价为1 344 000元，而最后一轮报价仅为10元/m^2，供应数量不变，总价仅为28 000元，前后报价相差近98%。

法律顾问随即提出质疑并出具法律意见：根据《中华人民共和国招标投标法》第三十三条，供货人若以低于成本价与采购人签订采购合同违反了法律规定，签订的合同有显失公平之嫌并可能导致合同无效，若按此价格履约，供货人在最后结算时有可能通过司法程序申请该项价格结算的约定无效，并要求专业机构对供货价格进行重新鉴定从而要求采购方按定额价或市场价进行重新核算。

A公司随即向B公司提出要求：要求B公司提供书面材料证明其投标报价符合《中华人民共和国招标投标法》第三十三条的规定，如B公司不能提供充分的证据证明其报价不低于社会平均成本，则A公司将依法重新选定符合法律规定的中标人。B公司认为其总报价符合A的中标要求，其全部供货的平均价格不低于成本，另根据最高人民法院《关于适用〈中华人民共和国合同法〉若干问题的解释(二)》，即使A不与其签订书面合同，双方的合同关系也已成立，若A不同意B公司供货，B将追究A公司的违约责任。

由此，双方形成争议，合同迟迟没有签订，A公司单方宣布本次招标无效，另行招标。

问题：

(1)法律为什么要禁止投标人以低于成本的报价竞争？

(2)低于成本的报价中标后可能产生什么法律后果？

(3)如何防范供货商低于成本的报价竞争？

(4)中标通知书的相关法律问题有哪些？

(5)招标人过失行为有哪些法律责任及问题？

(6)缺陷招标有哪些含义？本案有怎样的意义？

分析：

(1)《中华人民共和国招标投标法》第三十三条规定："投标人不得以低于成本的报价竞标。"这里所讲的低于成本，是指低于投标人为完成投标项目所需支出的个别成本。由于每个投标人的管理水平、技术能力与条件不同，即使完成同样的招标项目，其个别成本也不可能完全相同。管理水平高、技术先进的投标人，生产、经营成本低，有条件以较低的报价参加投标竞争，这是其竞争实力强的表现。实行招标采购的目的是通过投标人之间的竞争，特别在投标报价方面的竞争，择优选择中标者，因此，只要投标人的报价不低于自身的个别成本，即使是低于行业平均成本，也是完全可以的。但是，按照《中华人民共和国招标投标法》第三十三条的规定，禁止投标人以低于其自身完成投标项目所需的成本的报价进行投标竞争。法律作出这一规定的主要目的有两个：一是为了避免出现投标人在以低于成本的报价中标后，再以粗制滥造、偷工减料等违法手段不正当地降低成本，挽回其低价中标的损失，给工程质量造成危害；二是为了维护正常的投标竞争秩序，防止产生投标人以低于其成本的报价进行不正当竞争，损害其他以合理报价进行竞争的投标人的利益。至于对"低于成本的报价"的判定，在实践中是比较复杂的问题，需要根据每个投标人的不同情况加以确定。从竞争的角度来看，以低于成本价的报价投标，似乎也有不正当竞争之嫌。

(2)根据《中华人民共和国招标投标法》第三十三条，供货人若以低于成本价与采购人签订采购合同则违反了法律规定，签订的合同有显失公平之嫌并可能导致合同无效，供货人还可通过司法部门申请专业机构对供货价格进行重新鉴定从而要求采购方按定额价或市场价进行结算。

(3)成本报价要考虑社会的平均成本和企业个别成本，这是判定投标报价是否合理的基本依据。成本是构成价格的主要部分，是投标商估算投标价格的依据和最低的经济界限，在考察投标人的投标价是否低于成本，必须以社会平均成本和企业个别成本来计算，而不能以单个投标商的成本来作为标准。如对方不能提供充分的证据证明其报价高于社会平均成本，则可终止与其合作。

招标前请专门的评审单位对工程造价进行评估，将这个评估价作为标准价(或成本价)供评标时参考，并且严格保密，直到评标开始后才能公开。评标时，若有供应商的投标报价低于标准价(成本价)的10%(或15%)，即被评委宣布废标，当然，这必须在招标文件中予以约定，供应商前来投标即视为接受约定。

也可在招标文件中约定，去掉最高价和最低价后所有报价的平均值为参考标准价(成本价)，评标时，若有供应商的投标报价低于标准价(成本价)的10%(或15%)，即被评委宣布废标，当然，这也必须在招标文件中予以约定，供应商前来投标即视为接受约定。

(4)《中华人民共和国招标投标法》第四十五条规定，中标人确定后，招标人应当向中标人发出中标通知书，并同时将中标结果通知所有未中标的投标人。中标通知书对招标人和中标人具有法律效力。中标通知发出后，招标人改变中标结果的，或者中标人放弃中标项目的，应当依法承担法律责任。

(5)建设工程招标投标实践中，因招标人原因导致招标工作失败，给投标人造成损失的，招标人是否赔偿损失？如果要赔偿，如何赔偿？如果不赔偿那么因招标人设置不恰当招标条件或不恰当评标标准、方法，给投标人造成损失的，招标人是否赔偿损失？

(6)在正常情况下，合同的内容都应当在招标文件和投标文件中体现出来。但是，在这一过程中，招标人处于主动地位，投标人只是按照招标文件的要求编制投标文件。如果投标文件不符合招标文件的要求，则应当是废标。因此，一旦出现招标文件和投标文件都没有约定合同内容的情况，应当属于招标文件的缺陷。

本章小结

建筑装饰工程投标是承包商向招标单位提出承包该建筑装饰工程项目的价格和条件，供招标单位选择以获得承包权的活动。本章主要介绍了建筑装饰工程投标基础知识、建筑装饰工程投标程序、建筑装饰工程投标文件、建筑装饰工程投标报价。

思考与练习

一、填空题

1. ＿＿＿＿＿是指承包商向招标单位提出承包该建筑装饰工程项目的价格和条件供招标单位选择，以获得承包权的活动。

2. 建筑装饰工程投标决策可分为两个阶段进行，即＿＿＿＿＿和＿＿＿＿＿。

3. 资格审查指的是对的投标资格进行审查，以确定投标人是否有能力承担工程建设的任务。资格审查可以分为＿＿＿＿＿和＿＿＿＿＿。

4. 资格预审的种类有＿＿＿＿＿和＿＿＿＿＿。

5. 工程量是以＿＿＿＿＿或＿＿＿＿＿表示的或的工程数量。

6. ＿＿＿＿＿是投标人希望达成工程承包交易的期望价格，它不能高于招标人设定的招标控制价。

二、选择题

1. 建筑装饰工程投标组织机构人员组成不包括(　　)。

A. 经营管理类人才　　B. 专业技术人才

C. 商务金融类人才　　D. 资料管理类人才

2. 下列不属于按投标效益分类的是(　　)。

A. 盈利标　　B. 保本标　　C. 保险标　　D. 亏损标

3. 建筑装饰工程投标决策的主要依据是招标广告，以及装饰企业对招标工程、业主的情况的调研和了解的程度，通常情况下，对下列(　　)招标项目应继续投标。

A. 本施工企业主管和兼营能力之外的项目

B. 工程规模、技术要求超过本施工企业技术等级的项目

C. 本施工企业生产任务饱满，而招标工程的盈利水平较高或风险较小的项目

D. 本施工企业技术等级、信誉、施工水平明显不如竞争对手的项目

4. 下列不属于影响建筑装饰工程投标决策的企业内部因素的是(　　)方面的实力。

A. 风险问题控制　　B. 经济　　C. 管理　　D. 信誉

5. (　　)也称前重后轻法，是指在总价基本确定的前提下，如何调整内部各个子项的报价，以期既不影响总报价，中标后投标人又可尽早收回垫付于工程中的资金和获取较好的经济效益。

A. 灵活报价法　　B. 不平衡报价法

C. 开口升级法　　D. 突然袭击法

6. 投标保证金一般不得超过投标总价的(　　)%，但最高不得超过80万元人民币。

A. 1　　B. 2　　C. 3　　D. 4

三、简答题

1. 建筑装饰工程投标人应具有哪些资质等级条件?
2. 影响建筑装饰工程投标决策的企业外部因素有哪些?
3. 资格预审的意义主要体现在哪几个方面?
4. 投标报价前期工作包括哪些?
5. 投标人对措施项目中的总价项目投标报价应遵循哪些原则?

第四章　建筑装饰工程开标、评标与定标

学习目标

了解建筑装饰工程开标时间、地点、参加人；熟悉建筑装饰工程开标程序；熟悉建筑装饰工程评标委员会的组成；掌握建筑装饰工程评标程序及方法；掌握建筑装饰工程定标程序及其内容。

能力目标

能够理解建筑装饰工程开标程序；能够进行建筑装饰工程评标与定标。

第一节　建筑装饰工程开标

一、投标有效期

投标截止日期以后，业主应在投标的有效期内开标、评标和授予合同。

投标有效期是指从投标截止之日起到公布中标之日为止的一段时间。

《工程建设项目施工招标投标办法》中规定招标文件应当规定一个适当的投标有效期，以保证招标人有足够的时间完成评标和与中标人签订合同。投标有效期是要保证招标单位有足够的时间对全部投标进行比较和评价。

工程建设项目施工招标投标办法

投标有效期一般不应该延长，但在某些特殊情况下，招标单位要求延长投标有效期是可以的，但必须征得投标者的同意。投标者有权拒绝延长投标有效期，业主不能因此而没收其投标保证金。同意延长投标有效期的投标者不得要求在此期间修改其投标书，而且投标者必须同时相应延长其投标保证金的有效期，对于投标保证金的各有关规定在延长期内同样有效。

二、建筑装饰工程开标时间和地点

招标投标活动经过招标阶段和投标阶段之后，便进入了开标阶段。开标是指在投标人提交投标文件的截止日期后，招标人依据招标文件所规定的时间、地点，在有投标人出席的情况下，当众公开开启投标人提交的投标文件，并公开宣布投标人的名称、投标价格以及投标文件中其他主要内容的活动。

《中华人民共和国招标投标法》第三十四条规定，开标应当在招标文件确定的提交投标文件截止时间的同一时间公开进行；开标地点应当为招标文件中预先确定的地点。所以，开标应当按招标文件规定的时间、地点和程序，以公开方式进行。

(1)开标的时间。开标的时间应当在提供给每一个投标人的招标文件中事先确定，以使每一个投标人都能事先知道开标的准确时间，以便届时参加，确保开标过程的公开、透明。

开标的时间应与提交投标文件的截止时间相一致，将开标时间规定为提交投标文件截止时间的同一时间，其目的是防止投标中的舞弊行为。

出现以下情况时征得住房城乡建设主管部门的同意后，可以暂缓或者推迟开标时间：

①招标文件发售后对原招标文件做了更正或者补充。

②开标前发现有影响招标公正性的不正当行为。

③出现突发事件等。

(2)开标的地点。为了使所有投标人都能事先知道开标地点并按时到达，开标地点也应当在招标文件中事先确定，以便使每一个投标人都能事先为参加开标活动做好充分的准备，如根据情况选择适当的交通工具，并提前做好机票、车票的预订工作等。招标人如果确有特殊原因，需要变动开标地点，则应当按照《中华人民共和国招标投标法》第二十三条的规定，招标人对已发出的招标文件进行必要的澄清或者修改的，应当在招标文件要求提交投标文件截止时间至少十五日前，以书面形式通知所有招标文件收受人。该澄清或者修改的内容为招标文件的组成部分。

(3)开标应当以公开方式进行。除时间、地点，开标活动应当向所有提交投标文件的投标人公开外，开标程序也应公开。开标的公开进行是为了保护投标人的合法权益。同时，也是为了更好地体现和维护公开、透明、公平、公正的招标投标原则。

(4)开标的主持人和参加人。开标的主持人可以是招标人，也可以是招标委托的招标代理机构。开标时，为了保证开标的公开性，除必须邀请所有投标人参加外，也可以邀请招标监督部门、监察部门的有关人员参加，还可以委托公证部门参加。

三、建筑装饰工程开标程序

(1)招标人签收投标人递交的投标文件。投标人在开标地点递交投标文件时，应填写投标文件报送签收一览表，招标人专人负责接受投标人递交的投标文件。提前递交的投标文件也应当办理签收手续，由招标人携带至开标现场。在招标文件规定的递交投标文件的截止时间后递交的投标文件不予接收，由招标人原封退还给有关投标人。在截止时间前递交投标文件的投标人少于3家的，招标无效，开标会即告结束，招标人应当依法重新组织招标。

(2)出席开标会的投标人代表签到。投标人授权出席开标会的代表人应填写开标会签到表，招标人专人负责核对签到人身份，应与签到的内容一致。

(3)开标会主持人宣布开标会开始，宣布监标、唱标、记录人员名单。主持人一般为招标人代表，也可以是招标人指定的招标代理结构的代表。开标人一般为招标人或招标代理机构的工作人员，唱标人可以是投标人的代表、招标人或招标代理机构工作人员，记录人员由招标人指派，有形建筑市场工作人员同时记录唱标内容，招标办监管人员或招标办授权的有形建筑市场人员进行监督。记录人员按开标会记录的要求开始记录。

(4)主持人介绍主要与会人员。主要与会人员包括到会的招标人代表、招标代理机构代表、各投标人代表、公证机构公证人员、见证人员及监督人员等。

(5)主持人宣布开标会程序、开标会纪律和当场废标的条件。开标会纪律一般包括以下几项：

①场内严禁吸烟。

②凡与开标无关的人员不得进入开标会场。

③参加会议的所有人员应关闭手机，开标期间不得高声喧哗。

④投标人代表有疑问应举手发言，参加会议人员未经主持人同意不得在场内随意走动。

(6)核对投标人授权代表的身份证件、授权委托书及出席开标会人数。出席开标会的法定代表人要出示其有效证件。招标人代表出示法定代表人委托书和有效身份证件，同时，招标人代表当众核查投标人授权代表的授权委托书和有效身份证件，确认授权代表的有效性，并留存授权委托书和身份证件的复印件。主持人还应当核查各投标人出席开标会代表的人数，无关人员应当退场。

(7)招标人领导讲话。有此项安排的招标人领导讲话，或者可以不讲话。

(8)主持人介绍招标文件、补充文件或答疑文件的组成和发放情况，投标人确认。

(9)主持人宣布投标文件截止时间和实际送达时间。宣布招标文件规定的递交投标文件截止时间和各投标单位的实际送达时间。在截止时间后送达的投标文件应当场宣布为废标。

(10)由投标人或者其推选的代表(由招标人委托的公证机构)检查投标文件的密封情况。

密封不符合招标文件要求的投标文件应当场作废，不得进入评标，招标办监管人员现场见证。

(11)主持人宣布开标和唱标次序。一般按投标书送达时间的逆顺序开标、唱标。

(12)唱标人依唱标顺序依次当众拆封各投标文件，宣读投标人名称、投标价格和投标文件的其他主要内容。

开标由指定的开标人在监督人员及与会代表的监督下当众拆封，拆封后应当检查投标文件的组成情况并记入开标会记录，开标人应将投标书和投标书附件，以及招标文件中可能规定需要唱标的其他文件交唱标人进行唱标。唱标内容一般包括投标报价、工期和质量标准、质量奖项等方面的承诺、替代方案报价、投标保证金、主要人员等。同时宣布在递交投标文件截止时间收到的投标人对投标文件的补充、修改，在递交投标文件截止时间收到投标人撤回其投标的书面通知的投标文件不再唱标，但须在开标会上说明。

(13)开标会记录签字确认，以便存档备查。开标会记录应当如实记录开标过程中的重要事项，包括开标时间、开标地点、出席开标会的各单位及人员、唱标记录、开标会程序、开标过程中出现的需要评标委员会评审的情况，由公证机构出席公证的还应记录公证结果，投标人的授权代表还应当在开标会记录上签字确认，对记录内容有异议的可以注明，但必须对没有异议的部分签字确认。

(14)公布标底。招标人编制标底的，唱标人应公布标底。

(15)投标文件、开标会记录等送封闭评标区封存。

(16)主持人宣布开标会结束。

开标后，任何投标人都不允许更改投标书的内容和报价，也不允许再增加优惠条件，投标书经启封后不得再更改招标文件中说明的评标、定标办法。

案 例

某房地产公司计划在北京开发某住宅装修项目，采用公开招标的形式，有A、B、C、D、E、F六家装修施工单位领取了招标文件。本工程招标文件规定：2016年10月20日17时30分为投标文件接收终止时间。在提交投标文件的同时，需投标单位提供投标保证金20万元。

在2016年10月20日，A、B、C、D、E五家投标单位在17时30分前将投标文件送达，F单位在次日上午8时送达。各单位均按招标文件的规定提供了投标保证金。

在10月20日上午10时25分，B单位向招标人递交了一份投标价格下降5%的书面说明。

开标时，由招标人检查投标文件的密封情况，确认无误后，由工作人员当众拆封，并宣读了A、B、C、D、E五家承包商的名称、投标价格、工期和其他主要内容。在开标过程中，招标人发现C单位的标袋密封处仅有投标单位公章，没有法定代表人印章或签字。

问题：

(1)在开标后，招标人应对C单位的投标书作何处理？为什么？

(2)投标书在哪些情况下可作为废标处理？

(3)招标人对F单位的投标书作废标处理是否正确？请说明理由。

分析：

(1)在开标后，招标人应对C单位的投标书作为废标处理。

因为C单位投标书只有单位公章，没有法定代表人印章或签字，不符合《中华人民共和国招标投标法》的要求。

(2)投标书在下列情况下，可作为废标处理：

①逾期送达的或者未送达指定地点的。

②未按招标文件要求密封的。

③无单位盖章并无法定代表人签字或盖章的。

④未按规定格式填写，内容不全或关键字迹模糊、无法辨认的。

⑤投标人递交两份或多份内容不同的投标文件，或在一份投标文件中对同一招标项目报有两个或多个报价，且未声明哪一个有效的(按招标文件规定提交备选投标方案的除外)。

⑥投标人名称或组织机构与资格预审时不一致的。

⑦未按招标文件要求提交投标保证金的。

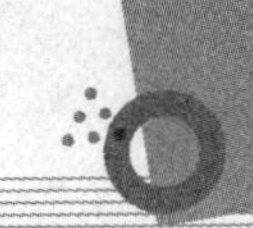

⑧联合体投标未附联合体各方共同投标协议的。

(3)招标对F单位的投标书作废标处理是正确的。因为F单位未能在投标截止时间前送达投标文件。

第二节　建筑装饰工程评标

建筑装饰工程开标后进入评标阶段。评标，即采用统一的标准和方法，对符合要求的投标进行评比，来确定每项投标对招标人的价值，最后达到选定最佳中标人的目的。

一、建筑装饰工程评标机构

《中华人民共和国招标投标法》第三十七条第1款明确规定："评标由招标人依法组建的评标委员会负责。"

评标委员会和评标方法暂行规定

1. 评标委员会的组成

建筑装饰工程评标委员会由招标人或其委托的招标代理机构熟悉相关业务的代表以及有关技术、经济等方面的专家组成。具体应符合下列规定：

(1)评标委员会由招标人代表组建，负责评标活动，向招标人推荐中标候选人或者根据招标人的授权直接确定中标人。

(2)评标委员会成员名单一般应于开标前确定。评标委员会成员名单在中标结果确定前应当保密。

(3)评标委员会由招标人或其委托的招标代理机构熟悉相关业务的代表以及有关技术、经济等方面的专家组成，成员人数为5人以上单数，其中技术、经济等方面的专家不得少于成员总数的2/3。

(4)评标委员会设负责人的，评标委员会负责人由评标委员会成员推举产生或者由招标人确定。评标委员会负责人与评标委员会的其他成员具有同等表决权。

2. 评标委员会专家成员

建筑装饰工程评标委员会成员应从事相关领域工作满八年并具有高级职称或者具有同等专业水平，由招标人从国务院有关部门或者省、自治区、直辖市人民政府有关部门提供的专家名册或者招标代理机构的专家库内的相关专业的专家名单中确定。

建筑装饰工程行政管理部门的专家名册应符合下列规定：

(1)建筑装饰工程行政主管部门的专家名册应当拥有一定数量规模并符合法定资格条件的专家。

(2)省、自治区、直辖市人民政府住房城乡建设主管部门可以将专家数量少的地区的专家名册予以合并或者实行专家名册计算机联网。

(3)建筑装饰工程行政主管部门应当对进入专家名册的专家组织有关法律和业务培训，对其评标能力、廉洁公正等进行综合评估，及时取消不称职或者违法违规人员的评标专家资格。被取消评标专家资格的人员，不得再参加任何评标活动。

评标委员会的专家成员应当从省级以上人民政府有关部门提供的专家名册或者招标代理机构的专家库内的相关专家名单中确定。但是，在选取评标委员会成员时采用何种方法要根据具体的项目来确定。

评标专家成员应符合下列规定：

(1)从事相关专业领域工作满八年并具有高级职称或者同等专业水平。

(2)熟悉有关招标投标的法律法规，并具有与招标项目相关的实践经验。

(3)能够认真、公正、诚实、廉洁地履行职责。

3. 评标委员会成员要求

(1)评标委员会成员的道德要求。评标委员会在整个建筑装饰工程招投标活动中具有重要作用。评标委员会成员应当客观、公正地履行职责，遵守职业道德，对所提出的评审意见承担个人责任，不得与任何投标人或者与招标结果有利害关系的人进行私下接触，不得收受投标人、中介人、其他利害关系人的财物或者其他好处。

(2)评标委员会成员的保密义务。对评标过程进行保密，有利于评标活动不受外界环境及人为的干涉，评标委员会成员和与评标活动有关的工作人员不得透露对投标文件的评审和比较、中标候选人的推荐情况以及与评标有关的其他情况。

(3)评标委员会成员有下列情形之一的，应主动提出回避：

①投标人或者投标人主要负责人的近亲属。

②项目主管部门或者行政监督部门的人员。

③与投标人有经济利益关系，可能影响投标的公正评审。

④曾因在招标、评标以及其他与招标投标有关活动中从事违法活动而受过行政处罚或刑事处罚。

二、建筑装饰工程评标原则

建筑装饰工程评标原则是贯穿于整个建设工程招标评标过程的指导思想和活动准则，是招标人制定评标办法时必须遵循的基本要求和规范。建筑装饰工程评标应遵循下列原则。

1. 平等竞争原则

对建筑装饰工程招标人来说，在评标的实际操作和决策过程中，要用一个标准衡量，保证投标人能机会均等地参加竞争。不允许针对某一特定的投标人在某一方面的优势或弱势而在评标定标具体条款中带有倾向性。

对建筑装饰工程投标人来说，在评标办法中不存在对某一方有利或不利的条款，在定标结果正式出来之前，具有均等的中标机会。

2. 客观公正原则

对投标文件的评价、比较和分析，要客观、公正，不以主观好恶为标准，不带成见，真正在投标文件的响应性、技术性、经济性等方面评出客观的差别和优劣。采用的评标方法、对评审指标的设置和评分标准的具体划分，都要在充分考虑招标项目的具体特点和招标人的合理意愿的基础上，尽量避免和减少人为因素，做到科学、合理。

3. 实事求是原则

对投标文件的评审要从实际出发，评标活动既要全面，也要有重点。任何一个招标项目都有自己的具体内容和特点，招标人作为合同的一方主体，对合同的签订和履行负有其他任何单位和个人都无法替代的责任，所以，在其他条件同等的情况下，应该允许招标人选择更符合招标工程特点和自己招标意愿的投标人中标。招标评标办法可根据具体情况，侧重于工期或价格、质量、信誉等一两个招标工程客观上需要注意的重点，在全面评审的基础上作出合理取舍。这应该说是招标人的一项重要权利，招标投标管理机构对此应予尊重。但招标的根本目的在于择优，而择优决定了评标定标办法中的突出重点、照顾工程特点和招标人意图，只能是在同等的条件下，针对实际存在的客观因素而不是纯粹招标人主观上的需要，才被允许，才是公正、合理的。所以，在实践中，也要注意避免将招标人的主观好恶掺入评标定标办法中，防止影响和损害招标的择优宗旨。

三、建筑装饰工程评标程序

建筑装饰工程评标程序是指招标人设立的评标委员会在建筑装饰工程招标投标管理机构的监督下，对投标文件进行分析、评价，比较和推荐中标候选人等活动的次序、步骤和全过程。

1. 编制表格，研究招标文件

评标委员会成员应当编制供评标使用的相应表格，认真研究招标文件，了解和熟悉以下内容：

(1)招标的目标。

(2)招标项目的范围和性质。

(3)招标文件中规定的主要技术要求、标准和商务条款。

(4)招标文件规定的评标标准、评标方法和在评标过程中应考虑的相关因素。

招标人或者其委托的招标代理机构应当向评标委员会提供评标所需的重要信息和数据。招标人设有标底的，标底应当保密并作为评标的参考。

2. 投标文件的排序和风险承担

(1)投标文件的排序。建筑装饰工程评标委员会应根据投标报价的高低或招标文件规定的其他方法对投标文件进行排序。

(2)风险承担。对于以多种货币进行报价的，应当按照中国银行在开标日公布的汇率中间价换算成人民币。招标文件应当对汇率标准和汇率风险作出规定。未作规定的，汇率风险由投标人承担。

3. 投标文件的澄清、说明或补正

评标时，评标委员会可以要求投标人对投标文件中含义不明确的内容做必要的澄清或者说明，例如，投标文件有关内容前后不一致、明显打字(书写)错误或纯属计算上的错误等，评标委员会应通知投标人作出澄清或说明，以确认其正确的内容。澄清的要求和投标人的答复均应采用书面形式，且投标人的答复必须经法定代表人或授权代表人签字，作为投标文件的组成部分。

投标人的澄清或说明，仅仅是对上述情形的解释和补正，不得有下列行为：

(1)超出投标文件的范围。例如，投标文件中没有规定的内容，澄清时加以补充；投标文件提出的某些承诺条件与解释不一致等。

(2)改变或谋求、提议改变投标文件中的实质性内容。所谓实质性内容，是指改变投标文件中的报价、技术规格或参数、主要合同条款等。这种实质性内容的改变，其目的就是使不符合要求或竞争力较差的投标变成竞争力较强的投标。实质性内容的改变将会引起不公平的竞争，因此是不允许发生的。

在实际操作中，部分地区采取“询标”的方式来要求投标单位进行澄清和解释。询标一般由受委托的中介机构来完成，通常包括审标、提出书面询标报告、质询与解答、提交书面询标经济分析报告等环节。提交的书面询标经济分析报告将作为评标委员会进行评标的参考，有利于评标委员会在较短的时间内完成对投标文件的审查、评审和比较。

4. 初步评审

(1)符合性评审。建筑装饰工程投标文件的符合性评审包括技术符合性评审和商务符合性鉴定。投标文件应实质性响应招标文件的所有条款、条件，无显著差异和保留，即对工程的范围、质量以及使用性能产生实质性影响或对合同中规定的招标单位的权利与投标单位的责任造成实质性限制。这种差异或保留，将会对其他实质性响应的投标单位的竞争地位产生不公正的影响。

(2)技术符合性评审。建筑装饰工程投标文件的技术性评审主要包括对投标所报的方案或组织设计、关键工序、进度计划、人员和机械设备的配备、技术能力、质量控制措施、临时设施的布置和临时用地情况、施工现场周围环境污染的保护措施等进行评估。

(3)商务符合性评审。建筑装饰工程投标文件商务性评审是指对确定为实质上响应招标文件要求的投标文件进行投标报价评估，包括对投标报价进行校核，审查全部报价数据是否有计算或累计上的算术错误，分析报价构成的合理性。

在初步评审中，评标委员应当根据招标文件，审查并逐项列出投标文件的全部投资偏差。投标偏差分可为重大偏差和细微偏差，见表 4-1。

表 4-1　建筑装饰工程投标偏差

序号	偏差类别	内　容
1	重大偏差	(1)没有按照招标文件要求提供投标担保或者所提供的投标担保有瑕疵； (2)投标文件没有投标人授权代表签字和加盖公章； (3)投标文件载明的招标项目完成期限超过招标文件规定的期限； (4)明显不符合技术规格、技术标准的要求； (5)投标文件载明的货物包装方式、检验标准和方法等不符合招标文件的要求； (6)投标文件附有招标人不能接受的条件； (7)不符合招标文件中规定的其他实质性要求
2	细微偏差	细微偏差是指投标文件在实质上响应招标文件要求，但在个别地方存在漏项或者提供了不完整的技术信息和数据等情况，并且补正这些遗漏或者不完整不会对其他投标人造成不公平的结果。细微偏差不影响投标文件的有效性
注：1. 出现重大偏差视为未能实质性响应招标文件，作为废标处理。 2. 出现细微偏差，投标人应在评标结束前予以补正。		

投标文件有下列情况之一的，由评标委员会初审后按废标处理：

(1)无单位盖章并无法定代表人或法定代表人授权的代理人签字或盖章的。

(2)未按规定的格式填写，内容不全或关键字迹模糊、无法辨认的。

(3)投标人递交两份或多份内容不同的投标文件，或在一份投标文件中对同一招标项目报有两个或多个报价，且未声明哪一个有效，按招标文件规定提交备选投标方案的除外。

(4)投标人名称或组织结构与资格预审时不一致的。

(5)未按招标文件要求提交投标保证金的。

(6)联合体投标未附联合体各方共同投标协议的。

5. 详细评审

经过初步评审合格的投标文件，评标委员会应当根据招标文件确定的评标标准和方法，对其技术部分和商务部分作进一步评审、比较。

评标委员会完成评标后，应当向招标人提出书面评标报告，并抄送有关行政监督部门。评标报告应当如实记载以下内容：

(1)基本情况和数据表。

(2)评标委员会成员名单。

(3)开标记录。

(4)符合要求的投标一览表。

(5)废标情况说明。

(6)评标标准、评标方法或者评标因素一览表。

(7)经评审的价格或者评分比较一览表。

(8)经评审的投标人排序。

(9)推荐的中标候选人名单与签订合同前要处理的事宜。

(10)澄清、说明、补正事项纪要。

评标报告由评标委员会全体成员签字。对评标结论持有异议的评标委员会成员可以书面方式阐述其不同意见和理由。评标委员会成员拒绝在评标报告上签字且不陈述其不同意见和理由的，视为同意评标结论。评标委员会应当对此作出书面说明并记录在案。

向招标人提交书面评标报告后，评标委员会即告解散。评标过程中使用的文件、表格以及其他资料应当及时归还招标人。

6. 推荐中标候选人

评标委员会推荐的中标候选人应当限定在1～3人，并标明排列顺序。招标人应当接受评标委员会推荐的中标候选人，不得在评标委员会推荐的中标候选人之外确定中标人。

采用公开招标方式的，评标委员会应当向招标人推荐2～3个中标候选方案；采用邀请招标方式的，评标委员会应当向招标人推荐1～2个中标候选方案。

在确定中标人之前，招标人不得与投标人就投标价格、投标方案等实质性内容进行谈判。中标人的投标应当符合下列条件之一：

(1)能够最大限度满足招标文件中规定的各项综合评价标准。

(2)能够满足招标文件的实质性要求，并且经评审的投标价格最低，但是投标价格低于成本的除外。

四、建筑装饰工程评标方法

建筑装饰工程评标方法是对建筑装饰工程评标活动进行的具体方式、规则和标准的统称。

建筑装饰工程评标方法所要研究解决的问题主要包括：应当评议哪些内容；对已设置的评议因素应当如何进行评议；如何确定各个评议因素所应占的分量或比重，对评议过程如何归纳总结，形成评议结果；如何在评议的基础上决定中标人等。

建筑装饰工程评标的方法多种多样，目前国内采用较多的是专家评议法、低标价法和打分法。

1. 专家评议法

专家评议法是指评标委员会根据预先确定的评审内容，如报价、工期、施工方案、企业的信誉和经验，以及投标者所建议的优惠条件等，对各标书进行认真的分析比较后，评标委员会的各成员进行共同的协商和评议，以投票的方式确定中选的投标者。这种方法实际上是定性的优选法。由于缺少对投标书的量化比较，因而容易产生众说纷纭、意见难于统一的现象。但是其评标过程比较简单，在较短时间内即可完成，一般适用于小型工程项目。

2. 低标价法

所谓低标价法，就是以标价最低者为中标者的评标方法。世界银行贷款项目多采用这种方法。该标价是指评估标价，也就是考虑了各评审因素以后的投标报价，而非投标者投标书中的投标报价。采用这种方法时，一定要采用严谨的招标程序、严格的资格预审，所编制招标文件一定要严密，详评时对标书的技术评审等工作要扎实、全面。

低标价法评标有两种方式：一种方式是将所有投标者的报价依次排队，取其中3～4个，对报价较低的投标者进行其他方面的综合比较，择优定标；另一种方式是“$A+B$值评标法”，即以低于标底一定百分比以内的报价的算术平均值为A，以标底或评标小组确定的更合理的标价为B，然后以“$A+B$”的均值为评标标准价，选出低于或高于这个标准价的某个百分数的报价的投标者进行综合分析比较，择优选定。

3. 打分法

建筑装饰工程打分法评标是由评标委员会事先将评标的内容进行分类，并确定其评分标准，然后由每位委员无记名打分，最后统计投标者的得分，得分最高者为中标单位。这种定量的评标方法，是在评标因素多而复杂，或未经资格预审就投标的情况下常采用的一种公正、科学的评标方法，能充分体现平等竞争、一视同仁的原则，定标后分歧意见较小。根据目前国内招标的经验，可按下式进行计算：

$$P=Q+\frac{B-b}{B}\times 200+\sum_{i=1}^{7} m_i \tag{4-1}$$

式中 P——最后评定分数；

Q——标价基数，一般取40～70分；

B——标底价格；

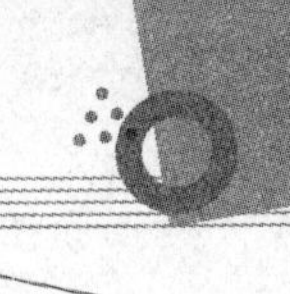

b——分析标价，分析标价＝报价－优惠条件折价；

$\frac{B-b}{B}\times 200$——当报价每高于或低于标底 1%时，增加或扣减 2 分；该比例大小，应根据项目招标时投标价格应占的权重来确定，此处仅是给予建议；

m_1——工期评定分数，分数上限一般取 15～40 分；当招标项目为盈利项目时，工程提前交工，则业主可少付贷款利息并早日营业或投产，从而产生盈利，因此工期权重可大些；

m_2，m_3——技术方案和管理能力评审得分，分数上限可为 10～20 分；当项目技术复杂、规模大时，权重可适当提高；

m_4——主要施工机械配备评审得分；如果工程项目需要大量的施工机械，如水电工程、土方开挖等，则其分数上限可取为 10～30 分，一般的工程项目可不予考虑；

m_5——投标者财务状况评审得分，其上限可为 5～15 分，如果业主资金筹措遇到困难，需承包者垫资时，其权重可加大；

m_6，m_7——投标者社会信誉和施工经验得分，其上限可为 5～15 分。

五、建筑装饰工程评标应注意的问题

1. 标价合理

当前一般是以标底价格为基准价，采用接近标底的价格的报价为合理标价。如果选择低的报价中标者，应考虑下列情况：

(1)是否采用了先进技术确实可以降低造价或有自己的廉价建材采购基地，能保证得到低于市场价的建筑材料，或是在管理上有什么独到的方法。

(2)了解企业是否出于竞争的长远考虑，在一些非主要工程上让利承包，以便提高企业知名度和占领市场，为今后在竞争中获利打下基础。

2. 工期适当

国家规定的建设工程工期定额是建设工期参考标准，对于盲目追求缩短工期的现象要认真分析其是否经济、合理。提前工期必须要有可靠的技术措施和经济保证。要注意分析投标企业是否为了中标而迎合业主无原则要求缩短工期的情况。

3. 尊重业主的自主权

在社会主义市场经济的条件下，特别是在建筑装饰工程项目实行业主负责制的情况下，业主不仅是工程项目的建设者，是投资的使用者，而且也是资金的偿还者。评标组织要对业主负责，防止来自行政主管部门和招标管理部门的干扰。政府行政部门、招标投标管理部门应尊重业主的自主权，不应参加评标决标的具体工作，而主要从宏观上监督和保证评标决标工作公正、科学、合理、合法，为招标投标市场的公平竞争创造一个良好的环境。

4. 研究科学的评标方法

建筑装饰工程评标组织要依据本工程特点，研究科学的评标方法，保证评标不“走过场”，防止假评暗定等不正之风。

案例

某装修工程施工项目采用邀请招标方式，经研究考察确定邀请5家具备资质等级的装修施工企业参加投标，各投标人按照技术、商务分为两个标书，分别装订报送，经招标文件确定的评标原则如下：

(1)技术标占总分的30%；

(2)商务标占总分的70%，其中报价占30%，工期占20%，企业信誉占10%，施工经验占10%；

(3)各单项评分满分均为100分，计算中小数点后取一位；

(4)报价评分原则为：以标底的正负3%为合理报价，超过则认为是不合理报价，计分以合理报价的下限为100分，上升1%扣10分；

(5)工期评分原则为：以定额工期为准，提前15%为100分，每延后5%扣10分，超过定额工期者被淘汰；

(6)企业信誉评分原则为：以企业近3年工程优良率为准，100%为满分，如有国家级获奖工程，每项加20%，如有省市优良工程每项加10%；

(7)施工经验的评分原则为：按企业近3年承建的类似工程与承建总工程的百分比计算，100%为100分。

下面是5家投标单位投标报价及技术标的评标情况：

技术方案标：经专家对各投标单位所报方案比较，针对总施工现场布置、施工方法及工期，质量、安全、文明施工措施，机具设备配置，新技术、新工艺、新材料推广应用等项综合评定打分为：A单位为95分，B单位为87分，C单位为93分，D单位为85分，E单位为80分。5家投标单位的商务标汇总见表4-2。

表4-2　5家投标单位的商务标汇总

投标单位	报价/万元	工期/月	企业信誉	施工经验
A	5 970	36	50%，获省优工程一项	30%
B	5 880	37	40%	30%
C	5 850	34	55%，获鲁班奖工程一项	40%
D	6 150	38	40%	50%
E	6 090	35	50%	20%
标底	6 000	40		

要求按照评标原则进行评标，以获得最高分的单位为中标单位。

问题：

请计算各投标人的评标得分并确定中标人。

分析：

评标得分为：

(1)各投标单位相对报价及得分见表4-3。

表 4-3　5 家投标单位的相对报价得分

投标单位	A	B	C	D	E
标底/万元	6 000	6 000	6 000	6 000	6 000
合理报价的下限/万元	5 820	5 820	5 820	5 820	5 820
报价/万元	5 970	5 880	5 850	6 150	6 090
相对报价	102.6%	101%	100.5%	105.7%	104.6%
得分	74	90	95	43	54

(2)各投标单位工期提前率及得分见表 4-4。

表 4-4　5 家投标单位的工期提前率及得分

投标单位	A	B	C	D	E
定额工期/月	40	40	40	40	40
以定额工期为准，提前 15%的工期/月	34	34	34	34	34
投标工期/月	36	37	34	38	35
工期提前率	5.9%	8.8%	0	11.8%	2.9%
得分	88.2	82.4	100	76.4	94.2

(3)各投标单位企业信誉得分见表 4-5。

表 4-5　5 家投标单位的企业信誉得分

投标单位	A	B	C	D	E
得分	50%+10%	40%	55%+20%	40%	50%
	60	40	75	40	50

(4)各投标单位各项得分及总分见表 4-6。

表 4-6　5 家投标单位的各项得分及总分

投标单位	A	B	C	D	E
技术标综合得分	95	87	93	85	80
报价综合得分	74	90	95	43	54
工期综合得分	88.2	82.4	100	76.4	94.2
企业信誉综合得分	60	40	75	40	50
施工经验综合得分	30	30	40	50	20
总得分	77.34	76.58	87.9	62.68	66.04
名次	2	3	1	5	4

评标结果：C 单位中标。

第三节　建筑装饰工程定标

一、确定中标人

依法必须进行招标的项目，招标人应当确定排名第一的中标候选人为中标人。排名第一的中标候选人放弃中标、因不可抗力提出不能履行合同，或者招标文件规定应当提交履约保证金而在规定的期限内未能提交的，招标人可以确定排名第二的中标候选人为中标人；排名第二的中标候选人因前述规定的同样原因不能签订合同的，招标人可以确定排名第三的中标候选人为中标人；招标人可以授权评标委员会直接确定中标人。

国务院对中标人的确定另有规定的，从其规定。

二、发出中标通知书

中标通知书，是指招标人在确定中标人后向中标人发出的通知其中标的书面凭证。《中华人民共和国招标投标法》规定："中标人确定后，招标人应当向中标人发出中标通知书，并同时将中标结果通知所有未中标的投标人。"

建筑装饰工程招标人向中标人和未中标人发出的中标通知书和中标结果通知书的格式如下。

中标通知书

__________(中标人名称)：

你方于__________(投标日期)所递交的__________(项目名称)__________标段施工投标文件已被我方接受，被确定为中标人。

中 标 价：__________元。

工　　期：__________日历天。

工程质量：符合__________标准。

项目经理：__________(姓名)。

请你方在接到本通知书后的__________日内到__________(指定地点)与我方签订施工承包合同，在此之前按招标文件第二章"投标人须知"第7.3款规定向我方提交履约担保。

特此通知。

招标人：__________(盖单位章)

法定代表人：__________(签字)

________年____月____日

中标结果通知书

______(未中标人名称)：

我方已接受______(中标人名称)于______(投标日期)所递交的______(项目名称)______标段施工投标文件，确定______(中标人名称)为中标人。

感谢你单位对我们工作的大力支持！

招标人：______(盖单位章)

法定代表人：______(签字)

______年____月____日

投标人收到招标人发出的中标通知书，应向招标人发出确认通知，格式如下。

确 认 通 知

______(招标人名称)：

我方已接到你方______年______月______日发出的______(项目名称)______标段施工招标关于______的通知，我方已于______年______月______日收到。

特此确定。

投标人：______(盖单位章)

______年____月____日

中标通知书对招标人和中标人具有法律效力。中标通知书发出后，招标人改变中标结果或中标人放弃中标项目，应当依法承担法律责任。

(1)中标通知书是承诺。招标人发出中标通知书，则是招标人同意接受中标人的投标条件，即同意接受该投标人的要约的意思表示，属于承诺。

(2)缔约过失责任。缔约过失责任是指当事人在订立合同过程中，因违背诚实信用原则而给对方造成损失的损害赔偿责任。建筑装饰工程中标通知书发出后，招标人改变中标结果，或者中标人放弃中标项目的，应当依法承担缔约过失责任。

三、提供履约担保和付款担保

1. 中标人提供履约担保

提供履约担保是针对中标人而言的，在签订合同前，中标人应按投标人须知前附表规定的金额、担保形式和招标文件规定的履约担保格式向招标人提供履约担保。

联合体中标的，其履约担保由牵头人递交，并应符合投标人须知前附表规定的金额、担保形式和招标文件规定的履约担保格式要求。

所谓履约担保，是指招标人在招标文件中规定的要求中标的投标人提交的保证履行合同义务和责任的担保。履约担保除可以采用履约保证金形式外，还可以采用银行、保险公司或担保公司出具的履约保函。履约担保的金额取决于招标项目的类型和规模，但大体上应能保证中标人违约时，招标人所受损失能得到补偿，通常为建设工程合同金额的10%左右。

在招标文件中，招标人应当就提交履约担保的方式作出规定，中标人应当按照招标文件中的规定提交履约担保。中标人不按照招标文件的规定提交履约担保的，将失去订立合同的资格，提交的投标担保不予退还。

履约担保的格式如下：

承包人履约保函

____________（发包人名称）：

鉴于你方作为发包人已经与（承包人名称）（以下称“承包人”）于______年____月____日签订了________________（工程名称）施工承包合同（以下称“主合同”），应承包人申请，我方愿就承包人履行主合同约定的义务以保证的方式向你方提供如下担保：

一、保证的范围及保证金额

我方的保证范围是承包人未按照主合同的约定履行义务，给你方造成的实际损失。

我方保证的金额是主合同约定的合同总价款________%，数额最高不超过人民币________元（大写）。

二、保证的方式及保证期间

我方保证的方式为：连带责任保证。

我方保证的期间为：自本合同生效之日起至主合同约定的工程竣工日期后____日内。

你方与承包人协议变更工程竣工日期的，经我方书面同意后，保证期间按照变更后的竣工日期作相应调整。

三、承担保证责任的形式

我方按照你方的要求以下列方式之一承担保证责任：

1. 由我方提供资金及技术援助，使承包人继续履行主合同义务，支付金额不超过本保函第一条规定的保证金额。

2. 由我方在本保函第一条规定的保证金额内赔偿你方的损失。

四、代偿的安排

你方要求我方承担保证责任的，应向我方发出书面索赔通知及承包人未履行主合同约定义务的证明材料。索赔通知应写明要求索赔的金额、支付款项应到达的账号，并附有说明承包人违反主合同造成你方损失情况的证明材料。

你方以工程质量不符合主合同约定标准为由，向我方提出违约索赔的，还需同时提供符合相应条件要求的工程质量检测部门出具的质量说明材料。

我方收到你方的书面索赔通知及相应证明材料后，在________工作日内进行核定后按照本保函的承诺承担保证责任。

五、保证责任的解除

1. 在本保函承诺的保证期间内，你方未书面向我方主张保证责任的，自保证期间届满次日起，我方保证责任解除。

2. 承包人按主合同约定履行了义务的，自本保函承诺的保证期间届满次日起，我方保证责任解除。

3. 我方按照本保函向你方履行保证责任所支付的金额达到本保函保证金额时，自我方向你方支付(支付款项从我方账户划出)之日起，保证责任即解除。

4. 按照法律法规的规定或出现应解除我方保证责任的其他情形的，我方在本保函项下的保证责任亦解除。

我方解除保证责任后，你方应自我方保证责任解除之日起______个工作日内，将本保函原件返还我方。

六、免责条款

1. 因你方违约致使承包人不能履行义务的，我方不承担保证责任。

2. 依照法律法规的规定或你方与承包人的另行约定，免除承包人部分或全部义务的，我方亦免除其相应的保证责任。

3. 你方与承包人协议变更主合同(符合主合同条款第15条约定的变更除外)，如加重承包人责任致使我方保证责任加重的，需征得我方书面同意，否则我方不再承担因此而加重部分的保证责任。

4. 因不可抗力造成承包人不能履行义务的，我方不承担保证责任。

七、争议的解决

因本保函发生的纠纷，由你我双方协商解决，协商不成的，任何一方均可提请____________仲裁委员会仲裁。

八、保函的生效

本保函自我方法定代表人(或其授权代理人)签字或加盖公章并交付你方之日起生效。

本条所称交付是指：______________________________。

担保人：____________________(盖单位章)

法定代表人或其委托代理人：__________(签字)

地　　址：________________________

邮政编码：________________________

电　　话：________________________

传　　真：________________________

______年___月___日

备注：本履约担保格式可以采用经发包人同意的其他格式，但相关内容不得违背合同约定的实质性内容。

中标人不能按要求提交履约担保的，视为放弃中标，其投标保证金不予退还，给招标人造成的损失超过投标保证金数额的，中标人还应当对超过部分予以赔偿。

2. 招标人提供付款担保

提供付款担保是针对招标人而言的，招标人要求中标人提供履约保证金或其他形式履约担保的，招标人应同时向中标人提供工程款支付担保。

付款担保的格式如下。

预付款担保

保函编号：______

______（发包人名称）：

鉴于你方作为发包人已经与______（承包人名称）（以下称“承包人”）于______年______月______日签订了（工程名称）施工承包合同（以下称“主合同”）。

鉴于该主合同规定，你方将支付承包人一笔金额为______（大写：______）的预付款（以下称“预付款”），而承包人须向你方提供与预付款等额的不可撤销和无条件兑现的预付款保函。

我方受承包人委托，为承包人履行主合同规定的义务作出如下不可撤销的保证：

我方将在收到你方提出要求收回上述预付款金额的部分或全部的索偿通知时，无须你方提出任何证明或证据，立即无条件地向你方支付不超过______（大写：______）或根据本保函约定递减后的其他金额的任何你方要求的金额，并放弃向你方追索的权利。

我方特此确认并同意：我方受本保函制约的责任是连续的，主合同的任何修改、变更、中止、终止或失效都不能削弱或影响我方受本保函制约的责任。

在收到你方的书面通知后，本保函的担保金额将根据你方依主合同签认的进度付款证书中累计扣回的预付款金额作等额调减。

本保函自预付款支付给承包人起生效，至你方签发的进度付款证书说明已抵扣完毕止。除非你方提前终止或解除本保函。本保函失效后请将本保函退回我方注销。

本保函项下所有权利和义务均受中华人民共和国法律管辖和制约。

担 保 人：______（盖单位章）
法定代表人或其委托代理人：______（签字）
地　　址：______
邮政编码：______
电　　话：______
传　　真：______

______年____月____日

备注：本预付款担保格式可采用经发包人认可的其他格式，但相关内容不得违背合同文件约定的实质性内容。

四、签订合同

招标人和中标人应当自中标通知书发出之日起30天内，根据招标文件和中标人的投标文件订立书面合同。

建筑装饰工程合同当事人采取合同书形式订立合同，自双方当事人签字或盖章时合同成立。

建筑装饰工程合同订立的依据是招标文件和中标人的投标文件，双方不得再订立违背合同实质性内容的其他协议。“合同实质性内容”包括投标价格、投标方案等涉及招标人和中标人权利义务关系的实体内容。如果允许招标人和中标人可以再行订立违背合同实质性内容的其他协议，就违背了招标投标活动的初衷，对其他未中标人来讲也是不公正的。因此对于这类行为，法律必须予以严格禁止。

中标人无正当理由拒签合同的，招标人取消其中标资格，其投标保证金不予退还；给招标人造成的损失超过投标保证金数额的，中标人还应当对超过部分予以赔偿。

发出中标通知书后，招标人无正当理由拒签合同的，招标人向中标人退还投标保证金；给中标人造成损失的，还应当赔偿损失。

投标保证金在本质上是担保的一种形式，属于从合同，其依附于主合同的存在而存在。当主合同不存在的情况下，从合同就失去了存在的前提。所以，当招标投标过程结束后，投标人提交的投标保证金应该予以退还。而投标结束的标志就是工程合同的签订。对此，《评标委员会和评标方法暂行规定》规定：“招标人与中标人签订合同后5日内，应当向中标人和未中标的投标人退还投标保证金。”这是法律规定的投标保证金的期限。

五、重新招标和不再招标

1. 重新招标

依法必须进行招标的项目，中标无效的，应按规定从其余投标人中重新确定中标人。有下列情形之一的，招标人将重新招标：

(1)投标截止时间止，投标人少于3个的。

(2)经评标委员会评审后否决所有投标的。

(3)中标无效的：

①招标代理机构违反规定，泄露应当保密的与招标投标活动有关的情况和资料，或者与招标人、投标人串通损害国家利益、社会公共利益或者他人合法权益，影响中标结果的，中标无效。

②依法必须进行招标的项目的招标人向他人透露已获取招标文件的潜在投标人的名称、数量或者可能影响公平竞争的其他情况，或者泄露标底，影响中标结果的，中标无效。

③投标人相互串通投标或者与招标人串通投标的，投标人以向招标人或者评标委员会成员行贿的手段谋取中标的，中标无效。

④投标人以他人名义投标或者以其他方式弄虚作假，骗取中标的，中标无效。

⑤依法必须进行招标的项目，招标人违反法律规定，与投标人就投标价格、投标方案等实质性内容进行谈判，影响中标结果的，中标无效。

⑥招标人在评标委员会依法推荐的中标候选人以外确定中标人的，依法必须进行招标的项目在所有投标被评标委员会否决后自行确定中标人的，中标无效。

2. 不再招标

重新招标后投标人仍少于3个或者所有投标被否决的，属于必须审批或核准的工程建设项目，经原审批或核准部门批准后不再进行招标。

本章小结

建筑装饰工程开标应当在招标文件确定的提交投标文件截止时间的同一时间公开进行，开标时，要当众宣读投标人名称、投标价格、有无撤标情况以及招标单位认为合适的其他内容。建筑装饰工程开标后进入评标阶段。依法必须进行招标的项目，招标人应当确定排名第一的中标候选人为中标人。招标人和中标人应根据招标文件和中标人的投标文件订立书面合同。本章主要介绍了建筑装饰工程开标、评标与定标。

思考与练习

一、填空题

1. 投标有效期是指从__________起到__________为止的一段时间。

2. 投标截止日期以后，业主应在投标的有效期内__________和__________。

3. 建筑装饰工程评标委员会成员应从事相关领域工作__________并具有__________或者具有同等专业水平。

二、选择题

1. 下列投标文件不能视为无效的情况是(　　)。

A. 投标文件未按照招标文件的要求予以密封的

B. 投标文件的关键内容字迹模糊、无法辨认的

C. 投标人未按照招标文件的要求提供投标保函或者投标保证金的

D. 组成联合体投标的，投标文件未附单方投标协议的

2. 评标委员会中技术、经济等方面的专家不得少于成员总数的(　　)。

A. 1/3　　　　B. 1/2

C. 2/3　　　　D. 3/4

3. 招标人和中标人应当自中标通知书发出之日起(　　)天内，根据招标文件和中标人的投标文件订立书面合同。

A. 30　　　　B. 40

C. 50　　　　D. 60

4. 建筑装饰工程评标的方法多种多样，目前国内采用方法不包括(　　)。

A. 专家评议法　　　　B. 低标价法

C. 打分法　　　　D. 调差法

三、简答题

1. 建筑装饰工程开标应按怎样的程序进行?
2. 建筑装饰工程评标委员会的组成人员有哪些? 评标委员会成员应符合哪些要求?
3. 怎样采用低标价法进行建筑装饰工程评标?
4. 建筑装饰工程评标应注意哪些问题?
5. 怎样确定建筑装饰工程项目的中标人?

第五章　建筑装饰工程合同管理

学习目标

了解合同的订立、履行、变更、转让与终止；熟悉建筑装饰工程施工合同的类型与内容等；掌握建筑装饰工程施工合同范本“甲种本”与“乙种本”的内容及特点。

能力目标

能够正确签订合同，识别合同是否有效，正确完成合同的履行、变更、终止和解除，正确处理好合同履行过程中出现的违约及争议情况；能够拟定施工合同文本；能根据装饰工程实际选用。

第一节　合同法基础

一、合同概述

(一)合同的概念

中华人民共和国合同法

《中华人民共和国合同法》(以下简称《合同法》)规定：“本法所称合同是平等主体的自然人、法人、其他组织之间设立、变更终止民事权利义务关系的协议。”

1. 合同是一种协议

从本质上说，合同是一种协议，由两个或两个以上的当事人参加，通过协商一致达成协议，就产生了合同。但《合同法》规范的合同，是一种有特定意义的合同，是一种有严格的法律界定的协议。

2. 合同是平等主体之间的协议

在法律上，平等主体是指在法律关系中享受权利的权利主体和承担义务的义务主体，他们在订立和履行合同过程中的法律地位是平等的。在民事活动中，他们各自独立，互不隶属。在《合同法》这一条中，所列合同的平等主体(即当事人)共包括三类，他们都具有平等的法律地位。这三类平等主体分别如下：

(1)自然人。自然人是基于出生而依法成为民事法律关系主体的人。《中华人民共和国民法通则》(以下简称《民法通则》)中规定，公民与自然人在法律地位上是一样的。但实际上，自然人的范围要比公民的范围广。公民是指具有本国国籍，依法享有宪法和法律所赋予的权利和承担宪法与法律所规定的义务的人。在我国，公民是社会中具有我国国籍的一切成员，包括成年人、未成年人和儿童。自然人则既包括公民，又包括外国人和无国籍的人。各国的法律一般对自然人都没有条件限制。

(2)法人。法人是具有民事权利能力和民事行为能力，依法独立享有民事权利和承担民事义务的组织。《民法通则》依据法人是否具有营利性，可将法人分为企业法人和非企业法人两类。

①企业法人，是指具有国家规定的独立财产，有健全的组织机构、组织章程和固定场所，能够独立承担民事责任，享有民事权利和承担民事义务的经济组织。

②非企业法人，是为了实现国家对社会的管理及其他公益目的而设立的国家机关、事业单位或者社会团体，包括机关法人、事业单位法人和社会团体法人。

(3)其他组织。其他组织是指依法或者依据有关政策成立，有一定的组织机构和财产，但又不具备法人资格的各类组织。

3. 合同是平等主体之间民事权利义务关系的协议

《合同法》所调整的，是人们基于物质财富、基于人格而形成的财产关系，即以财产关系为核心内容的民事权利义务关系，主要是民事主体之间的债权债务关系，但不包括基于人的身份而形成的民事权利义务关系，如婚姻、收养、监护等。

4. 合同是平等主体之间设立、变更、终止民事权利义务关系的协议

设立是当事人之间合同关系的达成或确认，当事人已经准备接受合同的约束，行使其规定的权利，履行其规定的义务。

变更是合同在签订后未履行，或者在履行过程中，当事人双方就合同条款修改达成新的协议。

终止是法律规定的原因或当事人约定的原因出现时，合同所规定的当事人双方的权利义务关系归于消灭的状况，包括自然终止、裁决终止和协议终止。

(二)合同的分类

合同作为商品交换的法律形式，其类型因交易方式的多样化而各不相同。尤其是随着交易关系的发展和内容的复杂化，合同的形态也在不断变化和发展。因此，可以从不同的角度对合同作不同的分类。

1.《合同法》的基本分类

《合同法》将合同分为下列 15 类：

(1)买卖合同。买卖合同是为了转移标的物的所有权，在出卖人和买受人之间签订的合同。出卖人将原属于他的标的物的所有权转移给买受人，买受人支付相应的合同价款。在建筑工程中，材料和设备的采购合同就属于这一类合同。

(2)供用电(水、气、热力)合同。本合同适用于电(水、气、热力)的供应活动。按合同规定，供用电(水、气、热力)人向用电(水、气、热力)人供电(水、气、热力)，用电(水、气、热力)人支付相应的费用。

(3)赠与合同。本合同是财产的赠与人与受赠人之间签订的合同。赠与人将自己的财产无偿地赠与受赠人，受赠人表示接受赠与。

(4)借款合同。本合同是借款人与贷款人之间因资金的借贷而签订的合同。借款人向贷款人借款，到期返还借款并支付利息。

(5)租赁合同。本合同是出租人与承租人之间因租赁业务而签订的合同。出租人将租赁物交承租人使用、收益，承租人支付租金，并按期交还租赁物。在建筑工程中常见的有周转材料和施工设备的租赁。

(6)融资租赁合同。融资租赁是一种特殊的租赁形式。出租人根据承租人对设备出卖人、租赁物的选择，向出卖人购买租赁物，再提供给承租人使用，承租人支付相应的租金。

(7)承揽合同。本合同是承揽人与定作人之间就承揽工作签订的合同。承揽人按定作人的要求完成工作，交付工作成果，定作人支付相应的报酬。承揽工作包括加工、定作、维修、测试、检验等。

(8)建设工程合同。本合同是发包人与承包人之间签订的合同，包括建设工程勘察设计、施工合同。

(9)运输合同。本合同是承运人将旅客或货物从起运地点运输到约定的地点，旅客、托运人或收货人支付票款或运输费的合同。运输合同的种类很多，按运输对象不同，可分为旅客运输合同和货物运输合同；按运输方式的不同，可分为公路运输合同、水上运输合同、铁路运输合同、航空运输合同；按同一合同中承运人的数目，可分为单一运输合同和联合运输合同等。

(10)技术合同。本合同是当事人就技术开发、转让、咨询或服务订立的合同。其又可分为技术开发合同、技术转让合同和技术服务合同。

(11)保管合同。本合同是在保管人和寄存人之间签订的合同。保管人保管寄存人交付的保管物，并返还该保管物。而保管的行为可能是有偿的，也可能是无偿的。

(12)仓储合同。本合同是一种特殊的保管合同，保管人储存存货人交付的仓储物，存货人支付仓储费。

(13)委托合同。本合同是委托人和受托人之间签订的合同。受托人接受委托人的委托，处理委托人的事务。

(14)行纪合同。本合同是委托人和行纪人就行纪事务签订的合同。行纪人以自己的名义为委托人从事贸易活动(一般为购销、寄售等)，委托人支付报酬。

(15)居间合同。本合同是就订立合同的媒介服务及相关事务签订的合同。合同主体是委托人和居间人。居间人向委托人报告订立合同的机会或提供订立合同的媒介服务，委托人支付报酬。

2. 其他合同分类

其他合同分类是侧重于学理分析的分类，具体如下：

(1)计划合同与非计划合同。计划合同是依据国家有关计划签订的合同，非计划合同则是当事人根据市场需求和自己的意愿订立的合同。虽然在市场经济中，依计划订立的合同的比重降低了，但仍然有一部分合同是依据国家有关计划订立的。对于计划合同，有关法人、其他组织之间应当依照有关法律、行政法规规定的权利和义务订立合同。

(2)双务合同与单务合同。双务合同是当事人双方相互享有权利和相互负有义务的合同，大多数合同都是双务合同，如建设工程合同；单务合同是指合同当事人双方并不相互享有权利、负有义务的合同，如赠与合同。

(3)诺成合同与实践合同。诺成合同是当事人意思表示一致即可成立的合同。实践合同则要求在当事人意思表示一致的基础上，还必须交付标的物或者其他给付义务的合同。在现在经济生活中，大部分合同都是诺成合同。这种合同分类的目的是确立合同的生效时间。

(4)主合同与从合同。主合同是指不依赖其他合同而独立存在的合同；从合同是以主合同的存在为存在前提的合同。主合同的无效、终止将导致从合同的无效、终止，但从合同的无效、终止不能影响主合同。担保合同是典型的从合同。

(5)有偿合同与无偿合同。有偿合同是指合同当事人双方任何一方均须给予另一方相应权益方能取得自己利益的合同；而无偿合同的当事人一方无须给予相应权益即可从另一方取得利益。在市场经济中，绝大部分合同都是有偿合同。

(6)要式合同与不要式合同。法律要求必须具备一定形式和手续的合同，称为要式合同；法律不要求具备一定形式和手续的合同，则称为不要式合同。

(三)合同的形式

合同形式是当事人意思表示一致的外在表现形式。一般认为，合同的形式可分为口头形式、书面形式和其他形式。

1. 口头形式

口头形式是指以口头语言形式表现合同内容的形式。在日常的商品交换，如买卖、交易关系中，口头形式的合同被人们普遍、广泛地应用。其优点是简便、迅速、易行；其缺点是一旦发生争议就难以查证，对合同的履行难以形成法律约束力。因此，口头合同要建立在双方相互信任的基础上，适用于不太复杂、不易产生争执的经济活动。在当前，运用现代化通信工具作出的口头要约，如电话订货等，也是被法律承认的。

2. 书面形式

书面形式是指以合同书、信件和数据电文(包括电报、电传、传真、电子数据交换和电子邮件)等有形地表现所载内容的形式。书面合同是用文字书面表达的合同。对于数量较大、内容比较复杂以及容易产生争执的经济活动必须采用书面形式的合同。书面形式的合同具有以下优点：

(1)有利于合同形式和内容的规范化。

(2)有利于合同管理规范化，便于检查、管理和监督，有利于双方依约执行。

(3)有利于合同的执行和争执的解决，举证方便，有凭有据。

(4)有利于更有效地保护合同双方当事人的权益。

书面形式的合同由当事人经过协商达成一致后签署。如果委托他人代签，代签人必须事先取得委托书作为合同附件，证明具有法律代表资格。

书面形式的合同是最常用也最重要的合同形式。人们通常所指的合同就是书面合同。

3. 其他形式

其他形式则包括公证、审批、登记等形式。

如果以合同形式的产生依据划分，合同形式可分为法定形式和约定形式。合同的法定形式是指法律直接规定合同应当采取的形式，如《合同法》规定建设工程合同应当采用书面形式，当事人就不能对合同形式加以选择；合同的约定形式是指法律没有对合同形式作出要求，当事人可以约定采用何种合同形式。

二、合同的订立和效力

(一)合同订立

合同订立是两个或两个以上当事人在平等自愿的基础上，就合同的主要条款经过协商取得一致意见，最终建立起合同关系的法律行为。

1. 要约与承诺

(1)要约，是指希望和他人订立合同的意思表示。提出要约的一方为要约人，接受要约的一方为受要约人。要约应当符合以下规定：

①内容具体确定。

②表明经受要约人承诺，要约人即受该意思表示约束。也就是说，要约必须是特定人的意思表示，必须是以缔结合同为目的，必须具备合同的主要条款。

(2)承诺，是指受要约人同意要约的意思表示。除根据交易习惯或者要约表明可以通过行为作出承诺外，承诺应当以通知的方式作出。

2. 合同谈判

合同谈判是准备订立合同的双方或多方当事人为相互了解，确定合同权利与义务进行的商议活动。谈判，是工程施工合同签订双方对是否签订合同以及合同具体内容达成一致的协商过程。通过谈判，能够充分了解对方及项目的情况，为高层决策提供信息和依据。

(1)谈判目的。建筑装饰工程发包人进行合同谈判的目的主要包括以下几项：

①通过谈判了解投标者报价的构成，进一步审核和压低报价。

②进一步了解和审查投标者的施工规划和各项技术措施是否合理，以及负责项目实施的班子实力是否足够雄厚，能否保证工程的质量和进度。

③根据参加谈判的投标者的建议和要求，也可吸收其他投标者的建议，对设计方案、图纸、技术规范进行某些修改，并估计可能对工程报价和工程质量产生的影响。

④讨论并共同确认某些局部变更，可能采用中标承包人的建议方案，与承包人通过谈判达成一致。

⑤将发承包双方已达成的协议进一步确认和具体化。

建筑装饰工程承包人进行合同谈判的目的主要包括以下几项：

①争取合理的价格。既要准备应付业主的压价，又要准备当业主拟增加项目、修改设计或提高标准时适当增加报价。

②争取改善合同条款。包括争取修改过于苛刻的和不合理的条款，澄清模糊的条款和增加有利于保护承包商利益的条款。

③与发包人澄清投标书中迄今尚未澄清的一些商务和技术条款，并说明自己对该条款的理解和自己的报价基础，争取使发包人接受对自己有利的解释并予以确认，为今后的项目实施奠定基础。

④对项目实施过程中可能出现的问题提出要求，争取将其写入合同中，以避免或减少今后实施中的风险。

(2)合同谈判的准备。合同谈判既是相互斗争的过程，又是相互妥协的过程，鉴于合同谈判的重要性，建筑装饰工程发包人和承包人双方都认真做好合同谈判的准备工作，主要包括以下几项：

①谈判小组组建。谈判小组应由熟悉建筑装饰工程合同条款、并参加了该项目投标文件编制的技术人员和商务人员组成。谈判小组的每一个人都应充分熟悉原招标文件的商务和技术条款，同时，还要熟悉自己投标文件的内容。

②准备谈判资料。收集和整理有关建筑装饰合同对方及项目的各种基础资料和背景材料。这些资料包括对方的资信状况、履约能力、发展阶段、已有成绩等，以及工程项目的由来、土地获得情况、项目目前的进展、资金来源等。

③了解谈判对手。不同的发包人由于背景不同、价值观念不同、思维方式不一，在谈判中采取的方法也不尽相同。因此，事先了解这些背景情况和对方的习惯做法等，对取得较好的谈判结果是有益的。

④准备提交的文件。建筑装饰工程在合同谈判中，如果发包人方首先提出了谈判要点，承包人应就此准备一份书面材料进行答复。为了使发包人对承包人的能力增强信心，在该材料中应进一步说明承包人有成熟的技术准备，有充分的能力，能按照项目需要及时动员人力和物力。

⑤谈判心理准备。除上述实质性准备外，对合同谈判还要有足够的心理准备，尤其是对于缺乏经验的谈判者。对合同谈判的艰难要有充分的心理准备，充满信心，有礼有节，把握对方心理。

⑥谈判议程安排，主要是指谈判的地点选择、主要活动安排等准备内容。承包合同谈判的议程安排，一般由发包人提出，征求对方意见后再确定。作为承包商要充分认识到非“主场”谈判的难度，做好充分的心理准备。

(3)合同谈判的内容。建筑装饰工程合同谈判的内容因装饰项目情况、合同性质、原招标文件规定、发包人的要求而不同。一般来讲，合同谈判的内容包括如以几项：

①关于建筑装饰工程范围的确认。建筑装饰工程范围就是承包商需要完成的工作，包括施工、设备采购、安装与调试、材料采购、运输与贮存等，承包商必须予以确认。

②关于技术要求、技术规范和施工技术方案。承包商应该对合同中要求采用的技术有清醒的认识，不能为了签订合同而承诺使用自己并不熟悉的技术。另外，对于所使用的技术规范和需要达到的技术标准也要清楚。对于同一个装饰项目而言，不同的标准意味着承包商将付出不同的代价。

③关于合同文件。对建筑装饰工程发、承包双方当事人来说，合同文件就是法律文书，应该使用严谨、周密的法律语言，以防一旦发生争端，合同中无准确依据，影响合同履行，同时为索赔成功创造一定的条件。合同文件的主要内容如下：

a. 合同价格条款。根据建筑装饰工程合同价格计价方式，可将合同分为固定总价合同、单价合同和成本加酬金合同。不同类型的合同，订立时所阐述的重点内容也有所不同，具体见表 5-1。

表 5-1　合同订立要点内容

序号	合同类型	内　容
1	固定总价合同	当采用这种合同方式时，承包人需要充分考虑不可预见费用和特殊风险以及由于发包人原因导致工程成本增加时的索赔权利

续表

序号	合同类型	内容
2	单价合同	采用单价合同时，应当确定实际工程量与工程量表中的工程量(合同工程量)之间的变动幅度限制，当实际工程量与合同工程量之差不大于规定幅度限制时，工程单价应允许协商调整
3	成本加酬金合同	对于签订成本加酬金合同，最重要的是要澄清“成本”的含义及酬金的支付方式等

b. 合同款支付方式条款。

a)预付款支付。预付款是在承包合同签字后，在预付款保函的抵押下由发包人无息地向承包人预先支付的项目初期准备费。当没有预付款支付条件时，承包人在合同谈判时有理由要求按动员费的形式支付。预付款的偿还因发包人要求和合同规定而异，一般是随工程进度分期分批由发包人扣还，或工程进度应付款达到合同总金额的一定比例后开始偿还；或到一定期限后开始偿还，如何偿还需要协商确定，写入合同之中。

b)工程进度付款。工程进度付款是在装饰项目的实施过程中按一定时间(通常以月计)完成的工程量支付的款项。应该确定付款的方式、时间等相关内容，同时约定违约条款。

c)最终付款。最终付款是最后结算性的付款，它是在工程完工或维修期期满经发包人代表验收并签发最终竣工证书后支付的款项。关于最终付款的相关内容也要落实到合同之中。

c. 劳务条款。建筑装饰工程劳务的合同谈判主要包括劳务来源与劳务选择权、劳务队伍的能力素质与资质要求、劳务取资标准确定。

d. 工期与维修期。

a)工期。工期是施工合同的关键条件之一，是影响价格的一个重要因素；同时，它是违约误期发款的唯一依据。工期与工程内容、工程质量及价格一样，是承包工程成交的重要因素之一。在合同谈判中，双方一定要在原投标报价条件基础上重新核实和确认，并在合同文件中明确。

b)维修期。建筑装饰工程合同文本中应对维修工程的范围和维修责任及维修期的开始和结束时间有明确的说明。

e. 工程变更和增减。主要涉及工程变更与增减的基本要求，由于工程变更导致的经济支出，承包商核实的确定方法，发包人应承担的责任，延误的工期处理等内容。

f. 工程验收。验收主要包括对中间和隐蔽工程的验收、竣工验收和对材料设备的验收。在审查验收条款时，应注意的问题是验收范围、验收时间和验收质量标准等问题是否在合同中明确表明。验收是承包工程实施过程中的一项重要工作，它直接影响工程的工期和质量问题，需要认真对待。

(4)合同谈判规则。建筑装饰工程发、承包双方合同谈判应遵守下列规则：

①合同谈判前，双方当事人应做好充分的准备。

②在合同中，预防对方把工程风险转嫁给己方。

③谈判的主要负责人不宜急于表态，应先让副手主谈，正手旁听，从中找出问题的症结，以备进攻。

④谈判中要抓住实质性问题，不轻易让步，枝节问题要表现宽宏大量的风度。

⑤谈判要有礼貌，态度要诚恳、友好、平易近人；发言要稳重，当意见不一致时不能急躁，更不能感情冲动，甚至使用侮辱性语言。

⑥少说空话、大话，但偶尔赞扬自己在国内甚至国外的业绩也是必不可少的。

⑦对等让步的原则。当对方已作出一定让步时，自己也应考虑作出相应的让步。

⑧谈判时必须记录，但不宜录音，否则使对方情绪紧张，影响谈判效果。

(5)合同谈判策略。合同谈判是通过不断的会晤确定各方权利、义务的过程，直接关系到双方利益。因此，谈判不是一项简单的机械性工作，而是一门集合了策略与技巧的艺术。建筑装饰工程合同谈判常用策略见表5-2。

表5-2　建筑装饰工程合同谈判常用策略

序号	合同谈判策略	方　法
1	掌握谈判进程	(1)设计探测策略。探测阶段是谈判的开始，设计探测策略的主要目的是尽快摸清对方的意图、关注的重点，以便在谈判中做到对症下药，有的放矢。 (2)讨价还价阶段。讨价还价阶段是谈判的实质性进展阶段。在本阶段中双方从各自的利益出发，相互交锋，相互角逐。谈判人员应保持清醒的头脑，在争论中保持心平气和的态度，临阵不乱、镇定自若、据理力争。要避免不礼貌的提问，以防引起对方反感甚至导致谈判破裂。应努力求同存异，创造和谐气氛逐步接近。 (3)控制谈判的进程。工程建设这样的大型谈判一定会涉及诸多需要讨论的事项，而各谈判事项的重要性并不相同，谈判各方对同一事项的关注程度也并不相同。成功的谈判者善于掌握谈判的进程，在充满合作气氛的阶段，展开自己所关注的议题的商讨，从而抓住时机，达成有利于己方的协议。 (4)注意谈判氛围。谈判各方往往存在利益冲突，要兵不血刃即获得谈判成功是不现实的。但有经验的谈判者会在各方分歧严重、谈判气氛激烈的时候采取润滑措施，舒缓压力。在我国最常见的方式是饭桌式谈判
2	打破僵局策略	(1)拖延和休会。当谈判遇到障碍、陷入僵局的时候，拖延和休会可以使谈判方有时间冷静思考，在客观分析形势后提出替代性方案。在一段时间的冷处理后，各方都可以进一步考虑整个项目的意义，进而弥合分歧，将谈判从低谷引向高潮。 (2)假设条件。当遇有僵持局面时，可以主动提出假设我方让步的条件，试探对方的反应，这样可以缓和气氛，增加解决问题的方案。 (3)私下个别接触。当出现僵持局面时，观察对方谈判小组成员对引发僵持局面的问题的看法是否一致，寻找对本方意见的同情者与理解者，或对对方的主要持不同意见者，通过私下个别接触缓和气氛，消除隔阂，建立个人友谊，为下一步谈判创造有利条件。 (4)设立专门小组。本着求同存异的原则，谈判中遇到各类障碍时，不必一一都在谈判桌上解决，而是建议设立若干专门小组，由双方的专家或组员去分组协商，提出建议。一方面可使僵持的局面缓解；另一方面可提高工作效率，使问题得以圆满解决
3	高起点策略	谈判的过程是各方妥协的过程，通过谈判，各方都或多或少会放弃部分利益，以求得项目的进展。而有经验的谈判者在谈判之初会有意识向对方提出苛求的谈判条件。这样对方会过高估计本方的谈判底线，从而在谈判中更多作出让步

续表

序号	合同谈判策略	方法
4	避实就虚策略	谈判各方都有自己的优势和弱点。谈判者应在充分分析形势的情况下，作出正确判断，利用对方的弱点猛烈攻击、迫其就范、作出妥协。而对于己方的弱点，则要尽量注意回避
5	对等让步策略	为使谈判取得成功，谈判中对对方所提出的合理要求进行适当让步是必不可少的，这种让步要求对双方都是存在的。但单向的让步要求则很难达成，因而主动在某问题上让步时，同时对对方提出相应的让步条件，一方面可争得谈判的主动；另一方面又可促使对方让步条件的达成
6	利用专家策略	现代科技发展使个人不可能成为各方面的专家。而工程项目谈判又涉及广泛的学科领域。充分发挥各领域专家的作用，既可以在专业问题上获得技术支持，又可以利用专家的权威性给对方以心理压力

3. 合同内容

合同的内容由当事人约定，这是合同自由的重要体现。《合同法》规定了合同一般应当包括的条款，但具备这些条款不是合同成立的必备条件。合同的内容一般包括：当事人的名称或姓名和住所、标的、数量、质量、价款或者报酬、履行期限、地点和方式、违约责任、解决争议的方法。

(1)合同当事人的名称或姓名和住所。合同主体包括自然人、法人、其他组织。明确合同主体，对了解合同当事人的基本情况、合同的履行和确定诉讼管辖具有重要的意义。自然人的姓名是指经户籍登记管理机关核准登记的正式用名。自然人的住所是指自然人有长期居住的意愿和事实的处所，即经常居住地。法人、其他组织的名称是指经登记主管机关核准登记的名称，如公司的名称以企业营业执照上的名称为准。法人和其他组织的住所是指它们的主要营业地或主要办事机构所在地。当然，作为一种国家干预较多的合同，国家对建设工程合同的当事人有一些特殊的要求，如要求施工企业作为承包人时必须具有相应的资质等级。

(2)标的。标的是合同当事人双方的权利、义务共同指向的对象。其可能是实物(如生产资料、生活资料、动产、不动产等)、行为(如工程承包、委托)或服务性工作(如劳务、加工)、智力成果(如专利、商标、专有技术)等。如工程承包合同，其标的是完成工程项目。标的是合同必须具备的条款。无标的或标的不明确，合同就不能成立，也无法履行。

(3)数量。数量是衡量合同标的多少的尺度，以数字和计量单位表示。没有数量或数量的规定不明确，当事人双方权利、义务的多少，合同是否完全履行都无法确定。数量必须严格按照国家规定的法定计量单位填写，以免当事人产生不同的理解。施工合同中的数量主要体现的是工程量的大小。

(4)质量。质量是标的的内在品质和外观形态的综合指标。签订合同时，必须明确质量标准。合同对质量标准的约定应当是准确而具体的，对于技术上较为复杂和容易引起歧义的词语、标准，应当加以说明和解释。对于强制性的标准，当事人必须执行，合同约定的质量不得低于该强制性标准。对于推荐性标准，国家鼓励采用。当事人没有约定质量标准，如果有国家标准，则依国家标准执行；如果没有国家标准，则依行业标准执行；如果没有行业标准，则依地方标准执行；如果没有地方标准，则依企业标准执行。由于建设工程中的质量标准大多是强制性的质量标准，当事人的约定不能低于这些强制性的标准。

(5)价款或者报酬。价款或者报酬是当事人一方向交付标的的另一方支付的货币。标的物的价款由当事人双方协商，但必须符合国家的物价政策，劳务酬金也是如此。合同条款中应写明有关银行结算和支付方法的条款。价款或者报酬在勘察、设计合同中表现为勘察设计费，在监理合同中则体现为监理费，在施工合同中则体现为工程款。

(6)合同期限、履行地点和方式。合同期限是指履行合同的期限，即从合同生效到合同结束的时间；履行地点是指合同标的物所在地，如以承包工程为标的的合同，其履行地点是工程计划文件所规定的工程所在地。

由于一切经济活动都是在一定的时间和空间内进行的，离开具体的时间和空间，经济活动是没有意义的，所以合同中应非常具体地规定合同期限和履行地点。

(7)违约责任。违约责任是合同一方或双方因过失不能履行或不能完全履行合同责任而侵犯了另一方权利时所应负的责任。违约责任是合同的关键条款之一。没有规定违约责任，则合同对双方难以形成法律约束力，难以确保合同圆满履行，发生争执时也难以解决。

(8)解决争议的方法。在合同履行过程中不可避免地会发生争议，为使争议发生后能够有一个双方都能接受的解决办法，应当在合同条款中对此作出规定。如果当事人希望通过仲裁作为解决争议的最终方式，则必须在合同中约定仲裁条款，因为仲裁是以自愿为原则的。

4. 合同成立

(1)合同成立时间。建筑装饰工程合同成立时间有以下几个方面的规定：

①通常情况下，承诺生效时合同成立。

②当事人采用合同书形式订立合同的，自双方当事人签字或者盖章时合同成立。

③法律、行政法规规定或者当事人约定采用书面形式订立合同，当事人未采用书面形式，但一方已经履行主要义务，对方接受的，该合同成立。

④采用合同书形式订立合同，在签字或者盖章之前，当事人一方已经履行主要义务，对方接受的，该合同成立。

(2)合同成立地点。合同成立的地点关系到当事人行使权利、承担义务的空间范围，关系到合同的法律适用、纠纷管辖等一系列问题。建筑装饰工程合同成立的地点有以下几方面的规定：

①作为一般规则，承诺生效的地点为合同成立的地点。

②采用数据电文形式订立合同的，收件人的主营业地为合同成立的地点；没有主营业地的，其经常居住地为合同成立的地点；当事人另有约定的，按照其约定。

③当事人采用合同书形式订立合同的，双方当事人签字或者盖章的地点为合同成立的地点。

5. 缔约过失责任

缔约过失责任，是指在合同缔结过程中，当事人一方或双方因自己的过失而致合同不成立、无效或被撤销，应对信赖其合同为有效成立的相对人赔偿基于此项信赖而发生的损害。缔约过失责任既不同于违约责任，也有别于侵权责任，是一种独立的责任。现实生活中确实存在由于过失给当事人造成损失但合同尚未成立的情况，缔约过失责任的规定能够解决这种情况的责任承担问题。

缔约过失责任是针对合同尚未成立应当承担的责任，其成立必须具备一定的要件，否则将极大地损害当事人协商订立合同的积极性。

(1)缔约一方有损失。损害事实是构成民事赔偿责任的首要条件，如果没有损害事实的存在，也就不存在损害赔偿责任。缔约过失责任的损失是一种信赖利益的损失，即缔约人信赖合同有效成立，但因法定事由发生，致使合同不成立、无效或被撤销等而造成的损失。

(2)缔约当事人有过错。承担缔约过失责任一方应当有过错，包括故意行为和过失行为导致的后果责任。这种过错主要表现为违反先合同义务。所谓先合同义务，是指自缔约人双方为签订合同而互相接触磋商开始但合同尚未成立，逐渐产生的注意义务(或称附随义务)，包括协助、通知、照顾、保护、保密等义务，自要约生效时开始产生。

(3)合同尚未成立。合同尚未成立是缔约过失责任有别于违约责任的最重要原因。合同一旦成立，当事人应当承担的是违约责任或合同无效的法律责任。

(4)缔约当事人的过错行为与该损失之间有因果关系。缔约当事人的过错行为与该损失之间有因果关系，即该损失是由违反先合同义务引起的。

当事人在订立合同过程中有下列情形之一，给对方造成损失的，应当承担损害赔偿责任：

(1)假借订立合同，恶意进行磋商。

(2)故意隐瞒与订立合同有关的主要事实或提供虚假情况。

(3)有其他违背诚实信用原则的行为。

(二)合同效力

依法成立的合同，具有法律约束力，即合同效力。依法成立的合同有效后，其法律效力主要体现在：第一，在合同当事人之间产生受法律保护的民事权利和民事义务关系；第二，合同生效后具有法律强制约束力，当事人应当全面履行，不得擅自变更或解除合同；第三，合同是处理双方当事人之间合同纠纷的依据。

1. 合同生效

合同生效是指合同产生法律上的效力，具有法律约束力。通常，合同依法成立之时就是合同生效之日，但有些合同在成立后，并不必然地立即产生法律效力，而是需要其他条件成熟之后才开始生效。

附条件的合同，包括附生效条件的合同和附解除条件的合同两类。附条件合同的成立与生效不是同一时间，合同成立后虽然并未开始履行，但任何一方不得撤销要约和承诺，否则应承担缔约过失责任，赔偿对方因此而遭受的损失；合同生效后，当事人双方必须忠实履行合同约定的义务，如果不履行或未正确履行义务，应按违约责任条款的约定追究责任。一方不正当地阻止条件成就，视为合同已生效，同样要追究其违约责任。

合同成立后，必须具备相应的法律条件才能生效，合同生效应具备下列条件：

(1)签订合同的当事人应具有相应的民事权利能力和民事行为能力，也就是主体要合法。

(2)意思表示真实。意思表示不真实包括意思与表示不一致、不自由的意思表示两种。含有意思表示不真实的合同是没有法律效力的。

(3)合同的内容、合同所确定的经济活动必须合法，必须符合国家的法律、法规和政策要求，不得损害国家和社会公共利益。

2. 效力待定合同

效力待定合同又称效力未定合同，是指法律效力尚未确定，尚待有权利的第三方为一定意思表示来最终确定效力的合同。

根据《合同法》的规定，效力待定合同主要包括限制民事行为能力人订立的合同和无权代理人订立的合同。

(1)限制民事行为能力人订立的合同。限制民事行为能力人是指能够独立实施法律限定的民事法律行为的自然人。在现实的经济活动中，限制民事行为能力人订立合同的情形是存在的，对于他们所订立的合同的效力如何认定，是一个影响到限制民事行为能力人和对方当事人权利的问题。

限制民事行为能力人所订立的合同之效力的认定应从以下几个方面考虑。

第一，限制民事行为能力人订立的合同并非一律无效。在以下几种情况下，限制民事行为能力人订立的合同是有效的。

①经过其法定代理人追认。追认就是事后同意或予以承认。限制民事行为能力人订立的合同经过其法定代理人追认，即有效合同。

②纯获利益的合同。即限制民事行为能力人订立的接受奖励、赠与、报酬等只需其获得利益而不需要其承担任何义务的合同，不必经其法定代理人追认，即有效合同。

③与限制民事行为能力人的年龄、智力、精神健康状况相适应而订立的合同。即在限制民事行为能力人的民事行为能力范围内订立的合同，不必经其法定代理人追认，即为有效合同。

第二，对于与限制民事行为能力人订立的合同，相对人享有催告权，善意相对人在合同被追认之前享有撤销权。

相对人是指与限制民事行为能力人订立合同的对方当事人。

相对人享有催告权是指相对人与限制民事行为能力人订立合同后，可以催告限制民事行为能力人的法定代理人在一个月内对合同的效力予以追认。限制民事行为能力人的法定代理人应当明确其态度。在催告期届满后，限制民事行为能力人的法定代理人未作表示的，视为拒绝追认，此时合同无效。

(2)无权代理人订立的合同。无权代理人又称无权代理行为人，其代理他人民事行为的情形具体包括行为人没有代理权、超越代理权限范围或者代理权终止后仍以被代理人的名义从事民事行为等。

无权代理人订立合同之效力认定应从以下几个方面考虑：

第一，无权代理人订立的合同对被代理人不发生效力的情形。

无权代理人所订立的合同，通常对被代理人不发生法律效力，合同责任及相关责任由无权代理人自己承担。但是，无权代理人所订立的合同如果经过被代理人追认，则合同对被代理人便具有法律效力，被代理人即成为合同当事人。

与无权代理人订立合同的对方当事人即相对人。相对人享有催告权，同时，法律还赋予善意的相对人在合同被追认之前享有撤销权。

相对人享有催告权是指相对人与无权代理人订立合同后，可以催告被代理人在一个月内予以追认，被代理人在该期限届满后未予追认或者未作表示的，视为拒绝追认，合同对被代理人未发生法律效力。合同责任及相关责任由无权代理人自己承担。

第二，无权代理人订立的合同对被代理人具有法律效力的情形。

行为人没有代理权、超越代理权或者代理权终止后以被代理人名义订立合同，相对人有理由相信行为人有代理权的，该代理行为有效。

这种基于无权代理人的行为，客观上存在充分的、正当的理由足以使相对人相信无权代理人具有代理权，相对人基于此项信赖而与无权代理人作出的民事法律行为称为表见代理。

在通过表见代理订立合同的过程中，如果确实存在充分、正当的理由并足以使相对人相信无权代理人具有代理权，则无权代理人的代理行为有效，即无权代理人通过其表见代理行为与相对人订立的合同具有法律效力，合同对被代理人将发生法律效力。

第三，法人或者其他组织的法定代表人、负责人超越权限订立的合同的效力。

法人或其他组织的法定代表人、负责人在对外与其他当事人订立合同时，其身份应当被视为法人或其他组织的全权代理人，他们完全有资格代表法人或者其他组织作出民事行为而不需要获得法人或者其他组织的专门授权，其代理行为的法律后果应由法人或者其他组织承担。

第四，无处分权人处分他人财产合同的效力。

无处分权人处分他人财产的合同一般情况下为无效合同。无处分权人处分他人财产，经权利人追认或者无处分权人订立合同后取得处分权的，该合同有效。

3. 无效合同

无效合同，是指虽然已经成立，但因其内容和形式违反了法律、行政法规的强制性规定，或者损害了国家利益、集体利益、第三人利益和社会公共利益，因而不为法律所承认和保护、不具有法律效力的合同。

无效合同的具体情形主要包括下列几种：

(1)一方以欺诈、胁迫的手段订立合同，损害国家利益。

(2)恶意串通，损害国家、集体或第三人利益。

(3)以合法形式掩盖非法目的。

(4)损害社会公共利益。

(5)违反法律、行政法规的强制性规定。

在司法实践中，当事人签订的下列合同也属无效合同：

(1)无法人资格且不具有独立生产经营资格的当事人签订的合同。

(2)无行为能力人签订的或限制行为能力人依法不能签订合同时所签订的合同。

(3)代理人超越代理权限签订的合同或以被代理人的名义同自己或同自己所代理的其他人签订的合同。

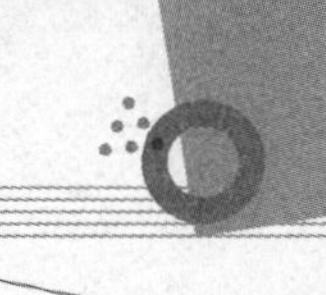

(4)盗用他人名义签订的合同。

(5)因重大误解订立的合同。

(6)一方以欺诈、胁迫的手段或者乘人之危，使对方在违背真实意思的情况下订立的合同。

对于(5)、(6)两种情形，根据《合同法》的规定，受损方有权请求人民法院或者仲裁机构变更或者撤销合同。即使合同无效，但当事人请求变更的，人民法院或仲裁机构不得撤销。

4. 可变更或可撤销合同

可变更或可撤销合同，是指欠缺生效条件，但一方当事人可依照自己的意思使合同的内容变更或者使合同的效力归于消灭的合同。

可变更或可撤销合同的具体情形主要包括下列几种：

(1)当事人对合同的内容存在重大误解。

(2)在订立合同时显失公平。

(3)一方以欺诈、胁迫的手段或者乘人之危，使对方在违背真实意思的情况下订立合同。

对可撤销合同，只有受损害方才有权提出变更或撤销。有过错的一方不仅不能提出变更或撤销，而且要赔偿对方因此所受到的损失。

撤销权是指在订立合同的过程中，因自己的过失行为或者对方当事人的违法行为导致其意思表示不真实而遭受损害的一方当事人享有的，依照其单方的意思表示使先前成为或者生效的合同溯及既往地失去效力的权利。享有撤销权的一方当事人又称为撤销权人。

有下列情形之一的，撤销权消灭：

(1)具有撤销权的当事人自己知道或者应当知道撤销事由之日起一年内没有行使撤销权。

(2)具有撤销权的当事人知道撤销事由后明确表示或者以自己的行为放弃撤销权。

合同被撤销后的法律后果与合同无效的法律后果相同，为返还财产、赔偿损失、追缴财产三种。

三、合同的履行和担保

(一)合同履行

建筑装饰工程项目合同的履行是指当事人双方按照建筑装饰工程项目合同条款的规定全面完成各自义务的活动。

1. 合同履行的基本原则

合同履行的原则，是当事人在履行合同过程中应当遵循的基本原则或准则，对当事人履行合同具有重大的指导意义，是当事人履行合同行为的基本规范。

建筑装饰工程合同履行的原则主要有以下几个方面：

(1)全面履行原则。建筑装饰工程合同当事人应严格按照合同约定的标的、数量、质量，由合同约定的履行义务的主体在合同约定的履行期限、履行地点，按照合同约定的价款或报酬和履行方式，全面完成合同约定的自己的义务。

(2)诚实信用原则。建筑装饰工程合同当事人在履行合同过程中维持合同双方的合同利益平衡，以诚实、真诚、善意的态度行使合同权利、履行合同义务，信守诺言，恪守合同，相互协作，不对另一方当事人进行欺诈，不滥用权利。并且应按合同性质、目的和交易习惯履行合同履行过程中产生的附随义务。

2. 合同履行的方式

合同履行方式是指债务人履行债务的方法。合同采取何种方式履行，与当事人有着直接的利害关系，因此，在法律有规定或者双方有约定的情况下，应严格按照法定的或约定的方式履行。没有法定或约定，或约定不明确的，应当根据合同的性质和内容，按照有利于实现合同目的的方式履行。

建筑装饰工程合同当事人履行合同的主要方式见表 5-3。

表 5-3　合同履行的方式

序号	合同履行方式	含　义
1	分期履行	分项履行是指当事人一方或双方不在同一时间和地点以整体的方式履行完毕全部约定义务的行为，是相对于一次性履行而言的，如分期交货合同、分期付款买卖合同、按工程进度付款的工程建设合同等
2	部分履行	部分履行是就合同义务在履行期届满后的履行范围及满足程度而言的。履行期届满，全部义务得以履行为全部履行；只是其中一部分义务得以履行的，为部分履行。部分履行同时意味着部分不履行
3	提前履行	提前履行是债务人在合同约定的履行期限截止以前就向债权人履行给付义务的行为。在多数情况下，提前履行债务对债权人是有利的。但在特定情况下提前履行也可能构成对债权人的不利，如可能使债权人的仓储费用增加；对鲜活产品的提前履行，可能增加债权人的风险等

3. 合同履行的问题处理

(1)合同有关内容没有约定或约定不明确的问题处理。建筑装饰工程合同当事人在订立合同过程中，经常由于合同知识欠缺、认识上的错误及疏忽大意等原因，致使有些合同条款内容没有约定或约定不明确等。处理这种问题通常有以下两种方法：

①合同生效后，当事人就质量、价款或者报酬、履行地点等内容没有约定或约定不明确的，可以协议补充。具体的解决办法是：当事人通过协商达成补充协议，通过该协议对原来合同中没有约定或约定不明确的内容予以补充或明确规定。该补充协议也因而成为合同的重要组成部分。

②不能达成补充协议的，按照合同有关条款或交易习惯确定。具体的解决办法是当事人经过协商未能就合同中没有约定或约定不明确的内容达成补充协议的，可以结合合同其他方面的内容(即合同有关条款)加以确定；或者按照人们在同样的合同交易中通常或者习惯采用的合同内容(即交易习惯)予以补充或者加以确定。

(2)合同履行中的第三人问题处理。一般情况下，建筑装饰工程合同必须由当事人亲自履行。但根据法律的规定及合同的约定，或在与合同性质不相抵触的情况下，合同可以向第三人履行，也可以由第三人代为履行。处理向第三人履行合同或由第三人代为履行合同过程中的一些问题时，应符合表 5-4 的规则。

表 5-4　合同履行中的第三人问题处理规则

序号	问题	处 理 规 则
1	当事人约定由债务人向第三人履行合同债务	通常情况下，建筑装饰工程合同债务应由债务人向债权人履行。在有些情况下，为了节约交易成本，提高交易效率，有效地平衡与合同有关的各方当事人之间的利益关系，合同债务可以由债务人向第三人履行。合同债务由债务人向第三人履行必须基于原合同当事人双方的约定及债权人方面的原因。因此，债权人必须征得债务人的同意，合同债务由债务人向第三人履行的约定才能产生法律效力
2	合同债务由债务人向第三人履行所导致的履行费用的增加	合同债务本应由债务人向债权人履行，合同当事人约定由债务人向第三人履行债务是基于债权人方面的原因和出于方便债权人的考虑。因此，合同当事人约定由债务人向第三人履行债务所导致的债务人履行费用的增加应当由债权人负担，即不能因债务人向第三人履行债务而加重其履行费用的负担
	第三人的法律地位	法律规定在合同当事人约定由债务人向第三人履行债务的情况下，第三人享有请求债务人履行债务的权利，即第三人可以根据原合同债权人与债务人的约定所赋予的权利向债务人主张债权，要求债务人按照合同的约定履行债务。但在债务人未向其履行债务或履行债务不符合合同约定时，他无权要求债务人向其承担违约责任，在这种情况下，债务人应当向债权人承担违约责任
3	当事人约定由第三人代为履行合同债务	法律规定由第三人代为履行合同债务必须满足下列条件：合同债务由法律和合同性质决定不必由合同债务人亲自履行的，由第三人代为履行合同债务未给债权人造成利益损失或费用增加，经原合同当事人约定同意。但法律规定或合同约定必须由当事人亲自履行的合同债务，不得由第三人代为履行。若第三人代为履行，则属于履行主体的不当履行行为
	违约责任的承担	由第三人代为履行合同债务同样只是合同债务履行方式的变化，原合同中的债权债务关系、债权人和债务人的合同法律地位并未因此而改变，合同债务也并未发生转移，第三人只是履行主体而非合同的当事人。因此，当第三人不履行债务或者履行债务不符合合同约定时，应当由债务人向债权人承担违约责任，而不是由第三人向债权人承担违约责任，也即应当由债务人对第三人的合同债务履行结果负责

(3)合同履行过程中几种特殊情况的处理。

①因债权人分立、合并或变更住所致使债务发生困难的处理。通常情况下，建筑装饰工程合同当事人一方发生合并、分立或者变更住所等情况时，有义务及时通知另一方当事人，以免给合同的履行造成困难。若发生合并、分立或变更住所等情况的当事人一方未尽及时通知另一方当事人之义务时，则应对其未尽该义务的后果负责。

②债务人提前履行债务的情况处理。债务人提前履行债务是指债务人在合同规定的履行期限截止之前就开始履行自己的合同义务的行为。合同一经签订，当事人应当按照合同约定的履行期限履行合同，通常情况下不允许当事人提前履行合同。但在某些情况下，当事人提前履行合同是可以的。债务人提前履行债务给债权人增加的费用，由债务人负担。

③债务人部分履行债务的情况处理。债务人部分履行债务是指债务人没有按照合同约

定履行合同规定的全部义务而只是履行了自己的一部分合同义务的行为。合同一经签订，当事人应当依照合同的约定全面地履行合同，通常情况下不允许当事人部分履行合同。但在某些情况下，当事人部分履行合同也是允许的。债务人部分履行债务给债权人增加的费用，由债务人负担。

4. 合同履行过程中的重要法律制度

(1)抗辩权制度。抗辩权制度立法的出发点是保证双务合同的履行对双方当事人的法律效力，防止或避免单方不履行合同的情况发生。大陆法系通常将这种权利称为抗辩权。抗辩权包括同时履行抗辩权、异时履行抗辩权和不安抗辩权。

①同时履行抗辩权是指在合同生效期内，在没有规定合同义务履行先后顺序的双务合同履行过程中，当事人一方在对方当事人未对待履行合同履行义务之前，享有的拒绝履行自己所负担的合同义务的权利。同时履行抗辩权的构成条件包括以下几个方面：

a. 双方当事人因同一双务合同互负对价义务，即双方的债务须系同一双务合同产生，且债务具有对价性。

b. 两项给付没有履行先后顺序。

c. 对方当事人未履行给付或未提出履行给付。

d. 同时履行抗辩权的行使，以对方给付尚属可能为限。

②异时履行抗辩权是指在法律规定或者合同约定了履行合同义务的先后顺序的双务合同履行过程中，后履行合同义务的当事人一方在负有先履行合同义务的当事人另一方未履行其合同义务时享有的拒绝履行自己所负担的合同义务的权利。异时履行抗辩权的构成条件包括以下几个方面：

a. 由同一双务合同产生互负的对价给付债务。

b. 合同中约定了履行的顺序。

c. 应当先履行的合同当事人没有履行债务或没有正确履行债务。

d. 应当先履行的对价给付是可能履行的义务。

③不安抗辩权是指在应当异时履行的双务合同履行过程中，当事人一方根据合同规定应向对方先为履行合同义务，但在其履行合同义务之前，如果发现对方的财产状况明显恶化或者其履行合同义务的能力明显降低甚至丧失，致使其难以履行合同给付义务时，可以要求对方提供必要的担保；若对方不提供担保，也未对履行其合同给付义务，当事人一方便享有拒绝先为履行自己合同义务的权利。不安抗辩权的构成条件包括以下几个方面：

a. 经营状况严重恶化。

b. 转移财产、抽逃资金，以逃避债务的。

c. 丧失商业信誉。

d. 丧失或者可能丧失履行债务能力的其他情形。

(2)代位权制度。代位权是指当债务人怠于行使其到期债权时，债权人为了保证其债权人合法权益不受侵害，保全其债权，可以以自己的名义代债务人行使其债权的权利。《合同法》中设立代位权制度，有利于解决现实的经济活动中大量存在的三角债问题。

债权人行使代位权的条件：第一，债务人的债权已经到期；第二，债务人没有积极地主张、行使其到期债权，并对债权人的合同权利造成了损害；第三，该债权不具有专属性，即该债权不专属于债务人自身。

代位权的行使，债权人首先应向人民法院提出申请，请求人民法院批准其以自己的名义代位行使债务人的到期债权。人民法院经过对与合同有关的债权债务关系进行全面了解以后，作出批准或者不批准的决定。债权人行使代位权的目的在于使其债权得以保全并实现。因此，其行使代位权的范围应以其合同债权为限，即债权人代位行使债务人债权所获得的价值应与其所需要保全的合同债权的价值相当。在行使代位权过程中所产生的一切必要的费用，如往返的差旅费等，由债务人负担。

(3)撤销权制度。撤销权是指债权人对于债务人危害其合同债权实现的行为，享有依法请求人民法院撤销债务人该行为的权利。

债权人行使撤销权的条件包括：第一，债务人存在放弃到期债权或者无偿转让财产或者以明显不合理的低价转让财产的行为；第二，这种行为对债权人的利益造成了损害；第三，债务人以明显不合理的低价转让财产时，财产的受让人知道转让财产的价格明显不合理而且这种转让行为对债权人的利益造成了损害。

撤销权的行使必须由依法享有撤销权的债权人以自己的名义向人民法院提出申请，请求人民法院撤销债务人危害债权人债权实现的行为，人民法院在了解案情的基础上，作出撤销与否的决定。撤销权的行使范围以债权人的债权为限。债权人因行使撤销权而付出的必要费用由债务人负担。

(二)合同担保

合同担保，是合同当事人为了保证合同的切实履行，根据法律规定，经过协商一致而采取的一种促使一方履行合同义务、满足他方权利实现的法律办法。

担保合同必须由合同的当事人双方协商一致，自愿订立方为有效。如果由第三方承担担保义务时，必须由第三方——保证人亲自订立担保合同。

合同的担保方式有保证、抵押、质押、留置和定金五种。

1. 保证

保证，是指保证人和债权人约定，当债务人不履行债务时，保证人按照约定履行债务或者承担责任的行为。具有代为清偿债务能力的法人、其他组织或者公民，可以做保证人。

保证人和债权人应当以书面形式订立保证合同，保证合同应包括：被保证的主债权种类、数额；债务人履行债务的期限；保证的方式；保证担保的范围；保证的期限；双方认为需要约定的其他事项等内容。

同一债务有两个以上保证人的，保证人应当按照保证合同约定的保证份额，承担保证责任。没有约定保证份额的，保证人承担连带责任，债权人可以要求任何一个保证人承担全部保证责任，保证人都负有担保全部债权实现的义务。

建筑装饰工程合同保证的方式见表 5-5。

表 5-5　建筑装饰工程合同保证的方式

保证方式	基本概念	责任承担
一般保证	当事人在保证合同中约定，债务人不能履行债务时，由保证人承担保证责任	除特殊情况外，一般保证的保证人在主合同纠纷未经审判或者仲裁，并就债务人财产依法强制执行仍不能履行债务前，对债权人可以拒绝承担保证责任

续表

保证方式	基本概念	责任承担
连带责任保证	当事人在保证合同中约定保证人与债务人对债务承担连带责任	连带责任保证的债务人在主合同规定的债务履行期届满没有履行债务的，债权人可以要求债务人履行债务，也可以要求保证人在其保证范围内承担保证责任

2. 抵押

抵押是指合同当事人一方或者第三人不转移对财产的占有，将该财产向对方保证履行经济合同义务的一种担保方式。提供财产的一方称为抵押人，接受抵押财产的一方称为抵押权人。抵押人不履行合同时，抵押权人有权在法律许可的范围内变卖抵押物，从变卖抵押物价款中优先受偿。所谓优先受偿，是指抵押人有两个以上债权人时，抵押权人将抵押财产变卖后，可以优先于其他债权人受偿。

抵押人的财产必须是法律允许流通和允许强制执行的财产。可用于抵押的财产包括以下几项：

(1)抵押人所有的房屋和其他地上定着物。

(2)抵押人所有的机器、交通运输工具和其他财产。

(3)抵押人依法有权处分的国有的土地使用权、房屋和其他地上定着物。

(4)抵押人依法有权处分的国有机器、交通运输工具和其他财产。

(5)抵押人依法承包并经发包方同意抵押的荒山、荒沟、荒丘、荒滩等荒地的土地使用权。

(6)依法可以抵押的其他财产。

抵押人和抵押权人应当以书面形式订立抵押合同。抵押合同应当包括：被担保的主债权种类、数额；履行债务的期限；抵押物的名称、数量、所有权权属等；抵押担保的范围等内容。

3. 质押

质押是指债务人或者第三人将其动产或者权利凭证移交债权人占有，将该动产或者权利作为债权的担保。质押可分为动产质押和权利质押两类。动产质押是指债务人或者第三人将其动产移交债权人占有，将该动产作为债权的担保。债务人不履行债务，债权人有权依照法律规定以该动产折价或者以拍卖、变卖该动产的价款优先受偿；权利质押是指以所有权之外的财产权为标的物而设定的质押。其包括以下几项：

(1)汇票、支票、本票、债券、存款单、仓单、提单。

(2)依法可以转让的股份、股票。

(3)依法可以转让的商标专用权、专利权、著作权中的财产权。

(4)依法可以质押的其他权利。

4. 留置

留置是指债权人按照合同约定占有债务人的动产，债务人不按照合同约定的期限履行债务的，债权人有权依照法律规定留置该财产，以该财产折价或者以拍卖、变卖该财产的价款优先受偿。

留置是一种较为强烈的担保方式，必须有法律明确规定方可实施。因保管合同、运输合同、加工承揽合同、法律规定可以留置的其他合同发生的债权，债务人不履行债务的，债权人有留置权。当事人可以在合同中约定不得留置的物。

债权人与债务人应当在合同中约定，债权人留置财产后，债务人应当在不少于 2 个月的期限内履行债务。债权人与债务人如未约定，债权人留置债务人财产后，应当确定 2 个月以上的期限，通知债务人在该期限内履行债务。债务人逾期仍不履行的，债权人可以与债务人协议以留置物折价，也可以依法拍卖、变卖留置物，其价款超过债权数额的部分归债务人所有，不足部分由债务人清偿。

留置权与抵押权作为经济合同的担保各有特点。它们的主要区别如下：

(1)抵押行为是抵押人的自愿行为；而留置行为则是留置人被强制行为。

(2)抵押物的所有人可能是合同当事人，也可能是第三者；留置物的所有人是合同当事人。

(3)抵押物并非债权人、债务人权利义务关系的客体，而是主债关系客体之外的物；而留置物则正是引起主债关系之物。

5. 定金

定金，是指在债权债务关系中，一方当事人在债务未履行之前交付给另一方一定数额货币的担保。债务人履行债务后，定金应当抵作价款或者收回。给付定金的一方不履行约定的债务的，无权要求返还定金；收受定金的一方不履行约定的债务的，应当双倍返还定金。

定金应当以书面形式约定。当事人在定金合同中应当约定交付定金的期限。定金合同从实际交付定金之日起生效。定金的数额由当事人约定，但不得超过主合同标的额的 20%。

四、合同的变更、转让和终止

(一)合同变更

合同变更是指合同依法成立后，在尚未履行或尚未完全履行时，当出现法定条件时当事人对合同内容进行的修订或调整。

1. 合同变更的要件

建筑装饰工程合同变更需具备的要件有：第一，合同关系存在、有效；第二，合同当事人之间必须有合同变更协议；第三，合同变更必须有合同内容的变化。

建筑装饰工程合同变更内容变化的范围包括以下几项：

(1)工作项目的变化。由于设计失误、变更等原因增加的工程任务应在原合同范围内，并应有利于建筑装饰工程项目的完成。

(2)材料的变化。为便于施工和供货，施工单位提出有关材料方面的变化，通过现场管理机构审核，在不影响装饰项目质量、不增加成本的条件下，双方用变更书加以确认。

(3)施工方案的变化。在建筑装饰工程项目实施过程中，由于设计变更、施工条件改变、工期改变等原因可能引起原施工方案的改变。如果是建设单位的原因引起的变更，应该以变更书加以确认，因方案变更而增加的费用由建设单位承担。如果是施工单位自身原因引起的施工方案的变更，其增加的费用由施工单位自己承担。

(4)施工条件的变化。由于施工条件变化引起的费用的增加和工期的延误应该以变更书加以确认。对不可预见的施工条件的变化，其所引起的额外费用的增加应由建设单位审核后给予补偿，所延误的工期由双方协商共同采取补救措施加以解决。对于可预见的施工条件变化，其所引起的额外费用的增加，应该是谁的责任谁承担。

(5)国家立法的变化。当由于国家立法发生变化导致工程成本增减时，建设单位应该根据具体情况进行补偿和收取。

2. 合同变更类型

建筑装饰工程合同变更类型见表5-6。

表5-6　建筑装饰工程合同变更类型

序号	变更类型	内　容
1	正常和必要的合同变更	建筑装饰工程项目甲乙双方根据项目目标的需要，对必要的设计变更或项目工作范围调整等引起的变化，经过充分协商对原订合同条款进行适当的修改，或补充新的条款。这种有益的项目变化引起的原合同条款的变更是为了保证建筑装饰工程项目的正常实施，是有利于实现项目目标的积极变更
2	失控的合同变更	如果合同变更过于频繁，或未经甲乙双方协商同意，往往会导致项目受损或使项目执行产生困难。这种项目变化引起的合同条款的变更不利于建筑装饰工程项目的正常实施

3. 合同变更的方法

建筑装饰工程合同变更的方法主要采用法定变更和当事人协商变更。

(1)法定变更。根据《合同法》规定，在下列情况下，可请求人民法院或仲裁机构变更：

①重大误解、显失公平订立的合同；一方以欺诈、胁迫的手段或乘人之危，使对方在违背真实意思的情况下订立的合同。

②约定违约金过分低于造成的损失或过分高于造成的损失，可请求增加或减少。

(2)当事人协商变更。当事人可以协商一致订立合同，在订立合同后，双方也有权根据实际情况，对权利义务作出合理调整。

4. 合同变更的效力

建筑装饰工程合同变更的效力主要包括以下几个方面：

(1)合同变更后，发生变更的合同内容将发生法律效力，原有的合同内容将失去法律效力，当事人应当按照变更后的合同内容履行。

(2)合同变更只对合同未履行的部分有效，对已履行的合同内容将不发生法律效力，即合同的变更没有溯及力。

(3)合同变更不影响当事人请求损害赔偿的权利。若在合同变更以前，一方因可归责于自己的原因给对方造成损害的，另一方有权要求责任方承担损害赔偿责任，该权利不因合同变更而受影响，但是合同变更协议已经对受害人的损害作出处理的除外。合同变更本身给一方当事人造成损害的，另一方当事人也应当对此承担损害赔偿责任，不得以合同变更乃是当事人的自愿为由而不负赔偿责任。

(4)主合同的变更对从合同的效力。如主合同附属保证、抵押、质押合同，只要是由第三人提供的担保，主合同当事人若没有在变更协议中明确约定这些担保对变更后的合同仍然有效，则认定为不再有效。从合同的当事人是第三人的，从合同的变更应当有第三人的书面同意。如果没有第三人的书面同意，则该从合同对变更后的主合同不再具有效力。如果担保合同是主合同当事人之间订立的，当事人对担保合同没有作出变更的约定，应当认为担保合同没有变更，继续有效。

(5)当事人对合同变更的内容约定不明确的，推定为未变更。当事人对合同变更的内容应当具体、明确。如果当事人对合同变更的内容约定不明确，将导致无法有效判断当事人是否已对合同作出变更，合同变更部分也就无法履行，同时也容易导致当事人之间发生纠纷。为避免因合同变更内容约定不明确可能造成的纠纷，《合同法》规定，当事人对合同变更的内容约定不明确的，推定为未变更。

(二)合同转让

合同转让是指当事人一方将其合同权利或者义务的全部或者部分，或者将权利和义务一并转让给第三人，由第三人相应地享有合同权利，承担合同义务的行为。

合同转让涉及第三方当事人，合同转让后，原合同当事人之间的权利义务关系将发生变化。因此，合同转让应当遵循一定的程序进行。《民法通则》规定："合同一方将合同的权利、义务全部或者部分转让给第三人的，应当取得合同另一方的同意，并不得牟利。依照法律规定应当由国家批准的合同，需经原批准机关批准。但是，法律另有规定或者原合同另有约定的除外。"

1. 合同债权转让

合同债权转让即合同权利转让，是指合同债权人通过协议将其债权全部或者部分转让给第三人的行为。合同债权转让具有的法律特征包括：第一，合同债权转让不改变合同权利的内容，只是由原合同的债权人将其合同权利全部或者部分转让给第三人；第二，合同债权转让的主体是债权人和第三人；第三，第三人作为合同债权转让的受让人加入原合同关系中，与原债权人共同享有合同权利；第四，合同债权转让的方式有合同权利的全部转让和部分转让两种；第五，合同债权转让的对象是合同权利。

(1)合同债权转让的要件。

①须以有效的合同权利为前提。

②合同债权的债权人(让与人)应当与受让人达成合同债权转让协议。

③合同债权转让应当通知债务人。

④债权人转让的合同权利(债权)必须是依法可以转让的合同权利(债权)。

(2)合同债权转让的效力。合同债权转让后，对受让人和债务人都将产生一定的法律效力，主要包括对受让人的法律效力和对债务人的法律效力。

受让人在合同权利全部转让的情况下，取代了原合同债权人的地位；在合同权利部分转让的情况下，受让人将享有原合同的部分合同权利，并就该部分合同权利与原合同的对方当事人确立了新的合同关系。同时，受让人取得与被转让的合同权利有关的从权利。合同的从权利是指与合同的主权利相关联，但自身并不能独立存在，而是以主权利的存在为前提条件的合同权利，其附随于(从属于)合同的主权利。

合同债权转让对债务人的法律效力如下：

①债务人在接到合同债权转让的通知后，债务人就有义务向接受合同权利转让的受让

人履行债务。

②债务人对让与人的抗辩，可以向受让人主张。

③债务人对接受合同权利转让的受让人享有债务抵消权。债务人接到债权转让通知时，债务人对让与人另享有合同权利，并且债务人的合同权利优先于转让的合同权利到期或者同时到期的，债务人可以向受让人主张抵消。

2. 合同权利义务的概括转让

合同权利义务的概括转让又称为合同债权债务的概括转让，是指合同的当事人一方将其在合同中的权利和义务一并转让给第三人，由第三人概括地继受这些权利和义务的法律行为。合同权利义务的概括转让具有下列法律特征：

(1)合同权利义务的概括转让是由第三人取代合同当事人一方在合同关系中的法律地位，一并承受其在原合同中的权利和义务。

(2)可以进行合同权利义务概括转让的只能是双务合同的当事人一方。

(3)合同当事人一方将合同权利和义务进行概括转让的，须经合同当事人另一方同意。

3. 合同债务转移

合同债务转移又称为合同债务承担，是指债务人将合同的义务全部或者部分转移给第三人的情况。

合同债务转移可分为合同义务的全部转移和合同义务的部分转移。合同义务的全部转移是指合同债务人与第三人达成协议，将其在合同中的全部义务转移给第三人。合同义务的全部转移是由第三人完全取代合同债务人的地位，成为合同债务的承担者，而合同债务人退出合同关系；合同义务的部分转移是指合同债务人将合同义务的一部分转移给第三人，由第三人履行该部分合同义务。

(1)合同债务转移要件。

①合同债务转移须以有效的合同义务存在为前提。

②所转移的合同义务必须是可以进行转让的合同义务，即合同义务应具有可转让性。

③合同债务的转移应当取得合同债权人的同意。

(2)合同债务转移效力。合同债务转移后，合同关系中合同债权人的地位并未改变，其仍然享受原有的合同权利。合同债务的转移只对第三人产生法律效力。

合同债务转移对第三人具有以下几个方面的法律效力：

①在合同义务全部转移的情形中，合同新债务人(第三人)完全取代合同债务人的地位，由其履行全部合同义务；在合同义务的部分转移情形中，合同新债务人加入合同关系成为合同债务人，由其根据合同债务转移协议规定的数额履行部分合同义务。

②合同债务人转移合同义务后，合同新债务人可以主张合同原债务人对合同债权人的抗辩。

③合同债务人转移合同义务的，合同新债务人应当承担与主债务有关的从债务，但该从债务专属于合同原债务人自身的除外。

(三)合同终止

合同终止即合同权利义务的终止，也称合同的消灭，是指由某种原因引起的合同权利义务(债权债务)客观上不复存在。

建筑装饰工程合同终止的原因包括以下几个方面：

(1)债务已经按照约定履行。

(2)合同解除。

(3)债务相互抵消。

(4)债务人依法将标的物提存。

(5)债权人免除债务。

(6)债权债务同归于一人。

(7)法律规定或者当事人约定终止的其他情形。

1. 债务已经按照约定履行

债务已经按照约定履行也称为债务清偿，是指合同债务人根据法律规定或者合同约定全面地、正确地履行合同义务，使合同债权人的合同权利(合同债权)得以完全实现的行为。

债务清偿必须具备的法律要件见表5-7。

表5-7 债务清偿具备的法律要件

要件	基本概念	备　注
清偿人	清偿人是指由其清偿债务从而使债权得以实现的人	清偿人一般应由合同债务人为之，故合同债务人是最主要的清偿人，但清偿人不仅仅局限于债务人，债务人的债务也可以由第三人代为清偿。不过，法律对由第三人代为清偿债务人的债务有严格的限制
清偿受领人	清偿受领人是指受领清偿利益的人	清偿必须向有受领权的人为之，经其受领后，即发生清偿的效力，合同权利义务关系才归于消灭。清偿受领人主要是合同债权人，但为充分保护合同债权人的合同权利和合同利益，及时实现其合同债权，合同债权人以外的下列人也可以成为清偿受领人：合同债权人的代理人、破产财产管理人、收据持有人、可代位行使合同债权人的合同权利(债权)的债权人等
清偿标的	清偿标的是指合同债务人按照法律规定或者合同约定应当清偿的内容	原则上，合同债务人应当按照合同约定的标的清偿。但是，如果经合同债权人同意，合同债务人也可以其他标的清偿，即代物清偿。代物清偿是指合同债权人受领他种给付以代替原合同约定之给付而使合同权利义务关系消灭的行为。代物清偿必须具备以下条件：原合同债务存在，合同债务人必须以他种给付代替原合同约定之给付，必须有当事人之间的合意，必须清偿受领人现实受领他种给付

2. 合同的解除

合同的解除，是指在合同没有履行或没有完全履行之前，因订立合同所依据的主客观情况发生变化，致使合同的履行成为不可能或不必要，依照法律规定的程序和条件，合同当事人的一方或者协商一致后的双方，终止原合同法律关系。合同解除具有以下法律特征：

(1)合同解除只适用于有效成立的合同。

(2)合同解除必须具备一定的条件。

(3)合同解除必须有解除行为。

(4)合同解除的效力是使合同的权利义务关系自始消灭或者向将来消灭。

建筑装饰工程合同解除的方法包括约定解除、法定解除和协议解除。

合同约定解除是指当事人双方在合同中明确约定一定的条件，在合同有效成立后，尚未履行或者尚未履行完毕之前，当事人一方或者双方在该条件成就时享有解除权，并通过该解除权的行使，使合同的权利义务关系归于消灭的行为。

合同法定解除是指在合同有效成立后，尚未履行或者尚未履行完毕之前，当法律规定的合同解除条件成就时，依法享有法定的合同解除权的当事人一方行使解除权而使合同的权利义务关系归于消灭的行为。

合同协议解除是指合同有效成立后，在尚未履行或者尚未履行完毕之前，当事人双方通过协商，就解除合同达成一致(形成合意)，使合同的权利义务关系归于消灭的行为。

建筑装饰工程合同成立后，对双方当事人均具有法律约束力，双方应认真履行，有下列情形之一的，当事人可以解除合同：

(1)因不可抗力致使不能实现合同目的。

(2)在履行期限满之前，当事人一方明确表示或者以自己的行为表明不履行主要债务。

(3)当事人一方迟延履行主要债务，经催告后在合理期限内仍未履行。

(4)当事人一方迟延履行债务或者有其他违约行为致使不能实现合同目的。

(5)法律规定的其他情形。

3. 债务相互抵消

抵消是指合同当事人双方互负相同种类债务时，各自以其债权充当债务的清偿，从而使其债务与对方的债务在对等数额内相互消灭的法律行为。抵消依其产生依据的不同可分为法定抵消和合意抵消。

(1)法定抵消。法定抵消是指由法律明确规定抵消的构成要件，当合同当事人双方的合同交易事实充分满足抵消的构成要件时，依合同当事人一方的意思表示而发生的抵消。建筑装饰工程合同债务法定抵消应具备以下要件：

①必须是合同当事人双方互负合法债务，互享合法债权。这是抵消成立的前提条件。

②合同当事人双方互负债务，该债务的标的物的种类、品质必须相同。

③必须是合同当事人双方的债务均已届清偿期。

④必须是合同当事人双方的债务均不属于不能抵消的债务。

(2)合意抵消。合意抵消是指经合同当事人双方意思表示一致所发生的抵消。合意抵消体现了当事人的意思自治，当事人之间互负债务，即使债务的标的物种类不同、品质不同，只要经双方当事人协商一致，就可以抵消。

4. 债务人依法将标的物提存

提存是指由于债权人的原因致使债务人无法向其交付标的物时，债务人得以将该标的物提交给有关机关从而消灭合同权利义务关系的制度。

有下列情形之一，难以履行债务的，债务人可以将标的物提存：

(1)债权人无正当理由拒绝受领。

(2)债权人下落不明。

(3)债权人死亡未确定继承人或者丧失民事行为能力未确定监护人。

(4)法律规定的其他情形。

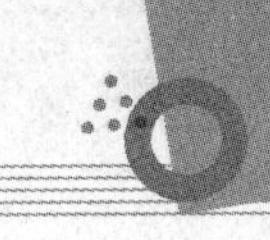

5. 债权人免除债务

债权人免除债务简称免除。免除是指债权人单方向债务人为意思表示，抛弃其全部或者部分债权，从而全部或者部分消灭合同的权利义务关系的法律行为。免除具有下列法律特征：

(1)免除是债权人处分债权的行为。

(2)免除为无因行为。

(3)免除为无偿行为。

(4)免除为非要式行为。

(5)免除为单方行为。

债权人免除债务是导致合同权利义务关系终止的原因之一。

6. 债权债务同归于一人

债权债务同归于一人也称混同，是指债权和债务同归于一人，致使合同权利义务关系终止的法律事实。混同的原因主要包括以下几个方面：

(1)概括承受。概括承受是发生混同的主要原因。例如，企业合并，使得合并前的两个企业之间的合同权利义务关系(债权债务关系)因为同归于合并后的企业而消灭。

(2)特定承受。特定承受即债务人受让债权人的债权，债权人承受债务人的债务。此种情形下也因发生混同而使得债权人与债务人之间的合同权利义务关系归于消灭，合同即终止。

五、合同违约与合同争议处理

(一)合同违约

建筑装饰工程合同违约责任，是指当事人任何一方不履行合同义务或者履行合同义务不符合约定而应当承担的法律责任。违约行为的表现形式包括不履行和不适当履行。

不履行是指当事人不能履行或者拒绝履行合同义务。不能履行合同的当事人一般也应承担违约责任。不适当履行则包括不履行以外的其他所有违约情况。当事人一方不履行合同义务，或履行合同义务不符合约定的，应当承担继续履行、采取补救措施或者赔偿损失等违约责任。

1. 预期违约制度

预期违约是指合同依法成立后，在约定的履行期限届满前，合同一方当事人向对方明确表示其将拒绝履行合同的主要义务或以自己的行为表明不履行主要义务的情形。

预期违约是一种预见性的，有可能对对方当事人造成重大损失的潜在威胁。如果预期违约行为得不到及时矫正、补救与制约，持续到履行期届满之时便成为实际违约。

预期违约制度的设置，主要是适应经济生活千变万化的需要。有些合同在履行中出现变故，履行起来十分困难，趁早通知对方，既有利于对方尽快采取补救措施，防范损失的进一步扩大，也有利于自己尽早摆脱履行的困境。因而，预期违约是均衡双方利益基础上的一种极为有益的制度设计。

2. 违约责任的分类

建筑装饰工程合同违约责任可以从承担责任的性质和约定违约责任两个角度进行分类，具体见表5-8。

表 5-8　违约责任的分类

序号	分类方式	类别	内　容
1	按承担责任性分类	违约责任	违约责任是指由合同当事人自己的过错造成合同不能履行或者不能完全履行，使对方的权利受到侵犯而应当承受的经济责任
		个人责任	个人责任是指个人由于失职、渎职或者其他违法行为造成合同不能履行或不能完全履行，并且造成重大事故或严重损失，依照法律应承担的经济责任、行政责任或刑事责任
2	按约定违约责任角度分类	法定违约责任	法定违约责任是指当事人根据法律规定的具体数目或百分比所承担的违约责任
		约定违约责任	约定违约责任是指在现行法律中没有具体规定违约责任的情况下，合同当事人双方根据有关法律的基本原则和实际情况，共同确定的合同违约责任。当事人在约定违约责任时，应遵循合法和公平的原则
		法律和合同共同确定的违约责任	法律和合同共同确定的违约责任，是指现行法律对违约责任只规定了一个浮动幅度(具体数目或百分比)，然后由当事人双方在法定浮动幅度之内，具体确定一个数目或百分比

3. 承担违约责任的条件

当事人承担违约责任的条件，是指当事人承担违约责任应当具备的要件。建筑装饰工程合同当事人承担违约责任的条件采用严格责任原则，只要当事人有违约行为，即当事人不履行或者履行合同不符合约定的条件，就应该承担违约责任。具体来讲，建筑装饰工程合同当事人的行为符合下列条件时，应承担法律责任：

(1)违反合同要有违约事实。当事人不履行或不完全履行合同约定义务的行为一出现，即形成违约事实，无论造成损失与否，均应承担违约责任。

(2)违反合同的行为人有过错。所谓过错，包括故意和过失，是指行为人决定实施其行为时的心理状态。

(3)违反合同的行为与违约事实之间有因果关系。

当事人一方不履行非金钱债务或者履行非金钱债务不符合约定的，对方可以要求履行，但有下列情形之一的除外：

(1)法律上或事实上不能履行。

(2)债务的标的不适用于强制履行或者履行费用过高。

(3)债权人在合理期限内未要求履行。

4. 承担违约责任的方式

建筑装饰工程合同当事人承担违约责任的方式有以下几种：

(1)继续履行。继续履行是指合同当事人一方在不履行合同时，另一方有权要求法院强制违约方按合同规定的标的履行义务，并不得以支付违约金或赔偿金的方式代替履行。

合同的继续履行是实际履行原则的体现，可以实现双方当事人订立合同价要达到的实际目的。

合同继续履行有以下限制：

①法律上或者事实上不能履行。如合同标的物成为国家禁止或限制物，标的物丧失、毁坏、转卖他人等情形下，使继续履行成为不必要或不可能。

②债务的标的不适用于强制履行或者履行费用过高。

③债权人在合理期限内未要求履行的，债务人可以免除继续履行的责任。

(2)采取补救措施。所谓的补救措施主要是指《民法通则》和《合同法》中所确定的，在当事人违反合同的事实发生后，为防止损失发生或者扩大，而由违反合同一方依照法律规定或者约定采取的修理、更换、重新制作、退货、减少价格或者报酬等措施，以给权利人弥补或者挽回损失的责任形式。

补救措施应是继续履行合同、质量救济、赔偿损失等之外的法定救济措施，是建筑装饰工程施工单位承担违约责任的常用方法。

(3)支付违约金。违约金是指当事人因过错违约不履行或不完全履行经济合同后，按照当事人约定或法律规定应付给对方当事人的一定数额的货币。

违约金是预先规定的，即基于法律规定或双方约定而产生，无论违约当事人一方的违约行为是否已给对方当事人造成损失，只要存在违约事实且无法定或约定免责事由，就应按合同约定或法律规定向对方支付违约金。

违约金兼具补偿性和惩罚性。当事人约定的违约金应当在法律、法规允许的幅度、范围内；如果法律、法规未对违约金幅度作限定，约定违约金的数额一般以不超过合同未履行部分的价款总额为限。

(4)支付赔偿金。赔偿金是指在合同当事人不履行合同或履行合同中不符合约定，给对方当事人造成损失时，依照约定或法律规定应当承担责任的，向对方支付一定数量的货币。

赔偿金应在明确责任后 10 天内偿付，否则按逾期付款处理。所谓明确责任，在实践中有两种情况：一是由双方自行协商明确各自的责任；二是由合同仲裁机关或人民法院明确责任。日期的计算，前者以双方达到协议之日起计算；后者以调解书送达之日起或裁决书、审判书生效之日起计算。

(5)定金罚则。定金是合同当事人一方为担保合同债权的实现而向另一方支付的金钱。定金具有以下特征：

①定金本质上是一种担保形式，其目的是担保对方债权的实现。

②定金是在合同履行前由一方支付给另一方的金钱。

③定金的成立不仅须有双方当事人的合意，而且应有定金的现实交付，具有实践性。定金的有效以主合同的有效成立为前提，主合同无效时，定金合同也无效。

定金作为合同成立的证明和履行的保证，在合同履行后，应将定金收回或者抵作价款。给付定金的一方不履行约定债务的，无权要求返还定金；收受定金的一方不履行约定债务的，应当双倍返还定金。

当事人既约定违约金，又约定定金的，一方违约时，对方可以选择适用违约金或定金条款。但是，这两种违约责任不能合并使用。

(二)合同争议处理

合同争议也称合同纠纷，是指合同当事人之间对合同履行状况和合同违约责任承担等问题所产生的争议。

1. 合同争议产生的原因

合同有效成立后，合同当事人就必须全面履行合同中约定的各项义务。但是，在合同履行过程中，常常因这样或那样的原因导致合同当事人之间产生纠纷。建筑装饰工程合同争议产生的原因有以下几个方面：

(1)合同形式选择不当。当事人订立合同有书面形式、口头形式和其他形式。

①书面合同具有安全、有凭有据、举证方便、不易发生纠纷等优点；但也具有形式复杂、便捷性差、缔约成本高等缺点。

②口头合同具有简便、迅速、易行和缔约成本低等优点；但也具有口说无凭、不易分清合同责任、举证困难、容易产生纠纷等缺点。

鉴于不同合同形式的优缺点，当事人在订立合同时，应根据合同标的的性质和特点，合同的权利义务内容，合同交易目的、性质和特点等选择适当的合同形式，有效地避免合同纠纷的发生。

(2)合同主体的缔约资格不符合规定。当事人订立合同必须具备基本主体资格，即合同当事人应是自然人、法人或者其他组织，应当具有相应的民事权利能力和民事行为能力。

另外，建筑装饰工程合同当事人还必须按照其拥有的注册资本、专业技术人员、技术装备和建筑装饰工程经营业绩等条件，将其划分为不同的资质等级，经资质审查合格，取得相应等级的资质后，方可在其取得的相应资质等级许可的范围内从事建筑活动，订立有关建筑装饰工程合同。

建筑装饰工程合同当事人超越资质等级或无资质等级承包工程，造成建筑装饰工程合同主体缔约资格不符合法律法规的规定，会致使合同无效、被撤销、被变更，并在相关合同问题的处理、合同无效或者被撤销后的法律后果责任的承担方面产生严重的合同纠纷。

(3)合同条款不全，约定不明确。由于合同当事人缺乏合同意识和不善于运用法律手段保护自身利益，在合同谈判及签订时，造成合同条款不全；或者合同条款比较齐全，但其内容约定得过于原则化，不具体、不明确，使当事人无法有效履行合同而产生纠纷。

(4)缺乏违约责任的具体规定。违约责任条款是合同的重要条款，是每一个合同都应当具备的条款。当事人订立合同时，应详细、全面地针对合同交易过程中各种可能的违约情形，具体、明确地约定违约责任，一旦在合同履行过程中发生违约，即可按合同约定的内容进行处理。

(5)草率签订。合同一经签订，便在当事人之间产生权利义务关系，只要这种关系满足法律的要求，即成为当事人之间的法律关系。当事人在合同中的权利将受到法律保护，义务将受到法律约束。但是，在合同实践中，一些合同当事人由于法制观念淡薄、法律知识欠缺、合同法律意识不强等原因，对合同法律关系缺乏足够的、明确的认识，签订合同不认真，履行合同不严肃，导致合同纠纷不断发生。

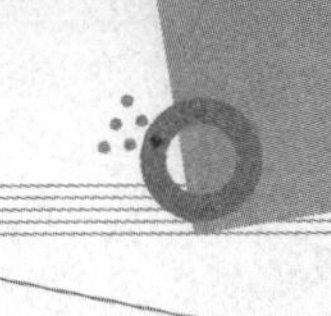

2. 合同争议的和解

建筑装饰工程合同争议的和解是解决合同争议的有效方式。

和解是指合同当事人之间发生纠纷后，在没有第三方介入的情况下，合同当事人双方在自愿、互谅的基础上，就已经发生的纠纷进行商谈并达成协议，自行解决纠纷的一种方式。

(1)和解的优点。

①简便易行。和解不需要第三方介入，只要合同双方当事人进行协商，协商方式、地点和时间可由双方当事人自行决定。

②有利于加强合同当事人双方的协作。合同双方当事人在自愿协商过程中会增强对对方的理解，有利于巩固双方之间的协作关系。

③有利于合同的顺利履行。合同争议的和解是在双方当事人自愿协商的基础上形成的，双方一般都能自觉遵守并执行，有利于合同的顺利履行。

(2)和解的缺点。和解协议缺乏受法律约束的强制履行效力，如果在双方达成和解协议之后，一方反悔，拒绝履行应尽的义务，和解协议就会成为一纸空文。而且在合同实践中，当导致合同纠纷的争议标的金额巨大或者纠纷双方分歧严重时，要通过协商达成和解协议是比较困难的。因此，和解方式有其自身的局限性。

3. 合同争议的调解

调解是指合同当事人于纠纷发生后，在第三者的主持下，根据事实、法律和合同，经过第三者的说服与劝解，使发生纠纷的合同当事人双方互谅、互让，自愿达成协议，从而公平、合理地解决纠纷的一种方式。一般来说，调解包括法院调解、仲裁机构调解、专门机构调解、其他民间组织调解或者个人调解及联合调解。

(1)法院调解。法院调解又称司法调解，是指在通过民事诉讼程序解决合同纠纷的过程中，由受理合同纠纷案件的法院主持进行的调解。

(2)仲裁机构调解。仲裁机构调解是指发生纠纷的合同当事人双方将纠纷事项提交仲裁机构后，由仲裁机构依法进行的调解。

(3)专门机构调解。专门机构调解是指发生纠纷的合同当事人双方将纠纷提交专门调解机构，由该机构主持进行的调解。我国的专门调解机构是中国国际贸易促进委员会北京调解中心及设立在各省、市分会中的涉外经济争议调解机构。

(4)其他民间组织调节或个人调解。除法院、仲裁机构或者专门调解机构外，其他任何组织或者个人都可以对合同纠纷进行调解。其特点是调解主持人不是负有专门调解职责的人，而是基于发生纠纷的合同当事人双方的信赖临时选任的能够主持公道的人。只要双方认可，其他民间组织调解或者个人调解也不失为解决合同纠纷的一种有效方法。

(5)联合调解。联合调解是指涉外合同纠纷发生后，当事人双方分别向所属国的仲裁机构申请调解，由双方所属国受理该项纠纷的仲裁机构分别派出数量相等的人员组成“联合调解委员会”，由该委员会调解该项纠纷。实践证明，联合调解是解决国际经济、贸易合同纠纷的有效方式。

4. 合同争议的仲裁

仲裁又称公断，是指发生纠纷的合同当事人双方根据合同中约定的仲裁条款或者纠纷发生后由其达成的书面仲裁协议，将合同纠纷提交给仲裁机构，并由仲裁机构按照仲裁法律规范的规定居中裁决，从而解决合同纠纷的法律制度。

(1)仲裁原则。合同争议采用仲裁处理方式应遵循下列原则：

①自愿原则。解决合同争议是否选择仲裁方式以及选择仲裁机构本身并无强制力。当事人采用仲裁方式解决纠纷，应当贯彻双方自愿原则，达成仲裁协议。如有一方不同意进行仲裁的，仲裁机构即无权受理合同纠纷。

②公平合理原则。仲裁员应依法公平合理地进行裁决。

③仲裁依法独立进行原则。仲裁机构是独立的组织，相互间无隶属关系。仲裁依法独立进行，不受行政机关、社会团体和个人的干涉。

④一裁终局原则。裁决作出后，当事人就同一纠纷再申请仲裁或者向人民法院起诉的，仲裁委员会或者人民法院不予受理。

仲裁委员会是我国的仲裁机构，可以在直辖市和省、自治区人民政府所在地设立，也可以根据需要在其他设区的市设立，不按行政区划层层设立。仲裁委员会由主任1人、副主任2～4人和委员7～11人组成。仲裁委员会应当从品格正直的人员中聘任仲裁员。

仲裁委员会有自己的名称、住所和章程，有必要的财产，有该委员会的组成人员，有聘任的仲裁员。

(2)仲裁协议。仲裁协议是指发生纠纷的双方当事人达成的自愿将纠纷提交仲裁机构解决的书面协议。其是发生纠纷的当事人双方就其纠纷提交仲裁及仲裁机构受理纠纷的依据，也是强制执行仲裁裁决的前提条件。对于仲裁协议的内容，目前并没有统一规定，《中华人民共和国仲裁法》(以下简称《仲裁法》)规定，仲裁协议必须具备以下内容：

①请求仲裁的意思表示。

②仲裁事项。

③选定的仲裁委员会。

(3)仲裁程序。

第一步，仲裁申请当事人申请仲裁，应当向仲裁委员会递交仲裁协议或合同副本、仲裁申请书及副本。仲裁申请书应依据规范裁明有关事项。

建筑装饰工程合同当事人双方在请求仲裁机构对其合同纠纷进行仲裁时，应具备以下条件。

①有仲裁协议。即合同当事人双方在发生纠纷的合同中订有仲裁条款，或者事后达成了愿意将纠纷提交仲裁的书面仲裁协议。

②有具体的仲裁请求和事实、理由。

③属于仲裁委员会的受理范围。

第二步，仲裁受理。仲裁委员会收到当事人的仲裁申请书后，首先要进行审查，经审查认为符合受理条件的，应当在收到仲裁申请书之日起五日内受理，并书面通知当事人。

经审查认为不符合受理条件的，也应当在收到仲裁申请书之日起五日内书面通知当事人不予受理，并说明理由。

第三步，开庭和裁定。仲裁应当开庭进行。当事人协议不开庭的，仲裁庭可以根据仲裁申请书、答辩书以及其他材料作出裁决，仲裁不公开进行。当事人协议公开的，可以公开进行，但涉及国家秘密的除外。申请人经书面通知，无正当理由不到庭或者未经仲裁庭许可中途退庭的，可以视为撤回仲裁申请。被申请人经书面通知，无正当理由不到庭或者未经仲裁庭许可中途退庭的，可以缺席裁决。

裁决应当按照多数仲裁员的意见作出，少数仲裁员的不同意见可以记入笔录。仲裁庭不能形成多数意见时，裁决应当按照首席仲裁员的意见作出。仲裁的最终结果以仲裁决定书给出。

第四步，执行。仲裁委员会的裁决作出后，当事人应当履行。当一方当事人不履行仲裁裁决时，另一方当事人可以依照民事诉讼法的有关规定向人民法院申请执行，受申请人民法院应当执行。

被申请人提出证据证明仲裁裁决有下列情形之一的，经人民法院组成合议庭审查核实，裁定不予执行：

①没有仲裁协议的。

②裁决的事项不属于仲裁协议的范围或者仲裁委员会无权仲裁的。

③仲裁庭的组成或者仲裁的程序违反法定程序的。

④裁决所根据的证据是伪造的。

⑤对方当事人隐瞒了足以影响公正裁决的证据的。

⑥仲裁员在仲裁该案时有索贿受贿、徇私舞弊、枉法裁决行为的。

5. 合同争议的诉讼

诉讼，是指合同当事人依法请求人民法院行使审判权，审理双方之间发生的合同争议，作出有国家强制保证实现其合法权益，从而解决纠纷的审判活动。合同双方当事人如果未约定仲裁协议，则只能以诉讼作为解决争议的最终方式。根据我国现行法律规定，下列情形下当事人可以选择诉讼方式解决合同纠纷：

(1)合同纠纷的当事人不愿意和解或者调解的可以直接向人民法院起诉。

(2)经过和解或者调解未能解决合同纠纷的，合同纠纷当事人可以向人民法院起诉。

(3)当事人没有订立仲裁协议或者仲裁协议无效的，可以向人民法院起诉。

(4)仲裁裁决被人民法院依法裁定撤销或者不予执行的，当事人可以向人民法院起诉。

建筑装饰工程合同争议采用诉讼方式处理时，应按下列程序进行。

第一步，起诉。符合起诉条件的起诉人首先应向人民法院递交起诉状，并按被告法人数目呈交副本。起诉状上应加盖本单位公章。根据《中华人民共和国民事诉讼法》(以下简称《民事诉讼法》)规定，因为合同纠纷向人民法院起诉的，必须符合以下条件：

①原告是与本案有直接利害关系的企事业单位、机关、团体或个体工商户、农村承包经营户。

②有明确的被告、具体的诉讼请求和事实依据。

③属于人民法院管辖范围和受诉人民法院管辖。

第二步，受理。案件受理时，应在受案后 5 天内将起诉状副本发送被告。被告应在收到副本后 15 天内提出答辩状。被告不提出答辩状的，并不影响法院的审理。

第三步，诉讼保全。在诉讼过程中，人民法院对于可能因当事人一方的行为或者其他原因，使将来的判决难以执行或不能执行的案件，可以根据对方当事人的申请，或者依照职权作出诉讼保全的裁定。

第四步，调查研究，搜集证据。立案受理后，审理该案人员必须认真审阅诉讼材料，进行调查研究和收集证据。证据主要有书证、物证、视听资料、证人证言、当事人的陈述、鉴定结论、勘验笔录。

证据应当在法庭上出示，并由当事人互相质证。

第五步，调解与审判。法院审理经济案件时，首先依法进行调解。如达成协议，则法院制定有法定内容的调解书。调解未达到协议或调解书送达前一方反悔时，法院再进行审判。

在开庭审理前3天，法院应通知当事人和其他诉讼参与人，通过法庭上的调查和辩论，进一步审查证据、核对事实，以便根据事实与法律，作出公正合理的判决。

当事人不服地方人民法院第一审判决的，有权在判决书送达之日起15天内向上一级人民法院提起上诉。对第一审裁决不服的则应在10天内提起上诉。

第二审人民法院应当对上诉请求的有关事实和适用法律进行审查。经过审理，应根据不同情形，分别作出维持原判决、依法改判、发回原审人民法院重审的判决、裁定。

第二审判决是终审判决，当事人必须履行，否则法院将依法强制执行。

第六步，执行。对于人民法院已经发生法律效力的调解书、判决书、裁定书，当事人应自动执行。不自动执行的，对方当事人可向原审法院申请执行。法院有权采取措施强制执行。

案 例

2015年6月，某施工单位(下称承包人)承建某建设单位(下称发包人)酒店装修工程。

2015年9月，工程竣工。但未经竣工验收，酒店即于2015年10月中旬开张。2015年11月，双方签订补充协议，约定发包人提前使用工程，承包人不再承担任何责任，发包人应于2015年12月支付50万元工程款并对总造价委托审价。

2016年4月，承包人起诉发包人，要求按约定支付工程欠款和结算款。但发包人在法庭上辩称并反诉称：承包人施工工程存在质量问题，现场制作安装与设计图纸不符，并要求被告支付工程质量维修费及维修期间营业损失。

在诉讼过程中，酒店的平顶突然下塌，发包人自行委托修复，导致承包人施工工程量无法计算。因此，本案例的争议焦点是：未经签证增加工程量如何审价鉴定？工程质量问题是施工原因还是使用不当造成的？未经竣工验收的工程的质量责任应由谁承担？

分析：

(1)双方在施工过程中未就隐蔽工程验收、竣工验收等做好相关记录，现场制作安装与设计图纸也不符，但发包人未经验收就使用了工程，故可认为双方实际变更了工程内容，工程造价应当按照施工现场实际情况按实结算。

(2)根据最高人民法院关于《建设工程施工合同司法解释的理解与适用》第十三条规定，即发包人未经验收擅自使用工程，因无法证明承包人最初交给发包人的建筑产品的原状，应承担举证不能的法律后果如下：

①发包人难以以未予签证或现场发生变更为由拒付原工程实际发生的工程款；

②发包人难以向承包人主张质量缺陷免费保修的责任；

③发包人不能向承包人主张已使用部分工程质量缺陷责任，只能自行承担修复费用。

(3)法院判决，发包人支付工程款(包括发包人未确认的工程量)，同时判决承包人酌情承担12万元修复费和5万元营业损失。

第二节 建筑装饰工程施工承包合同的类型

一、按签约各方关系划分

建筑装饰工程承包合同按签约各方关系可划分为总包合同、分包合同。

(一)总包合同

总包合同是总包商与发包人签订的合同，也称主合同。承包的具体方式、工作内容和责任等由发包人与承包人在合同中约定。

总包合同的总包企业是具有雄厚资金和技术的企业，既要具有承担勘察设计任务的能力，又要具有承担施工任务的能力。

建筑装饰工程总承包主要有以下几种方式。

1. 设计采购施工总承包

建筑装饰工程设计采购施工总承包是指工程总承包企业按照合同约定，承担建筑装饰工程项目的设计、采购、施工、试运行服务等工作，并对承包工程的质量、安全、工期、造价全面负责。

2. 交钥匙总承包

建筑装饰工程交钥匙总承包是设计采购施工总承包业务和责任的延伸，最终是向发包人提交一个满足使用功能、具备使用条件的工程项目。交钥匙总承包有利于将包括勘察、设计、施工在内的各个主要环节系统安排，集成化管理，有利于提高工程质量，降低工程成本，保证工程进度。

3. 设计-施工总承包

设计-施工总承包是指工程总承包企业按照合同约定，承担工程项目设计和施工，并对承包工程的质量、安全、工期、造价全面负责。

(二)分包合同

分包商与总包商签订的合同称为分包合同。根据分包方式不同，分包合同可以分为专业分包合同和劳务分包合同。

专业分包是指施工总承包企业将其承包工程中的专业工程发包给专业承包企业完成的活动，如在土建工程中，总包商会将中央空调系统、动力系统、消防系统、电梯工程分包给专业的分包商，并与这些专业分包商订立专业工程分包合同。

劳务分包是指施工总承包企业或专业承包企业将其承包或者分包工程中的劳务作业发包给劳务作业分包企业完成的活动。

1. 分包合同文件的组成

(1)分包合同协议书。

(2)承包人发出的分包中标书。

(3)分包人的报价书。

(4)分包合同条件。

(5)标准规范、图纸、列有标价的工程量清单。

(6)报价单或施工图预算书。

2. 分包合同的履行

作为分包合同的当事人，总包单位与分包单位都应严格履行分包合同规定的义务。具体要求如下：

(1)工程分包不能解除承包人任何责任与义务，承包人应在分包现场派驻相应的监督管理人员，保证本合同的履行。履行分包合同时，承包人应就承包项目(其中包括分包项目)，向发包人负责，分包人就分包项目向承包人负责。分包人与发包人之间不存在直接的合同关系。

(2)分包人应按照分包合同的规定，实施和完成分包工程，修补其中的缺陷，提供所需的全部工程监督、劳务、材料、工程设备和其他物品，提供履约担保、进度计划，不得将分包工程进行转让或再分包。

(3)承包人应提供总包合同(工程量清单或费率所列承包人的价格细节除外)供分包人查阅。

(4)分包人应当遵守分包合同规定的承包人的工作时间和规定的分包人的设备材料进出场的管理制度。承包人应为分包人提供施工现场及其通道；分包人应允许承包人和监理工程师等在工作时间内合理进入分包工程的现场，并提供方便，做好协助工作。

(5)分包人延长竣工时间应具备的条件有：承包人根据总包合同延长总包合同竣工时间；承包人指示延长；承包人违约。分包人必须在延长开始 14 天内将延长情况通知承包人，同时提交一份证明或报告，否则分包人无权获得延期。

(6)分包人仅从承包人处接受指示，并执行其指示。如果上述指示从总包合同来分析是监理工程师失误所致，则分包人有权要求承包人补偿由此导致的费用。

(7)分包人应根据下列指示变更、增补或删减分包工程：监理工程师根据总包合同作出的指示，再由承包人作为指示通知分包人；承包人的指示。

(8)分包工程价款由承包人与分包人结算。发包人未经承包人同意，不得以任何名义向分包单位支付各种工程款项。

(9)由于分包人的任何违约行为、安全事故或疏忽、过失导致工程损害或给发包人造成损失，承包人承担连带责任。

二、按合同标的性质划分

建筑装饰工程承包合同按合同标的性质划分，可分为勘察设计合同、施工合同、监理合同。

(一)勘察设计合同

建筑装饰工程勘察设计合同是建筑装饰工程勘察设计的发包方与勘察人、设计人为完成勘察设计任务，明确双方的权利与义务而签订的协议。勘察设计合同的作用主要有：第一，有利于保证建设工程勘察、设计任务按期、按质、按量顺利完成；第二，有利于委托与承包双方明确各自的权利与义务以及违约责任，一旦发生纠纷，责任明确，避免了许多不必要的争执；第三，促使双方当事人加强管理与经济核算，提高管理水平；第四，为监理工程师在项目设计阶段的工作提供了法律依据和监理内容。

1. 勘察设计合同主要条款

(1)工程名称、规模、地点。工程名称应当是建筑装饰工程的正式名称，而非该类工程的通用名称。规模包括栋数、面积(或占地面积)、层数等内容。

(2)委托方提供资料。委托方需提供的资料通常包括建设工程设计委托书和建设工程地质勘察委托书，经批准的设计任务书或可行性研究报告，选址报告以及原材料报告，有关能源方面的协议以及其他能满足初步勘察、设计要求的资料等。

(3)承包方勘察、设计的范围、进度、质量。

①承包方勘察的范围通常包括工程测量、工程地质、水文地质的勘察等。具体来说，其包括工程结构类型、总荷重、单位面积荷重、平面控制测量、地形测量、高程控制测量、摄影测量、线路测量和水文地质测量、水文地质参数计算、地球物理勘探、钻探及抽水试验、地下水资源评价及保护方案等。

②勘察的进度是指勘察任务总体完成的时间或分阶段任务完成的时间界限。

③勘察的质量是指合同要求的勘察方所提交的勘察成果的准确程度的高低，或者设计方设计的科学合理性。

(4)勘察设计费用拨付办法。勘察合同生效后，委托方应向承包方支付定金，定金金额为勘察费的30%(担保法规定不得超过20%)；勘察工作开始后，委托方应向承包方支付勘察费的30%；全部勘察工作结束后，承包方按合同规定向委托方提交勘察报告书和图纸，委托方收取资料后，在规定的期限内按实际勘察工作量付清勘察费。

设计合同生效后，委托方向承包方支付设计费的20%作为定金，设计合同履行后，定金抵作设计费。设计费其余部分的支付由双方共同商定。

对于勘察设计费用的支付方式，我国法律规定，合同用货币履行义务时，除法律或行政法规另有规定的外，必须用人民币计算和支付。除国家允许使用现金履行义务的外，必须通过银行转账或者票据结算。使用票据支付的，要遵守《中华人民共和国票据法》的规定。另外，合同中还须明确勘察设计费的支付期限。

(5)违约责任。

①委托方违约责任如下：

a. 委托方若不履行合同，无权请求退回定金。

b. 由于变更计划，提供的资料不准确，未按期提供勘察设计工作必需的资料或工作条件，因而造成勘察设计工作的返工、窝工、停工或修改设计时，委托方应对承包方实际消耗的工作量增付费用。因委托方责任造成重大返工或重作设计时，应另增加勘察设计费。

c. 勘察设计的成果按期、按质、按量交付后，委托方要按相关规定和合同的约定，按期、按量交付勘察设计费。委托方未按规定或约定的日期交付费用时，应偿付逾期违约金。

②承包方的违约责任如下：

a. 因勘察设计质量低劣引起返工，或未按期提交勘察设计文件，拖延工期造成损失的，由承包方继续完善勘察设计，并视造成的损失，浪费的大小，减收或免收勘察设计费。

b. 对于因勘察设计错误而造成工程重大质量事故的，承包方除免收受损失部分的勘察设计费外，还承担与直接损失部分勘察设计费相当的赔偿损失。

c. 如果承包方不履行合同，应双倍返还定金。

2. 勘察设计合同当事人权利和义务

一般来说，建设工程勘察设计合同双方当事人的权利、义务是相互对应的，即发包方的权利往往是承包方的义务，而承包方的权利又往往是发包方的义务。

建筑装饰工程勘察设计合同发包人的义务见表 5-9。

表 5-9　建筑装饰工程勘察设计合同发包人的义务

序号	合同当事人	主要义务
1	勘察合同发包人	(1)在勘察现场范围内，不属于委托勘察任务而又没有资料、图纸的地区(段)，发包人应负责查清楚地下埋藏物。 (2)若勘察现场需要看守，特别是在有毒、有害等危险现场作业时，发包人应派人负责安全保卫工作，按国家有关规定，对从事危险作业的现场人员进行医疗防护，并承担费用。 (3)工程勘察前，属于发包人负责提供的材料，应根据勘察人提出的工程用料计划，按时提供各种材料及其产品合格证明，并承担费用和运到现场，派人与勘察人员一起验收。 (4)勘察过程中的任何变更，经办理正式变更手续后，发包人应按实际发生的工作量交付勘察费。 (5)为勘察人的工作人员提供必要的生产、生活条件，并承担费用；如不能提供时，应一次性付给勘察人临时设施费。 (6)发包人若要求在合同规定时间内提前完工时，发包人应按每提前一天向勘察人支付加班费。 (7)发包人应保护勘察人的投标书、勘察方案、报告书、文件、资料图纸、数据、特殊工艺(方法)、专利技术和合理化建议。未经勘察人同意，发包人不得复制、泄露、擅自修改、传送或向第三人转让或用于本合同外的项目

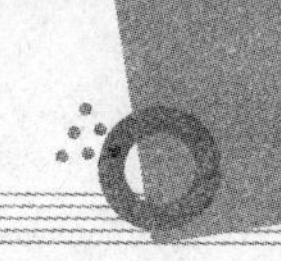

续表

序号	合同当事人	主 要 义 务
2	设计合同发包人	(1)发包方按合同规定的内容，在规定的时间内向承包方提交资料及文件，并对其完整性、正确性及时限负责。发包方提交上述资料及文件超过规定期限15天以内，承包方按本合同规定的交付设计文件时间顺延，规定期限超过15天时，承包方有权重新确定提交设计文件的时间。 (2)发包方变更委托设计项目、规模、条件或因提交的资料错误，或所提交资料作较大修改，以致造成承包方设计需要返工时，双方除需另行协商签订补充合同、重新明确有关条款外，发包方应按承包方所耗工作量向承包方支付返工费。 (3)在合同履行期间，发包方要求终止或解除合同，承包方未开始设计工作的，不退还发包方已付的定金；已开始设计工作的，发包方应根据承包方已进行的实际工作量，不足一半时按该阶段设计费的一半支付，超过一半时按该阶段设计费的全部支付。 (4)发包方应按合同规定的金额和时间向承包方支付设计费用，每逾期1天，应承担一定比例金额的逾期违约金。逾期超过30天以上时，承包方有权暂停履行下阶段工作，并书面通知发包方。发包方上级对设计文件不审批或合同项目停、缓建，发包方均应支付应付的设计费。 (5)由于设计人完成设计工作的主要地点不是施工现场，因此，发包人有义务为设计人在现场工作期间提供必要的工作、生活便利条件。发包人为设计人派驻现场的工作人员提供的便利条件可能涉及工作、生活、交通等方面，以及必要的劳动保护装备。 (6)设计的阶段成果完成后，应由发包人组织鉴定和验收，并负责向发包人的上级或有管理资质的设计审批部门完成报批手续。 (7)发包人应保护设计人的投标书、设计方案、文件、资料图纸、数据、计算软件和专利技术。未经设计人同意，发包人对设计人交付的设计资料及文件不得擅自修改、复制、向第三人转让或用于本合同外的项目。 (8)如果发包人从施工进度的需要或其他方面考虑，要求设计人比合同规定时间提前交付设计文件时，须征得设计人同意。设计的质量是工程发挥预期效益的基本保障，发包人不应严重背离合理设计规律，强迫设计人不合理地缩短设计周期。双方经过协商达成一致并签订提前交付设计文件的协议后，发包人应支付相应的赶工费

建筑装饰工程勘察设计合同承包人的义务见表5-10。

表5-10　建筑装饰工程勘察设计合同承包人的义务

序号	合同当事人	主 要 义 务
1	勘察人	(1)勘察人应按国家技术规范、标准、规程和发包人的任务委托书及技术要求进行工程勘察，按合同规定的时间提交质量合格的勘察成果资料，并对其负责。 (2)由于勘察人提供的勘察成果资料质量不合格，勘察人应负责无偿给予补充完善使其达到质量合格。若勘察人无力补充完善，需另委托其他单位时，勘察人应承担全部勘察费用。因勘察质量造成重大经济损失或工程事故时，勘察人除应负法律责任和免收直接受损失部分的勘察费外，并根据损失程度向发包人支付赔偿金。赔偿金为发包人、勘察人在合同内约定实际损失的某一百分比。 (3)在勘察过程中，根据工程的岩土工程条件(或工作现场地形地貌、地质和水文地质条件)及技术规范要求，向发包人提出增减工作量或修改勘察工作的意见，并办理正式变更手续
2	设计人	(1)保证设计质量。 (2)配合施工。 (3)保护发包人知识产权

3. 勘察设计合同订立程序

依法必须进行招标的建设工程勘察设计任务通过招标或设计方案的竞投确定勘察、设计单位后，应遵循工程项目建设程序，签订勘察设计合同。

签订勘察设计合同由建设单位、设计单位或有关单位提出委托，经双方协商同意，即可签订。

建筑装饰工程勘察设计合同的订立程序如下：

(1)确定合同标的。合同标的是合同的中心。确定合同标的实际上就是决定勘察设计分开发包还是合在一起发包。

(2)选定承包商。依法必须招标的项目，按招标投标程序优选出的中标人即为承包商。小型项目及可以不招标的项目由发包人直接选定承包商。但选定的过程为向几家潜在承包商询价、初商合同的过程，也即发包人提出勘察设计的内容、质量等要求并提交勘察设计所需资料，承包商据以报价、作出方案及进度安排的过程。

(3)商签勘察设计合同。如果是通过招标方式确定承包商的，由于合同的主要条件都在招标文件、投标文件中得到确认，进入签约阶段需要协商的内容就不是很多。而通过协商、直接委托的合同谈判，则要涉及几乎所有的合同条款，必须认真对待。

只有勘察、设计合同的当事人双方进行协商，就合同的各项条款取得一致意见，且双方法人或指定的代表在合同文本上签字，并加盖公章，合同才具有法律效力。

(二)施工合同

建筑装饰工程施工合同一经签订，即具有法律效力，是合同双方履行合同中的行为准则，双方都应以施工合同作为行为的依据。施工合同的作用主要体现在：第一，施工合同是进行监理的依据和推行监理制的需要；第二，施工合同有利于工程施工的管理；第三，施工合同有利于建筑装饰市场的培育和发展。

1. 施工合同内容

建筑装饰工程本身的施工性质，决定了施工合同必须有很多条款。建筑装饰工程施工合同主要应具备以下主要内容：

(1)工程名称、地点、范围、内容，工程价款及开工、竣工日期。

(2)双方的权利及义务，双方应承担的一般责任。

(3)施工组织设计的编制要求和工期调整的处置办法。

(4)工程质量要求、检验与验收方法。

(5)合同价款调整与支付方式。

(6)材料、设备的供应方式与质量标准。

(7)设计变更。

(8)竣工条件与结算方式。

(9)违约责任与处置办法。

(10)争议解决方式。

(11)安全生产防护措施。

关于索赔、专利技术使用、发现地下障碍和文物、工程分包、不可抗力、工程保险、工程停建或缓建、合同生效与终止等的规定也是施工合同的重要内容。

2. 施工合同签订程序

建筑装饰工程施工承包企业在签订施工合同工作中，主要工作程序如下。

第一步：市场调查，建立联系。

(1)施工企业对建筑市场进行调查研究。

(2)追踪获取拟建项目的情况和信息，以及业主情况。

(3)当对某项工程有承包意向时，可进一步详细调查，并与业主取得联系。

第二步：表明合作意愿，投标报价。

(1)接到招标单位邀请或公开招标通告后，企业领导作出投标决策。

(2)向招标单位提出投标申请书，表明投标意向。

(3)研究招标文件，着手具体投标报价工作。

第三步：协商谈判。

(1)接受中标通知书后，组成包括项目经理的谈判小组，依据招标文件和中标书草拟合同专用条款。

(2)与发包人就工程项目具体问题进行实质性谈判。

(3)通过协商，达成一致，确立双方具体权利与义务，形成合同条款。

(4)参照施工合同示范文本和发包人拟定的合同条件与发包人订立施工合同。

第四步：签署书面合同。

(1)施工合同应采用书面形式的合同文本。

(2)合同使用的文字要经双方确定，采用两种以上语言的合同文本，须注明各文本是否具有同等法律效力。

(3)合同内容要详尽具体，责任义务要明确，条款应严密完整，文字表达应准确规范。

(4)确认甲方，即业主或委托代理人的法人资格或代理权限。

(5)施工企业经理或委托代理人代表承包方与甲方共同签署施工合同。

第五步：签订与公证。

(1)合同签署后，必须在合同规定的时限内完成履约保函、预付款保函、有关保险等保证手续。

(2)送交工商行政管理部门对合同进行鉴证并缴纳印花税。

(3)送交公证处对合同进行公证。

(4)经过鉴证、公证，确认了合同真实性、可靠性、合法性后，合同发生法律效力，并受法律保护。

3. 施工合同的审查

合同双方当事人在合同签订前要进行合同审查。所谓合同审查，是指在合同签订以前，将合同文本“解剖”开来，检查合同结构和内容的完整性以及条款之间的一致性，分析评价每一合同条款执行的法律后果及其中的隐含风险，为合同的谈判和签订提供决策依据。

通过合同审查，可以发现合同中存在的内容含糊、概念不清之处或自己未能完全理解的条款，并加以仔细研究、认真分析，采取相应的措施，以减少合同中的风险，减少合同谈判和签订中的失误，有利于合同双方合作愉快，促进建筑装饰工程项目施工的顺利进行。

对于一些重大的建筑装饰工程项目或合同关系和内容很复杂的工程，合同审查的结果应经律师或合同法律专家核对评价，或在他们的直接指导下进行审查后，才能正式签订双方之间的施工合同。

(1)合同效力的审查。合同效力是指合同依法成立所具有的约束力。对建筑装饰工程施工合同效力的审查，基本上从合同主体、客体、内容三个方面进行。具体审查内容见表5-11。

表5-11　合同效力审查内容

序号	审查项目	内　容
1	签订合同双方是否有经营资格	建设工程施工合同的签订双方是否有专门从事建筑业务的资格，是合同有效、无效的重要条件之一。具体如下： (1)作为发包方的房地产开发公司应有相应的开发资格。 (2)作为承包方的勘察、设计、施工单位均应有其经营资格
2	签订工程施工合同的主体是否缺少相应资质	建设工程是百年大计的不动产产品，而不是一般的产品，因此，工程施工合同的主体除具备可以支配的财产、固定的经营场所和组织机构外，还必须具备与建设工程项目相适应的资质条件，而且也只能在资质证书核定的范围内承接相应的建设工程任务，不得擅自越级或超越规定的范围
3	所订立的合同是否违反法定程序	订立合同由要约与承诺两个阶段构成。在建设工程施工合同尤其是总承包合同和施工总承包合同的订立中，通常通过招标投标的程序，招标为要约邀请，投标为要约，中标通知书的发出意味着承诺。对通过这一程序缔结的合同，《中华人民共和国招标投标法》有着严格的规定。 首先，《中华人民共和国招标投标法》对必须进行招标投标的项目作了限定。其次，招标投标遵循公平、公正的原则，违反这一原则，会导致合同无效
4	所签订的合同是否违反关于分包和转包的规定	《中华人民共和国建筑法》允许建设工程总承包单位将承包工程中的部分工程发包给具有相应资质条件的分包单位，但是，除总承包合同中约定的分包外，其他分包必须经建设单位认可。属于施工总承包的，建筑工程主体结构的施工必须由总承包单位自行完成。也就是说，未经建设单位认可的分包和施工总承包单位将工程主体结构分包出去所订立的分包合同，都是无效的。另外，将建设工程分包给不具备相应资质条件的单位或分包后将工程再分包的，均是法律禁止的。 《中华人民共和国建筑法》及其他法律、法规对转包行为均作了严格禁止。转包有两种形式：一种是承包单位将其承包的全部建筑工程转包；另一种是承包单位将其承包的全部建筑工程肢解以后以分包的名义分别转包给他人
5	所订立的合同是否违反其他法律和行政法规	如合同内容违反法律和行政法规，也可能导致整个合同的无效或合同的部分无效。例如，发包方指定承包单位购入的用于工程的建筑材料、构配件，或者指定生产厂、供应商等，此类条款均为无效。合同中某一条款的无效，并不必然影响整个合同的有效性。 实践中，构成合同无效的情况众多，需要具有一定法律知识方能判别。因此，承发包双方应将合同审查落实到合同管理机构和专门人员，每一项目的合同文本均须经过经办人员、部门负责人、法律顾问、总经理几道审查，批注具体意见，必要时还应听取财务人员的意见，以期尽量完善合同，确保在谈判时己方利益能够得到最大保护

(2)合同内容的审查。合同条款的内容直接关系到合同双方的权利、义务，在建筑装饰工程施工合同签订之前，应当严格审查各项合同内容。其中应重点审查的内容见表5-12。

表5-12　合同内容的审查重点

序号	审查重点	内　容
1	确定合理的工期	工期过长，发包方则不利于及时收回投资；工期过短，承包方则不利于控制工程质量以及对施工过程中建筑半成品的养护。因此，对承包方而言，应当合理计算自己能否在发包方要求的工期内完成承包任务，否则应当按照合同约定承担逾期竣工的违约责任
2	明确双方代表的权限	在建设工程施工合同中，通常都明确甲方代表和乙方代表的姓名和职务，但对其作为代表的权限则往往规定不明。由于代表的行为代表了合同双方的行为，因此有必要对其权利范围以及权利限制作出约定
3	明确工程造价或工程造价的计算方法	工程造价条款是工程施工合同的必备和关键条款，但通常会发生约定不明的情况，往往为日后争议与纠纷的发生埋下隐患。而处理这类纠纷，法院或仲裁机构一般委托有权审价单位鉴定造价，势必使当事人陷入旷日持久的诉讼，更何况经审价得出的造价也因缺少可靠的计算依据而缺乏准确性，对维护当事人的合法权益极为不利
4	明确材料和设备的供应	由于材料、设备的采购和供应引发的纠纷非常多，故必须在合同中明确约定相关条款，包括发包方或承包方所供应或采购的材料、设备的名称、型号、规格、数量、单价、质量要求，运送到达工地的时间，验收标准，运输费用的承担，保管责任，违约责任等
5	明确工程竣工交付使用	应当明确约定工程竣工交付的标准。如发包方需要提前竣工，而承包方表示同意的，则应约定由发包方另行支付赶工费用或奖励。因为赶工意味着承包方将投入更多的人力、物力、财力，劳动强度增大，损耗也增加
6	明确违约责任	违约责任条款的订立目的是促使合同双方严格履行合同义务，防止违约行为的发生。发包方拖欠工程款、承包方不能保证施工质量或不按期竣工，均会给对方以及第三方带来不可估量的损失。审查违约责任条款时，应注意以下两点： (1)对违约责任的约定不应笼统化，而应区分不同情况作相应约定。有的合同不规定违约的具体情况，笼统地约定一笔违约金，没有与因违约造成的真正损失额挂钩，从而会导致违约金过高或过低的情形，是不妥当的。应当针对不同的情形作不同的约定，如质量不符合合同约定标准应当承担的责任、因工程返修造成工期延长的责任、逾期支付工程款所应承担的责任等。 (2)对双方的违约责任的约定是否全面。在建设工程施工合同中，双方的义务繁多，有的合同仅对主要的违约情况作了违约责任的约定，而忽视了违反其他非主要义务所应承担的违约责任。但实际上，违反非主要义务极可能影响到整个合同的履行

(三)监理合同

建筑装饰工程监理合同是指委托人与监理人就委托的工程项目管理内容签订的明确双方权利、义务的协议。

建筑装饰工程监理制是我国在建筑装饰市场经济条件下保证工程质量、规范市场主体行为、提高管理水平的一项重要措施。监理合同不仅明确了双方的责任和合同履行期间应遵守的各项约定，成为当事人的行为准则，而且可以作为保护任何一方合法权益的依据。

1. 监理合同的形式

为了明确监理合同当事人双方权利和义务的关系，应当以书面形式签订监理合同，而不能采用口头形式，建筑装饰工程经常采用的监理合同形式有以下几种：

(1)双方协商签订的合同。以法律和法规的要求为基础，双方根据委托监理工作的内容和特点，通过友好协商订立有关条款，达成一致后签字盖章生效。合同的格式和内容不受任何限制，双方就权利和义务所关注的问题以条款形式具体约定即可。

(2)信件式合同。由监理单位编制有关内容，由发包人签署批准意见，并留一份备案后退给监理单位执行。这种合同形式适用于监理任务较小或简单的小型工程。也可能是在正规合同的履行过程中，依据实际工作进展情况，监理单位认为需要增加某些监理工作任务时，以信件的形式请示发包人，经发包人批准后作为正规合同的补充合同文件。

(3)委托通知单。正规合同在履行过程中，发包人以通知单形式将监理单位在订立委托合同时建议增加而当时未接受的工作内容进一步委托给监理方。这种委托只是在原定工作范围之外增加少量工作任务，一般情况下，原订合同中的权利与义务不变。如果监理单位不表示异议，委托通知单就成为监理单位所接受的协议。

(4)标准化合同。为了使委托监理行为规范化，减少合同在履行过程中的争议或纠纷，政府部门或行业组织制定出标准化的合同示范文本，供委托监理时作为合同文件采用。标准化合同通用性强，采用规范的合同格式，条款内容覆盖面广，双方只要就达成一致的内容写入相应的具体条款中即可。标准合同由于对履行过程中所涉及的法律、技术、经济等各方面问题都作出了相应的规定，合理地分担双方当事人的风险，并约定了各种情况下的执行程序，不仅有利于双方在签约时讨论、交流和统一认识，而且有助于监理工作的规范化。

2. 监理合同订立程序

(1)签约双方应对对方的基本情况有所了解，包括资质等级、营业资格、财务状况、工作业绩、社会信誉等。

(2)监理人在获得委托人的招标文件或与委托人草签协议之后，应立即对工程所需费用进行预算，提出报价，同时，对招标文件中的合同文本进行分析、审查，为合同谈判和签约提供决策依据。

(3)无论以何种方式招标中标，委托人和监理人都要就监理合同的主要条款进行谈判。谈判内容要具体，责任要明确，要有准确的文字记载。作为委托人，切忌因为手中有工程的委托权，而不以平等的原则对待监理人。

(4)进行合同签订。经过谈判，双方就监理合同的各项条款达成一致，即可正式签订合同文件。

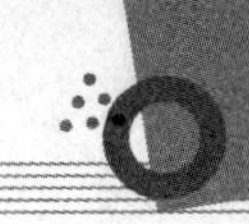

三、按计价方法划分

所谓的工程计价方法就是指采用何种方法来计算工程合同的价格。建筑装饰工程合同的计价方法可以按照总价计价、单价计价和成本加酬金计价，所以，按照承包工程计价方法，建筑装饰工程合同可以分为总价合同、单价合同和成本加酬金合同。

(一)总价合同

总价合同也称为约定总价合同或包干合同，一般要求投标人按照招标文件要求报一个总价，在所报总价下完成合同规定的全部项目。在总价合同中不考虑承包商对于所报的总价在各个分部分项工程上面的分配。建筑装饰工程总价合同通常包括固定总价合同和调价总价合同两种类型。

1. 固定总价合同

固定总价合同是指按商定的总价承包项目。其特点是明确承包内容。固定总价合同适用于规模小、技术不太复杂的项目。

固定总价合同对业主与承包商都是有利的。对业主来说，比较简便；对承包者来说，如果计价依据相当详细，能据此比较精确地估算造价，签订合同时考察得比较周全，不致有太大的风险。

2. 调价总价合同

调价总价合同包括两层含义：一是合同价是总价；二是总价是可以调整的，调整的条件需要合同双方当事人在工程承包合同中约定。例如，可以约定当工程材料的价格增加超过3%时，工程总价相应上调1%。这种合同由发包人承担通货膨胀的风险，承包人承担其他风险。一般工期较长的项目，采用调价总价合同。

调价总价合同中合同价款的调整因素主要包括下列情况：

(1)法律、行政法规和国家有关政策变化影响合同价款。

(2)工程造价管理部门公布的价格调整。

(3)一周内非承包人原因停水、停电、停气造成停工累计超过8小时。

(4)设计变更及发包方确定的工程量增减。

(5)双方约定的其他因素。

(二)单价合同

单价合同相对于总价合同，其特点是承包商需要就所报的工程价格进行分解，以表明每一分部分项工程的单价。单价合同中如果存在总价时，这个总价仅仅是一个近似的价格，最后真正的工程价格是以实际完成的工程量为依据的，而这个工程量一般是不可能完全与工程量清单中所给出的工程量相同的。建筑装饰工程单价合同通常包括估计工程量单价合同、纯单价合同、单价与包干混合式合同三种类型。

1. 估计工程量单价合同

发包人在准备估计工程量单价合同的招标文件时，委托咨询单位按分部分项工程列出工程量表并填入估算的工程量，承包人投标时在工程量表中填入各项的单价，根据承包人填入的各项单价计算出总价作为投标报价。但在每月结账时，以实际完成的工程量结算。在工程全部完成时，以竣工图最终结算工程的总价格。

估计工程量单价合同适用于图纸等技术资料比较完善的项目。

2. 纯单价合同

发包人准备招标文件时，只向投标人提供各分项工程内的工作项目一览表、工程范围及必要的说明，而不给出工程量。承包人只要给出表中各项目的单价即可，将来施工时按实际工程量计算。有时也可由发包人一方在招标文件中列出单价，而投标一方提出修改意见，双方磋商后确定最后的承包单价。

纯单价合同适用于施工图纸不完善的情况，因为此时还无法估计出相对准确的工程量。

3. 单价与包干混合式合同

单价与包干混合式合同中存在单价与包干两种计价方式。这里所说的包干是总价。总体上以单价合同为基础，以包干为辅。对其中某些不易计算工程量的分项工程采用包干办法，而能用某种单位计算工程量的，均要求报单价，按实际完成工程量及合同上的单价结账。

(三)成本加酬金合同

成本加酬金合同，指的是发包人向承包人支付实际工程成本中的直接费，按事先协议好的某一种方式支付管理费及利润的一种合同。

成本加酬金合同价格包括两部分：一是成本部分，由建设单位按照实际的支出向承包商拨付工程款；二是酬金部分，建设单位按照合同中约定的方式和数额支付给承包商。

成本加酬金合同适用于工程内容及其技术经济指标尚未完全确定而又急于施工的工程或施工风险很大的工程。

成本加酬金合同的缺点是发包人对工程造价不易控制，而承包人在施工中也不注意精打细算，因为按照一定比例提取管理费及利润，往往成本越高，管理费及利润越高。

第三节　建筑装饰工程施工承包合同的内容

一、建筑装饰工程施工承包合同的条款

确定建筑装饰工程承包合同主要条款时要格外认真，应当做到条款表述准确、逻辑严密。建筑装饰工程合同条款主要包括以下几项：

(1)合同双方当事人的姓名或单位名称、住所地、联系方式等。

(2)工程概况，包括工程名称、工程地点、工程范围等。

(3)承包方式。施工中常见的承包方式见表 5-13。

表 5-13　建筑装饰工程施工中常见的承包方式

序号	承包方式	内　容
1	总价包干	合同价款不因工程量的增减、设备和材料的浮动等原因而改变，对承包人来说，有可能获得较高利润，但也可能承担很高的风险

续表

序号	承包方式	内容
2	固定单价承包	合同的单价是不变的，工程竣工之后根据实际发生的工程量确定工程造价
3	成本加酬金承包	酬金的数额或比例是固定不变的，而成本则待工程竣工后才能确定

(4)合同工期，即开工至竣工所需的时间。

(5)双方的一般义务。

(6)材料、设备的供应方式与质量标准。

(7)工程款的拨付与结算。

(8)工程质量等级和验收标准。订立合同时，要严格按照有关工程质量的规定商定合同条款，法律没有规定的，当事人的约定要严密、详尽。

(9)安全生产与相关责任。

(10)违约责任与承担违约责任的方式。

(11)争议的解决方式。

(12)其他当事人认为应当约定的条款。

二、建筑装饰工程施工承包合同的主体

建筑装饰工程必须符合一定的质量、安全标准，能满足人们对装饰综合效果的要求。发包人、承包人是建筑装饰工程施工承包合同的当事人，必须具备一定的资格。

1. 发包人的主体资格

发包人有时也称发包单位、建设单位、业主或项目法人。发包人的主体资格也就是进行工程发包并签订建设工程合同的主体资格。发包人进行工程发包应当具备下列基本条件：

(1)应当具有相应的民事权利能力和民事行为能力。

(2)实行招标发包的，应当具有编制招标文件和组织评标的能力或者委托招标代理机构代理招标事宜。

(3)进行招标项目的相应资金或者资金来源已经落实。

2. 承包人的主体资格

建筑装饰工程合同的承包人可分为勘察人、设计人、施工人。对于建设工程承包人，我国实行严格的市场准入制度。作为建筑装饰合同的承包方必须具备相应的资质等级。

建筑装饰工程施工合同承包方应具备的资质等级及承包范围参照本书第一章“第三节 建筑装饰工程承包企业资质等级”的相关内容。

三、建筑装饰工程施工承包合同的内容

建筑装饰工程施工承包合同主要由《协议书》《通用条款》《专用条款》三部分组成。

1.《协议书》

《协议书》是施工合同的纲领性法律文件，内容有以下几个方面：

(1)工程概况。工程概况包括工程名称、工程地点、工程内容、工程立项批准文告、资金来源。

(2)工程承包范围。承包人承包的工程范围和内容。

(3)合同工期。合同工期包括开工日期、竣工日期。合同工期应填写总日历天数。

(4)质量标准。工程质量必须达到国家标准规定的合格标准，双方也可以约定达到国家标准规定的优良标准。

(5)合同价款。合同价款应填写双方确定的合同金额。

(6)组成合同的文件。合同文件应能相互解释，互为说明。除专用条款另有约定外，组成合同的文件及优先解释顺序如下：

①本合同协议书。

②中标通知书。

③投标书及其附件。

④本合同专用条款。

⑤本合同通用条款。

⑥标准、规范及有关技术文件。

⑦图纸。

⑧工程量清单。

⑨工程报价单或预算书。

(7)《协议书》中有关词语含义与合同第二部分《通用条款》中分别赋予它们的定义相同。

(8)承包人向发包人承诺按照合同约定进行施工、竣工，并在质量保修期内承担工程质量保修责任。

(9)发包人向承包人承诺按照合同约定的期限和方式支付合同价款及其他应当支付的款项。

(10)合同的生效。

2.《通用条款》

《通用条款》是指通用于一切建筑装饰工程，规范承、发包双方履行合同义务的标准化条款。其内容包括词语定义及合同文件，双方一般权利和义务，施工组织设计和工期，质量与检验，安全施工，合同价款与支付，材料设备供应，工程变更，竣工验收与结算，违约、索赔和争议，其他。

3.《专用条款》

《专用条款》是指反映具体招标工程具体特点和要求的合同条款，其解释优于《通用条款》。

四、签订建筑装饰工程施工合同的注意事项

(1)必须遵守现行法规。建筑装饰工程承包项目种类多、材料品种多、内容复杂、工期紧，签订合同时应严格遵守现行法规。

(2)必须确认合同的合法性与真实性。签订建筑装饰工程合同应确认装饰工程项目的合法性，了解该项目是否经有关招标投标管理部门批准；确认当事人的真实性，防止不具备法人资格、没有管理能力、没有施工能力(技术力量)的单位充当施工方；确认当事人是否具备装饰工程施工条件，现场水、电、道路、通信是否畅通等。

(3)明确合同依据的规范标准。建筑装饰工程合同必须按照国家颁发的有关定额、取费标准、工期定额、质量验收规范标准，并经双方当事人核定清楚后方可进行签订。

(4)合同条款必须具体确切。建筑装饰工程合同条款必须具体明确，以免事后发生争议。对于双方当事人暂时都不能明确的合同条款，可以采用灵活的处理方式，留待施工过程中确定。

第四节 《建筑装饰工程施工合同》范本

一、合同范本的概念

《建筑装饰工程施工合同》经济法律关系中必须包括主体、客体和内容三大因素。施工合同的主体即建设单位(发包人)和施工单位(承包人)，其中建设单位称为甲方，施工单位称为乙方。施工合同的客体即建筑装饰工程项目。施工合同的内容即施工合同的具体条款中规定的双方的权利和义务。

二、合同范本的制定及作用

1. 合同范本的制定

《建筑装饰工程施工合同(示范文本)》，是国家工商行政管理局提出，由国务院批准，根据全国推行建立经济合同示范文本制度的要求，结合建筑装饰工程特点制定的合同文本；是继原建设部、国家工商行政管理局联合制定颁发《建设工程施工合同(示范文本)》之后，又一部建筑工程范畴之内的合同文本。这套合同示范文本根据工程的需要，可分为“甲种本”和“乙种本”两种版本。制定这套示范文本主要遵循了以下原则：

(1)依法原则。《建筑装饰工程施工合同(示范文本)》各条款的制定依据我国现行的有关法律、法规，以及我国建设主管部门和相关部门发布的有关建设工程施工技术、经济等方面的规范、规程和相应的管理办法等，从而保证了《建筑装饰工程施工合同(示范文本)》的合法性。

(2)平等互利，协商一致原则。《建筑装饰工程施工合同(示范文本)》中的发包方和承包方作为合同主体具有平等的法律地位，平等享有经济权利和平等承担经济义务。《建筑装饰工程施工合同(示范文本)》示范文本中的条款有许多条款需要根据工程具体情况，经双方协调达成一致意见后，形成约定性文件。

(3)详细与简化相结合原则。《建筑装饰工程施工合同(示范文本)》为了便于合同的履行和分清双方的责任，对一些明确责任的程序做了比较详细的规定，而对于一些不宜在合同中规定的问题未做详细的约定。

(4)合同条款内容完备原则。《建筑装饰工程施工合同(示范文本)》考虑施工过程中必然发生和可能出现的情况，并制定出相应的原则和方法，力求使合同内容完备、详尽，责任明确，便于使用者依照合同示范文本签订内容完善、权利与义务清晰的合同。

2. 合同范本的作用

《建筑装饰工程施工合同(示范文本)》的作用主要体现在以下两个方面：

(1)有助于签订施工合同的当事人了解、掌握有关法律、法规的规定，使合同的签订规范化，避免当事人意思表示不真实、不确切，避免缺款少项，防止出现显失公平和违法的条款，能有效地规范合同当事人的行为。

(2)有助于合同管理机关加强监督管理，保护当事人的合法权益，保障国家和社会公共利益。

三、《建筑装饰工程施工合同》(甲种本)

1.《建筑装饰工程施工合同》(甲种本)概述

《建筑装饰工程施工合同》(甲种本)由合同条件和协议条款两部分组成。

合同条件是根据《中华人民共和国合同法》《中华人民共和国建筑法》《建设工程勘察设计管理条例》，对建筑装饰工程承包双方权利义务作出的约定，除双方协商同意对其中的某些条款作出修改、补充或取消外，都必须严格履行。合同条件包括词语含义及合同文件、双方一般责任、施工组织设计和工期、质量与检验、合同价款及支付方式、材料供应、设计变更、竣工与结算、争议违约和索赔、其他10个部分，这些内容是通用条款，基本适用于各类装饰工程合同。

协议条款是按合同条件的顺序拟定的，主要是为合同条件的修改、补充提供协议格式。

在协议条款中，发包方简称甲方，是具备法人资格的国家机关、事业单位、国有企业、集体企业、私营企业、经济联合体和社会团体，也可以是依法登记的个人合伙、个体工商户或个人。发包方单位的名称和个人的姓名，应准确地写在《协议条款》甲方位置内，不得简称。承包方简称乙方，是具备与工程相应的资质和法人资格的国有企业、集体企业或私营企业，承包方单位的名称应准确地写入《协议条款》乙方位置内，不得简称。

2.《建筑装饰工程施工合同》(甲种本)的内容

《建筑装饰工程施工合同》(甲种本)的内容如下。

第一部分　合同条件

一、词语含义及合同文件

第一条　词语含义。

在本合同中，下列词语除协议条款另有约定外，应具有本条所赋予的含义：

1. 合同：是指为实施工程，发包方和承包方之间达成的明确相互权利和义务关系的协议。包括合同条件、协议条款以及双方协商同意的合同有关的全部文件。

2. 协议条款：是指结合具体工程，除合同条件外，经发包方和承包方协商达成一致意见的条款。

3. 发包方(简称甲方)：协议条款约定的具有工程发包主体资格和支付工程价款能力的当事人。

甲方的具体身份、发包范围、权限、性质均需在协议条款内约定。

4. 承包方(简称乙方)：协议条款约定的具有工程承包主体资格并被甲方接受的当事人。

5. 甲方驻工地代表(简称甲方代表)：甲方在协议条款内指定的履行合同的负责人。

6. 乙方驻工地代表(简称乙方代表)：乙方在协议条款内指定的履行合同的负责人。

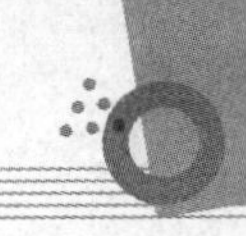

7. 社会监理：甲方委托具备法定资格的工程建设监理单位对工程进行的监理。

8. 总监理工程师：工程建设监理单位委派的监理总负责人。

9. 设计单位：甲方委托的具备与工程相应资质等级的设计单位。

本合同工程的装饰或二次及以上的装饰，甲方委托乙方部分或全部设计，且乙方具备相应设计资质，甲、乙双方另行签订设计合同。

10. 工程：是指为使建筑物、构筑物内、外空间达到一定的环境质量要求，使用装饰装修材料，对建筑物、构筑物外表和内部进行修饰处理的工程，包括对旧有建筑物及其设施表面的装饰处理。

11. 工程造价管理部门：各级住房城乡建设主管部门或其授权的建设工程造价管理部门。

12. 工程质量监督部门：各级住房城乡建设主管部门或其授权的建设工程质量监督机构。

13. 合同价款：甲、乙双方在协议条款内约定的、用以支付乙方按照合同要求完成全部工程内容的价款总额。招标工程的合同价款为中标价格。

14. 追加合同价款：在施工中发生的、经甲方确认后按计算合同价款的方法增加的合同价款。

15. 费用：甲方在合同价款之外需要直接支付的开支或乙方应承担的开支。

16. 工期：协议条款约定的、按总日历天数(包括一切法定节假日在内)计算的工期天数。

17. 开工日期：协议条款约定的绝对或相对的工程开工日期。

18. 竣工日期：协议条款约定的绝对或相对的工程竣工日期。

19. 图纸：由甲方提供或乙方提供甲方代表批准、乙方用以施工的所有图纸(包括配套说明和有关资料)。

20. 分段或分部工程：协议条款约定构成全部工程的任何分段或分部工程。

21. 施工场地：由甲方提供，并在协议条款内约定，供乙方施工、操作、运输、堆放材料的场地及乙方施工涉及的周围场地(包括一切通道)。

22. 施工设备和设施：按协议条款约定，由甲方提供给乙方施工和管理使用的设备或设施。

23. 工程量清单：发包方在招标文件中提供的、按法定的工程量计算方法(规则)计算的全部工程的分部分项工程量明细清单。

24. 书面形式：根据合同发生的手写、打印、复写、印刷的各种通知、证明、证书、签证、协议、备忘录、函件及经过确认的会议纪要、电报、电传等。

25. 不可抗力：指因战争、动乱、空中飞行物坠落或其他非甲乙双方责任造成的爆炸、火灾，以及协议条款约定的自然灾害等。

第二条　合同文件及解释顺序。

合同文件应能互相解释，互为说明。除合同另有约定外，其组成和解释顺序如下：

1. 协议条款。

2. 合同条款。

3. 洽商、变更等明确双方权利、义务的纪要、协议。

4. 建设工程施工合同。

5. 监理合同。

6. 招标发包工程的招标文件、投标书和中标通知书。

7. 工程量清单或确定工程造价的工程预算书和图纸。

8. 标准、规范和其他有关的技术经济资料、要求。

当合同文件出现含糊不清或不一致时，由双方协商解决，协商不成时，按协议条款第三十五条约定的办法解决。

第三条　合同文件使用的语言文字、标准和适用法律。

合同文件使用汉语或协议条款约定的少数民族语言书写、解释说明。施工中必须使用协议条款约定的国家标准、规范。没有国家标准、规范时，有行业标准、规范的，使用行业标准、规范；没有国家和行业标准、规范的，使用地方的标准、规范。甲方应按协议条款约定的时间向乙方提供一式两份约定的标准、规范。

国内没有相应标准、规范时，乙方应按协议条款约定的时间和要求提出施工工艺，经甲方代表和设计单位批准后执行。甲方要求使用国外标准、规范的，应负责提供中文译本。本条所发生购买、翻译和制定标准、规范的费用，均由甲方承担。

适用于合同文件的法律是国家的法律、法规(含地方法规)，以及协议条款约定的规章。

第四条　图纸。

甲方在开工日期7天之前按协议条款约定的日期和份数，向乙方提供完整的施工图纸。乙方需要超过协议条款双方约定的图纸份数，甲方应代为复制，复制费用由乙方承担。

使用国外或境外图纸，不能满足需要时，双方在协议条款内约定复制、重新绘制、翻译、购买标准图纸等的责任和费用承担。

二、双方一般责任

第五条　甲方代表。甲方代表按照以下要求，行使合同约定的权利，履行合同约定的义务：

1. 甲方代表可委派有关具体管理人员，行使自己部分权利和职责，并可在任何时候撤回这种委派。委派和撤回均应提前7天通知乙方。

2. 甲方代表的指令、通知由其本人签字后，以书面形式交给乙方代表，乙方代表在回执上签署姓名和收到时间后生效。确有必要时，甲方代表可以发出口头指令，并在48小时内给予书面确认，乙方对甲方代表的指令应予执行。甲方代表不能及时给予书面确认，乙方应于甲方代表发出口头指令后7天内提出书面确认要求，甲方代表在乙方提出确认要求24小时后不予签复，视为乙方要求已被确认。乙方认为甲方代表指令不合理，应在收到指令后24小时内提出书面申告，甲方代表在收到申告后24小时内作出修改指令或继续执行原指令的决定，并以书面形式通知乙方。紧急情况下，甲方代表要求乙方立即执行的指令或乙方虽有异议，但甲方代表决定仍继续执行的指令，乙方应予执行。因指令错误而发生的追加合同价款和对乙方造成的损失由甲方承担，延误工期相应顺延。

3. 甲方代表应按合同约定，及时向乙方提供所需指令、批准、图纸并履行其他约定的义务。否则乙方在约定时间后24小时内将具体要求、需要的理由和迟误的后果通知甲方代表，甲方代表收到通知后48小时内不予答复，应承担由此造成的追加合同价款，并赔偿乙方的有关损失，延误的工期相应顺延。

甲方代表易人，甲方应于易人前 7 天通知乙方，后任继续履行合同文件约定的前任的权利和义务。

第六条　委托监理。本工程甲方委托监理，应与监理单位签订监理合同。并在本合同协议条款内明确监理单位、总监理工程师及其应履行的职责。

本合同中总监理工程师和甲方代表的职责不能相互交叉。

非经甲方同意，总监理工程师及其代表无权解除本合同中乙方的任何义务。

在合同履行中，发生影响甲乙双方权利和义务的事件时，总监理工程师应作出公正的处理。

为保证施工正常进行，甲乙双方应尊重总监理工程师的决定。对总监理工程师的决定有异议时，按协议条款的约定处理。

总监理工程师易人，甲方接到监理单位通知后应同时通知乙方，后任继续履行赋予前任的权利和义务。

第七条　乙方驻工地代表。乙方任命驻工地负责人，按以下要求行使合同约定的权利，履行合同约定的义务：

1. 乙方的要求、请求和通知，以书面形式由乙方代表签字后送甲方代表，甲方代表在回执上签署姓名及收到时间后生效。

2. 乙方代表按甲方代表批准的施工组织设计(或施工方案)和依据合同发出的指令、要求组织施工。在情况紧急且无法与甲方代表联系的情况下，可采取保护人员生命和工程、财产安全的紧急措施，并在采取措施后 24 小时内向甲方代表送交报告。责任在甲方，由甲方承担由此发生的追加合同价款，相应顺延工期；责任在乙方，由乙方承担费用。

乙方代表易人，乙方应于易人前 7 天通知甲方，后任继续履行合同文件约定的前任的权利和义务。

第八条　甲方工作。甲方按协议条款约定的内容和时间，一次或分阶段完成以下工作：

1. 提供施工所需的场地，并清除施工场地内一切影响乙方施工的障碍；或承担乙方在不腾空的场地内施工采取的相应措施所发生的费用，一并计入合同价款内。

2. 向乙方提供施工所需水、电、热力、电信等管道线路，从施工场地外部接至协议条款约定的地点，并保证乙方施工期间的需要。

3. 负责本工程涉及的市政配套部门及当地各有关部门的联系和协调工作。

4. 协调施工场地内各交叉作业施工单位之间的关系，保证乙方按合同的约定顺利施工。

5. 办理施工所需的有关批件、证件和临时用地等的申请报批手续。

6. 组织有关单位进行图纸会审，向乙方进行设计交底。

7. 向乙方有偿提供协议条款约定的施工设备和设施。

甲方不按协议约定的内容和时间完成以上工作，造成工期延误，承担由此造成的追加合同价款，并赔偿乙方有关损失，工期相应顺延。

第九条　乙方工作。乙方按协议条款约定的时间和要求做好以下工作：

1. 在其设计资格证书允许的范围内，按协议条款的约定完成施工图设计或与工程配套的设计，经甲方代表批准后使用。

2. 向甲方代表提供年、季、月度工程进度计划及相应统计报表和工程事故报告。

3. 在腾空后单独由乙方施工的施工场地内，按工程和安全需要维修非夜间施工使用的照明、围栏，并提供看守和警卫。乙方未履行上述义务造成工程、财产和人身伤害，由乙方承担责任及所发生的费用。

在新建工程或不腾空的建筑物内施工时，上述设施和人员由建筑工程承包人或建筑物使用单位负责，乙方不承担任何责任和费用。

4. 遵守地方政府和有关部门对施工场地交通和施工噪声等管理规定，经甲方代表同意，需办理有关手续的，由甲方承担由此发生的费用。因乙方责任的罚款除外。

5. 遵守政府和有关部门对施工现场的一切规定和要求，承担因自身原因违反有关规定造成的损失和罚款。

6. 按协议条款的约定保护好建筑物结构和相应管线、设备。

7. 已竣工工程未交付甲方验收之前，负责成品保护，保护期间发生损坏，乙方自费予以修复。第三方原因造成损坏，通过甲方协调，由责任方负责修复；或乙方修复，由甲方承担追加合同价款。要求乙方采取特殊措施保护的分段或分部工程，其费用由甲方承担，并在协议条款内约定。甲方在竣工验收前使用，发生损坏的修理费用，由甲方承担。由于乙方不履行上述义务，造成工期延误和经济损失，责任由乙方承担。

三、施工组织设计和工期

第十条　施工组织设计及进度计划。乙方应在协议条款约定的日期，将施工组织设计(或施工方案)和进度计划提交甲方代表。甲方代表应按协议条款约定的时间予以批准或提出修改意见，逾期不批复，可视为该施工组织设计(或施工方案)和进度计划已经批准，乙方必须按批准的进度计划组织施工，接受甲方代表对进度的检查、监督。工程实际进展与进度计划不符时，乙方应按甲方代表的要求提出措施，甲方代表批准后执行。

第十一条　延期开工。乙方按协议条款约定的开工日期开始施工。乙方不能按时开工，应在协议条款约定的开工日期7天前，向甲方代表提出延期开工的理由和要求。甲方代表在7天内答复乙方，甲方代表7天内不予答复，视为已同意乙方要求，工期相应顺延。甲方代表不同意延期要求或乙方在规定时间内提出延期开工要求，竣工工期不予顺延。

甲方征得乙方同意并以书面形式通知乙方后，可要求推迟开工日期，承担乙方因此造成的追加合同价款，相应顺延工期。

第十二条　暂停施工。甲方代表在确有必要时，可要求乙方暂停施工，并在提出复工要求，甲方代表应在48小时内提出处理意见。乙方应按甲方要求停止施工，并妥善保护已完工工程。乙方实施甲方代表处理意见后，可提出复工要求，甲方代表应在48小时内给予答复。甲方代表未能在规定时间内提出处理意见，或收到乙方复工要求后48小时内未予答复，乙方可自行复工。停工责任在甲方，由甲方承担追加合同价款，相应顺延工期；停工责任在乙方，由乙方承担发生的费用。因甲方代表不及时作出答复，施工无法进行，乙方可认为甲方已部分或全部取消合同，由甲方承担违约责任。

第十三条　工期延误。由于以下原因造成工期延误，经甲方代表确认，工期相应顺延。

1. 甲方不能按协议条款的约定提供开工条件。

2. 工程量变化和设计变更。

3. 一周内，非乙方原因停水、停电、停气造成停工累计超过8小时。

4. 工程款未按时支付。

5. 不可抗力。

6. 其他非乙方原因的停工。

乙方在以上情况发生后7天内，就延误的内容和因此发生的追加合同价款向甲方代表提出报告，甲方代表在收到报告后7天内予以确认、答复，逾期不予答复，乙方可视为延期及要求已被确认。

非上述原因，工程不能按合同工期竣工，乙方按协议条款约定承担违约责任。

第十四条　工期提前。施工中如需提前竣工，双方协商一致后应签订提前竣工协议。乙方按协议修订进度计划，报甲方批准。甲方应7天内给予批准，并为赶工提供方便条件。提前竣工协议包括以下主要内容：

1. 提前的时间。
2. 乙方采取的赶工措施。
3. 甲方为赶工提供的条件。
4. 赶工措施的追加合同价款和承担。
5. 提前竣工受益(如果有)的分享。

四、质量与检验

第十五条　工程样板。按照协议条款规定，乙方制作的样板间，经甲方代表检验合格后，由甲乙双方封存。样板间作为甲方竣工验收的实物标准。制作样板间的全部费用，由甲方承担。

第十六条　检查和返工。乙方应认真按照标准、规范、设计和样板间标准的要求以及甲方代表依据合同发出的指令施工，随时接受甲方代表及其委派人员检查、检验，为检查、检验提供便利条件，并按甲方代表及其委派人员的要求返工、修改，承担因自身原因导致返工、修改的费用。因甲方不正确纠正或其他原因引起的追加合同价款，由甲方承担。

以上检查、检验合格后，又发现由乙方原因引起的质量问题，仍由乙方承担责任和发生的费用，赔偿甲方的有关损失，工期相应顺延。

检查、检验合格后再进行检查、检验应不影响施工的正常进行，如影响施工的正常运行，检查、检验不合格，影响施工的费用由乙方承担。除此之外，影响正常施工的追加合同价款由甲方承担，相应顺延工期。

第十七条　工程质量等级。工程质量应达到国家或专业的质量检验评定标准的合格条件。甲方要求部分或全部工程质量达到优良标准，应支付由此增加的追加合同价款，对工期有影响的应给予相应的顺延。

达不到约定条件的部分，甲方代表一经发现，可要求乙方返工，乙方应按甲方代表要求返工，直到符合约定条件。因乙方原因达不到约定条件，由乙方承担返工费用，工期不予顺延。返工后仍不能达到约定条件，乙方承担违约责任。因甲方原因达不到约定条件，由甲方承担返工的追加合同价款，工期相应顺延。

双方对工程质量有争议，请协议条款约定的质量监督部门调解，调解费用及因此造成的损失，由责任一方承担。

第十八条　隐蔽工程和中间验收。工程具备隐蔽条件或达到协议条款约定的中间验收部位，乙方自检合格后，在隐蔽和中间验收48小时前通知甲方代表参加。通知包括乙方自检记录、隐蔽和中间验收的内容、验收时间和地点。乙方准备验收记录。验收合格，甲方代表在验收记录在签字后，方可进行隐蔽和继续施工。验收不合格，乙方在限定时间内修改后重新验收。工程符合规范要求，验收24小时后，甲方代表不在验收记录签字，可视为甲方代表已经批准，乙方可进行隐蔽或继续施工。

甲方代表不能按时参加验收，须在开始验收24小时之前向乙方提出延期要求，延期不能超过两天，甲方代表未能按以上时间提出延期要求、不参加验收，乙方可自行组织验收，甲方应承认验收记录。

第十九条　重新检验。无论甲方代表是否参加验收，当其提出对已经验收的隐蔽工程重新检验的要求时，乙方应按要求进行剥露，并在检验后重新隐蔽或修复后隐蔽。检验合格，甲方承担由此发生的追加合同价款，赔偿乙方损失并相应顺延工期。检验不合格，乙方承担发生的费用，工期也予顺延。

五、合同价款及支付方式

第二十条　合同价款与调整。合同价款及支付方式在协议条款内约定后，任何一方不得擅自改变。发生下列情况之一的可作调整：

1. 甲方代表确认的工程量增减。

2. 甲方代表确认的设计变更或工程洽商。

3. 工程造价管理部门公布的价格调整。

4. 一周内，非乙方原因造成停水、停电、停气累计超过8小时。

5. 协议条款约定的其他增减或调整。

双方在协议条款内约定调整合同价款的方法及范围。乙方在需要调整合同价款时，在协议条款约定的天数内，将调整的原因、金额以书面形式通知甲方代表，甲方代表批准后通知经办银行和乙方。甲方代表收到乙方通知后7天内不作答复，视为已经批准。

对固定价格合同，双方应在条款内约定甲方给予乙方的风险金额或按合同价款一定比例约定风险系数，同时双方约定乙方在固定价格内承担的风险范围。

第二十一条　工程款预付。甲方按协议条款约定的时间和数额，向乙方预付工程款，开工后按协议条款约定的时间和比例逐次扣回。甲方不按协议条款约定预付工程款，乙方在约定预付时间7天后向甲方发出要求预付工程款的通知，甲方在收到通知后仍不能按要求预付工程款，乙方可在发出通知7天后停止施工，甲方从应付之日起向乙方支付应付款的利息并承担违约责任。

第二十二条　工程量的核实确认。乙方按协议条款约定的时间，向甲方代表提交已完工程量的报告。甲方代表接到报告后7天内按设计图纸核实已完工程数量(以下简称计量)，并提前24小时通知乙方。乙方为计量提供便利条件并派人参加。

乙方无正当理由不参加计量，甲方代表自行进行，计量结果视为有效，作为工程价款支付的依据。甲方代表收到报告后7天内未进行计量，从第8天起，乙方报告中开列的工程量视为已被确认，作为工程款支付的依据。甲方代表不按约定时间通知乙方，使乙方不能参加计量，计量结果无效。

甲方代表对乙方超出设计图纸要求增加的工程量和自身原因造成的返工的工程量，不予计量。

第二十三条　工程款支付。甲方按协议条款约定的时间和方式，根据甲方代表确认的工程量，以构成合同价款相应项目的单价和取费标准计算出工程价款，经甲方代表签字后支付。甲方在计量结果签字后超过7天不予支付，乙方可向甲方发出要求付款通知，甲方在收到乙方通知后仍不能按要求支付，乙方可在发出通知7天后停止施工，甲方承担违约责任。

经乙方同意并签订协议，甲方可延期付款。协议需明确约定付款日期，并由甲方支付给乙方从计量结果签字后第8天起计算的应付工程价款利息。

六、材料供应

第二十四条　材料样品或样本。无论甲乙任何一方供应都应事先提供材料样品或样本，经双方验收后封存，作为材料供应和竣工验收的实物标准。甲方或设计单位指定的材料品种，由指定者提供指定式样、色调和规格的样品或样本。

第二十五条　甲方提供材料。甲方按照协议条款约定的材料种类、规格、数量、单价、质量等级和提供时间、地点的清单，向乙方提供材料及其产品合格证明。甲方代表在所提供材料验收24小时前将通知送达乙方，乙方派人与甲方一起验收。无论乙方是否派人参加验收，验收后由乙方妥善保管，甲方支付相应的保管费用。发生损坏或丢失，由乙方负责赔偿。甲方不按规定通知乙方验收，乙方不负责材料设备的保管，损坏或丢失由甲方负责。

甲方供应的材料与清单或样品不符，按下列情况分别处理：

1. 材料单价与清单不符，由甲方承担所有差价。

2. 材料的种类、规格、型号、质量等级与清单或样品不符，乙方可拒绝接收保管，由甲方运出施工现场并重新采购。

3. 卸货地点与清单不符，甲方负责倒运至约定地点。

4. 供应数量少于清单约定数量时，甲方将数量补齐。多于清单数量时，甲方负责将多余部分运出施工现场。

5. 供应时间早于清单约定时间，甲方承担因此发生的保管费用。

因以上原因或迟于清单约定时间供应而导致的追加合同价款，由甲方承担。发生延误，工期相应顺延，并由甲方赔偿乙方由此造成的损失。

乙方检验通过之后仍发现有与清单和样品的规格、质量等级不符的情况，甲方还应承担重新采购及返工的追加合同价款，并相应顺延工期。

第二十六条　乙方供应材料。乙方根据协议条款约定，按照设计、规范和样品的要求采购工程需要的材料，并提供产品合格证明。在材料设备到货24小时前通知甲方代表验收，对与设计、规范和样品要求不符合的产品，甲方代表应禁止使用，由乙方按甲方代表要求的时间运出现场，重新采购符合要求的产品，并承担由此发生的费用，工期不予顺延。甲方未能按时到场验收，以后发现材料不符合规范、设计和样品要求，乙方仍应拆除、修复及重新采购，并承担发生的费用。由此延误的工期相应顺延。

第二十七条　材料试验。对于必须经过试验才能使用的材料，不论甲乙双方任何一方供应，按协议条款的约定，由乙方进行防火阻燃、毒性反应等测试。不具备测试条件的，可委托专业机构进行测试，费用由甲方承担。测试结果不合格的材料，凡未采购的应停止采购，凡已采购运至现场的，应立即由采购方运出现场，由此造成的全部材料采购费用，由采购方承担。甲方或设计单位指定的材料不合格，由甲方承担全部材料采购费用。

七、设计变更

第二十八条　甲方变更设计。甲方变更设计，应在该项工程施工前7天通知乙方。乙方已经施工的工程，甲方变更设计应及时通知乙方，乙方在接到通知后立即停止施工。

由于设计变更造成乙方材料积压，应由甲方负责处理，并承担全部处理费用。

由于设计变更，造成乙方返工需要的全部追加合同价款和相应损失均由甲方承担，相应顺延工期。

第二十九条　乙方变更设计。乙方提出合理化建议涉及变更设计和对原定材料的换用，必须经甲方代表及有关部门批准。合理化建议节约金额，甲乙双方协商分享。

第三十条　设计变更对工程影响。所有设计变更，双方均应办理变更洽商签证。发生设计变更后，乙方按甲方代表的要求，进行下列对工程影响的变更。

1. 增减合同中约定的工程数量。

2. 更改有关工程的性质、质量、规格。

3. 更改有关部分的标高、基线、位置和尺寸。

4. 增加工程需要的附加工作。

5. 改变有关工程施工时间和顺序。

第三十一条　确定变更合同价款及工期。发生设计变更后，在双方协商时间内，乙方按下列方法提出变更价格，送甲方代表批准后调整合同价款：

1. 合同中已有适用于变更工程的规格，按合同已有的价格变更合同价款。

2. 合同中只有类似于变更情况的价格，可以此作为基础确定变更价格，变更合同价款。

3. 合同中没有适用和类似的价格，由乙方提出适当的变更价格，送甲方代表批准后执行。

设计变更影响到工期，由乙方提出变更工期，送甲方代表批准后调整竣工日期。

甲方代表不同意乙方提出的变更价格及工期，在乙方提出后 7 天内通知乙方提请工程造价管理部门或有关工期管理部门裁定，对裁定有异议，按第三十五条约定的方法解决。

八、竣工与结算

第三十二条　竣工验收。工程具备竣工验收条件，乙方按国家工程竣工验收有关规定，向甲方代表提供完整竣工资料和竣工验收报告。按协议条款约定的日期和份数向甲方提交竣工图。甲方代表收到竣工验收报告后，在协议条款约定的时间内组织有关部门验收，并在验收后 7 天内给予批准或者提出修改意见。乙方按要求修改，并承担由自身原因造成修改的费用。

甲方代表在收到乙方送交的竣工验收报告 7 天内无正当理由不组织验收，或验收后 7 天内不予批准且不能提出修改意见，视为竣工验收报告已被批准，即可办理结算手续。

竣工日期为乙方送交竣工验收报告的日期，需修改后才能达到竣工要求的，应为乙方修改后提请甲方验收的日期。

甲方不能按协议条款约定日期组织验收，应从约定期限最后一天的次日起承担保管费用。因特殊原因，部分工程或部位须甩项竣工时，双方订立甩项竣工协议，明确各方责任。

第三十三条　竣工结算。竣工报告批准后，乙方应按国家有关规定或协议条款约定的时间、方式向甲方代表提出结算报告，办理竣工结算。甲方代表收到结算报告后应在 7 天内给予批准或提出修改意见，在协议条款约定时间内将拨款通知送经办银行支付工程款，并将副本送乙方。乙方收到工程款 14 天内将竣工工程交付甲方。

甲方无正当理由收到竣工报告后 14 天内不办理结算，从第 15 天起按施工企业向银行同期贷款的最高利率支付工程款的利息，并承担违约责任。

第三十四条　保修。乙方按国家有关规定和协议条款约定的保修项目、内容、范围、期限及保修金额和支付办法，进行保修并支付保修金。

保修期从甲方代表在最终验收记录上签字之日算起。分单项验收的工程，按单项工程分别计算保修期。

保修期内，乙方应在接到修理通知之后7天内派人修理，否则，甲方可委托其他单位或人员修理。因乙方原因造成返修的费用，甲方在保修金内扣除，不足部分，由乙方交付。因乙方外原因造成返修的费用，由甲方承担。

采取按合同价款约定比率，在甲方应付乙方工程款内预留保修金办法的，甲方应在保修期满后14天内结算，将剩余保修金和按协议条款约定利率计算的利息一起退还乙方。

九、争议、违约和索赔

第三十五条　争议。本合同执行过程中发生争议，由当事人双方协商解决，或请有关部门调解。当事人不愿协商、调解解决或者协商、调解不成的，双方在协议条款内约定由仲裁委员会仲裁：当事人双方未约定仲裁机构，事后又没有达成书面仲裁协议的，可向人民法院起诉。

发生争议后，除出现以下情况的，双方都应继续履行合同，保持施工连续，保护好已完工程：

1. 合同确已无法履行。
2. 双方协议停止施工。
3. 调解要求停止施工，且为双方接受。
4. 仲裁委员会要求停止施工。
5. 法院要求停止施工。

第三十六条　违约。甲方代表不能及时给出必要指令、确认、批准，不按合同约定支付款项或履行自己的其他义务及发生其他使合同无法履行的行为，应承担违约责任(包括支付因违约导致乙方增加的费用和从支付之日计算的应支付款项的利息等)，相应顺延工期，按协议条款约定支付违约金，赔偿因其违约给乙方造成的窝工等损失。

乙方不能按合同工期竣工，施工质量达不到设计和规范的要求，或发生其他使合同无法履行的行为，乙方应承担违约责任，按协议条款约定向甲方支付违约金，赔偿因其违约给甲方造成的损失。

除非双方协议将合同终止或因一方违约使合同无法履行，违约方承担上述违约责任后仍应继续履行合同。

因一方违约使合同不能履行，另一方欲中止或解除全部合同，应以书面形式通知违约方，违约方必须在收到通知之日起7天内作出答复，超过7天不予答复视为同意中止或解除合同，由违约方承担违约责任。

第三十七条　索赔。甲方未能按协议条款约定提供条件、支付各种费用、顺延工期、赔偿损失，乙方可按以下规定向甲方索赔：

1. 有正当索赔理由，且有索赔事件发生时的有关证据。
2. 索赔事件发生后14天内，向甲方代表发出要求索赔的意向。
3. 在发出索赔意向后14天内，向甲方代表提交全部和详细的索赔资料和金额。
4. 甲方在接到索赔资料后7天内给予批准，或要求乙方进一步补充索赔理由和证据，甲方在7天内未作答复，视为该索赔已经批准。

5. 双方协议实行一揽子索赔，索赔意向不得迟于工程竣工日期前14天提出。

十、其他

第三十八条　安全施工。乙方要按有关规定，采取严格的安全防护和防火措施，并承担由于自身原因造成的财产损失和伤亡事故的责任及因此发生的费用。非乙方责任造成的财产损失和伤亡事故，由责任方承担责任和有关费用。发生重大伤亡事故，乙方应按规定立即上报有关部门并通知甲方代表，同时按政府有关部门的要求处理。甲方要为抢救提供必要条件。发生的费用由事故责任方承担。

乙方在动力设备、高电压线路、地下管道、密封防震车间、易燃易爆地段以及临时交通要道附近施工前，应向甲方代表提出安全保护措施，经甲方代表批准后实施。由甲方承担防护措施费用。

在不腾空和继续使用的建筑物内施工时，乙方应制定周密的安全保护和防火措施，确保建筑物内的财产和人员的安全，并报甲方代表批准。安全保护措施费用，由甲方承担。

在有毒有害环境中施工，甲方应按有关规定提供相应的防护措施，并承担有关费用。

第三十九条　专利技术和特殊工艺的使用。甲方要求采用专利技术和特殊工艺，须负责办理相应的申报、审批手续，承担申报、实验等费用。乙方按甲方要求使用，并负责实验等有关工作。乙方提出使用专利技术和特殊工艺，报甲方代表批准后按以上约定办理。

以上发生的费用和获得的收益，双方按协议条款约定分摊或分享。

第四十条　不可抗力。不可抗力发生后，乙方应迅速采取措施，尽量减少损失，并在24小时内向甲方代表通报灾害情况，按协议条款约定的时间向甲方报告情况的清理、修复的费用。灾害继续发生，乙方应每隔7天向甲方报告一次灾害情况，直至灾害结束。甲方应对灾害处理提供必要条件。

因不可抗力发生的费用由双方分别承担。

1. 工程本身的损害由甲方承担。

2. 人员伤亡由所属单位负责，并承担相应费用。

3. 造成乙方设备、机械的损坏及停工等损失，由乙方承担。

4. 所需清理和恢复工作的责任与费用的承担，双方另签补充协议约定。

第四十一条　保险。在施工场地内，甲乙双方认为有保险的必要时，甲方按协议条款的约定，办理建筑物和施工场地内甲方人员及第三方人员生命财产保险，并支付一切费用。

乙方办理施工场地内自己人员生命财产和机械设备的保险，并支付一切费用。

当乙方为分包或在不腾空的建筑物内施工时，乙方办理自己的各类保险。

投保后发生事故，乙方应在14天内向甲方提供建筑工程(建筑物)损失情况和估价的报告，如损害继续发生，乙方在14天后每7天报告一次，直到损害结束。

第四十二条　工程停建或缓建。由于不可抗力及其他甲乙双方之外原因导致工程停建或缓建，使合同不能继续履行，乙方应妥善做好已完工程和已购材料、设备的保护和移交工作，按甲方要求将自有机构设备和人员撤出施工现场，甲方应为乙方撤出提供必要条件，支付以上的费用，并按合同规定支付已完工程价款和赔偿乙方有关损失。

已经订货的材料、设备由订货方负责退货，不能退还的货款和退货发生的费用，由甲方承担。但未及时退货造成的损失由责任方承担。

第四十三条　合同的生效与终止。本合同自协议条款约定的生效之日起生效。在竣工结算、甲方支付完毕，乙方将工程交付甲方后，除有关条款仍然生效外，其他条款即告终止。保修期满后，有关保修条款终止。

第四十四条　合同份数。合同正本两份，具有同等法律效力，由甲乙双方签字盖章后分别保存。副本份数按协议条款约定，由甲乙双方分送有关部门。

第二部分　协议条款

甲方：____________________

乙方：____________________

按照《中华人民共和国合同法》的原则，结合本工程具体情况，双方达成如下协议。

第1条　工程概况

1.1　工程名称：____________________

工程地点：____________________

承包范围：____________________

承包方式：____________________

本款内应准确写出工程的名称、详细地址、承包范围和承包方式，承包范围主要指单位工程的装饰装修内容及等级。

1.2　开工日期：____________________

竣工日期：____________________

总日历工期天数：____________________

本款内开工日期应写明双方商定的开工日期，也可以将此规定为甲方代表发布开工令的日期；竣工日期指双方商定的乙方提交竣工报告的日期；总日历工期天数是包括法定节假日在内的总日历工期天数。

1.3　质量等级：____________________

写明双方商定的工程应达到的质量等级(即合格还是优良)。

1.4　合同价款：____________________

为群体或小区工程时，上述1.1～1.4项应将单位工程或分部工程进行说明，作为协议条款的附件。

第2条　合同文件及解释顺序

本条应写明组成合同文件的名称和顺序。

第3条　合同文件使用的语言和适用标准及法律

3.1　合同语言：____________________

如合同文件使用少数民族语言，本款应约定语言的名称及翻译文本由谁提供和提供时间。

3.2　适用标准、规范：____________________

国家有统一的标准、规范时，施工中必须使用，并写明使用标准、规范的编号和名称。国家没有统一标准、规范时，有行业标准、规范的，使用行业标准、规范；没有国家和行业标准、规范的，使用地方标准、规范。此条应写明使用的标准、规范的名称。并按照工程的主要部位或项目分别填写适用标准、规范的条款。

如乙方要求提供标准规范，应在编号和名称后写明，并注明提供的时间、份数和费用由谁承担。

甲方提出超过标准、规范的要求，征得乙方同意后，可以作为验收和施工的要求写入本款，并明确约定产生的费用由甲方承担。

由乙方提出施工工艺的，应在本款写明施工工艺的名称，使用的工程部位，制定的时间、要求和费用的承担。

3.3　适用法律、法规：________________

法律、法规和规章都适用合同文件，但对同一问题要求不一致时，应在本款内写明适用的法律或规章名称。如由甲方提供，还应写明提供时间。如由乙方自备，应写明费用及由谁承担。

第 4 条　图纸

4.1　图纸提供日期：________________

4.2　图纸提供套数：________________

4.3　图纸特殊保密要求和费用：________________

不同的工程对图纸的需要情况各不相同。本条应写明甲方提供的份数(必须包括竣工图和现场存放的份数)、图纸的深度、比例尺及提供的时间。

乙方要求增加图纸份数的，应写明图纸的名称、份数、提供的时间和费用。

甲方不能在开工前提供全套图纸，应将不能按时提供的图纸名称和提供的时间在本条写明。

第 5 条　甲方代表

5.1　甲方代表姓名和职称(职务)：________________

5.2　甲方赋予甲方代表的职权：________________

5.3　甲方代表委派人员的名单及责任范围：________________

本条写明甲方代表姓名和职称(职务)、甲方代表委派具体管理人员的姓名和职责，如前工作中施工组织设计和进度计划审批、图纸的提供、质量的检查验收、工程量的核实等工作的具体责任、权限。

第 6 条　监理单位及总监理工程师

6.1　监理单位名称：________________。

6.2　总监理工程师姓名、职称：________________。

6.3　总监理工程师职责：________________。

本条写明甲方委托的监理单位名称、总监理工程师的姓名、职称和甲方授权范围。

第 7 条　乙方驻工地代表

第 8 条　甲方工作

8.1　提供具备开工条件施工场地的时间和要求：________________。

本款应写明使场地具备施工条件的各项工作的名称、内容、要求和完成的时间。

8.2　水、电、电信等施工管线进入施工场地的时间、地点和供应要求：＿＿＿＿＿＿＿＿＿＿＿＿＿＿＿＿＿＿＿＿＿＿＿＿＿＿＿＿＿＿＿＿＿＿＿＿＿＿＿。

本款应写明水、电、电信等管线应接至的地点、接通的时间和要求，如上、下水管应在何时接至何处，每天应保证供应的数量水质标准，不能全天供应的要写明供应的时间。

8.3　需要与有关部门联系和协调工作的内容及完成时间：＿＿＿＿＿＿＿＿＿＿。

本款应写明需要甲方协调的涉及本工程的市政等部门的工作内容及完成时间。

8.4　需要协调各施工单位之间关系的工作内容和完成时间：＿＿＿＿＿＿＿＿。

本款应写明甲方应协调哪些施工单位之间的关系及协调内容和完成时间。

8.5　办理证件、批件的名称和完成时间：＿＿＿＿＿＿＿＿＿＿＿＿＿＿＿＿＿＿＿。

本款应写明由甲方办理的各种证件、批件和其他需要批准的事项及完成的时间，其时间可以是绝对的年、月、日，也可以是相对的时间，如在某项工作开始几天之前完成。

8.6　会审图纸和设计交底的时间：＿＿＿＿＿＿＿＿＿＿＿＿＿＿＿＿＿＿＿＿＿＿。

本款应写明甲方组织图纸会审的时间，如不能约定准确时间，应写明相对时间，如甲方发布开工令多少天。

8.7　向乙方提供的设施内容：＿＿＿＿＿＿＿＿＿＿＿＿＿＿＿＿＿＿＿＿＿＿＿＿＿＿。

第9条　乙方工作

本条按具体工程和实际情况，逐款列出各项工作的名称、内容、完成时间和要求，实际需要而《合同条件》未列的，要对条款和内容予以补充。

9.1　施工图和配套设计名称、完成时间及要求：＿＿＿＿＿＿＿＿＿＿＿＿＿＿。

甲方如委托乙方完成工程施工图及配套设计，应在本款写明设计的名称、内容、要求、完成时间和设计费用计算方法。

9.2　提供计划、报表的名称、时间和份数：＿＿＿＿＿＿＿＿＿＿＿＿＿＿＿＿＿。

本款应写明乙方提供的计划、报告、报表的名称、格式、要求和提供的时间。

9.3　施工场地保护工作的要求：＿＿＿＿＿＿＿＿＿＿＿＿＿＿＿＿＿＿＿＿＿＿＿。

甲方要求乙方提供的合同价款之外的照明、警卫、看守等工作，应在此款写明。

9.4　施工现场交通和噪声控制的要求：＿＿＿＿＿＿＿＿＿＿＿＿＿＿＿＿＿＿＿。

本款应写明地方政府、有关部门和甲方对本款的具体要求，如在什么时间、什么地段，哪种型号的车辆不能行驶或行驶的规定，在什么时间不能进行哪些施工，施工噪声不得超过多少分贝。

9.5　符合施工场地规定的要求：＿＿＿＿＿＿＿＿＿＿＿＿＿＿＿＿＿＿＿＿＿＿＿。

本款应写明符合政府对施工现场的哪些要求和规定。

9.6　保护建筑物结构及相应管线和设备的措施：＿＿＿＿＿＿＿＿＿＿＿＿＿＿。

本款应写明施工场地周围需要保护的建筑物和管线的名称、保护的具体要求。

9.7　建筑成品保护的措施：＿＿＿＿＿＿＿＿＿＿＿＿＿＿＿＿＿＿＿＿＿＿＿＿＿＿。

本款应写明工程完成后应由乙方采取特殊措施保护的单位工程或部位的要求、所需费用及由谁承担。

第10条　进度计划

10.1　乙方提供施工组织设计(或施工方案)和进度计划的时间：＿＿＿＿＿＿＿。

10.2　甲方代表批准进度计划的时间：________________________。

本条应写明乙方提交施工组织设计(或施工方案)和进度计划的要求及时间，写明甲方批准以上文件的时间，写明乙方违约应负的违约责任和违约金金额。

第 11 条　延期开工

第 12 条　暂停施工

第 13 条　工期延误

本条应对以下内容予以说明：

1. 对延误的定义，如哪些工作延误多长时间才算延误。

2. 对可调整因素的限制，如工程量增减多少才可调整工期。

3. 需补充的其他造成工期调整的因素。

4. 双方议定乙方延期竣工应支付的违约金额，应在本条写明违约金数额和计算方法，如每延迟一天，乙方应支付甲方多少金额。

第 14 条　工期提前

甲方可在签订协议条款时提出提前竣工的要求，应在本条写明以下事项。

1. 要求提前的时间。

2. 乙方采取的措施。

3. 甲方应提供的便利条件。

4. 赶工措施费用的计算和分担。

5. 收益的分享比例和计算方法，此项也可按传统方法写成每提前竣工一天，甲方应向乙方支付多少金额。

第 15 条　工程样板间

15.1　对工程样板间的要求：________________________。

本条应写明乙方应制作哪些样板间及标准和费用。

第 16 条　检查和返工

第 17 条　工程质量等级

17.1　工程质量等级要求的追加合同价款：________________________。

17.2　质量评定部门名称：________________________。

甲方对工程质量提出合格以上要求的，应在本条写明相应的追加合同价款及计算方法。

第 18 条　隐蔽工程和中间验收

18.1　中间验收部位和时间：________________________。

本条应写明需进行中间验收的单项工程和部位的名称，验收的时间和要求，以及甲方应提供的便利条件。

第 19 条　验收和重新检验

第 20 条　合同价款及调整

20.1　合同价款形式(固定价格加风险系数合同、可调价格合同等)：__________。

20.2　调整的方式：________________________。

目前我国合同价款调整的形式很多，应按照具体情况予以说明，如：

1. 一般工期较短的工程采用固定价格，但因甲方原因致使工期延长时，合同价款是否作出调整应在本条说明。

2. 甲方在施工期间就可能出现的价格变动采取一次性付给乙方一笔风险补偿费用办法的，应写明补偿的金额或比例，写明补偿后是全部不予调整还是部分不予调整，及可以调整项目的名称。

3. 采用可调价格的应写明调整的范围，除材料费外是否包括机械费、人工费、管理费；写明调整的条件，对《合同条件》中所列出的项目是否还有补充，如对工程量增减和工程量变更的数量有限制的，还应写明限制的数量；要写明调整的依据，是哪一级工程造价管理部门公布的价格调整文件；写明调整的方法、程序及乙方提出调价通知的时间、甲方代表批准和支付的时间等。

第 21 条　工程预付款

21.1　预付工程款总金额：____。

21.2　预付时间和比例：____。

21.3　扣回时间和比例：____。

21.4　甲方不按时付款承担的违约责任：______________________________。

工程款的预付，双方协商约定后把预付的时间、金额、方法和扣回的时间、金额、方法在本条写明。例如“在合同签订后，甲方应将合同价款的________%，计人民币________元，于____年____月____日……分____次支付给乙方，作为预付工程款。在完成合同总造价________%(以甲方代表签字确认的工程量报告为准)后的________个月里，每月扣回预付工程款的________%，在完成合同总造价的________%时扣完”。

甲方不预付工程款，在合同价款中应考虑乙方垫付工程费用的补偿。

第 22 条　工程量的核实确认

22.1　乙方提交工程量报告的时间和要求：__________________________。

本条应写明乙方提交已完工程量报告的时间和要求。

第 23 条　工程款支付

23.1　工程款支付方式：____。

23.2　工程款支付金额和时间：____________________________________。

23.3　甲方违约的责任：____。

工程款的支付，双方根据工程的实际情况协商确定，把支付的时间、金额和支付方法在本条写明。如按月支付的，应写明“乙方”应每月的第________天前，根据甲方核实确认的工程量、工程单价和取费标准。计算已完工程价值，编制《工程价款结算单》送甲方代表，甲方代表收到后，应在第________天之前审核完毕，并通知经办银行付款。

第 24 条　材料样品或样本

本条双方约定提供的材料样品或样本的名称。

第 25 条　甲方供应材料设备

25.1　甲方供应材料、设备的要求(附清单)：__________________________。

甲方提供材料设备的种类、规格、数量单价、质量等级和提供时间、地点应按下表的规格样式填写，作为协议条款的附件。

甲方提供有关说明由乙方采购材料的，应写明产品价格若高于乙方预算价格而产生的价差由谁承担，以及由于供应商的原因造成产品的质量等级、规格型号和交货时间达不到要求，造成损失的责任和产生的费用由谁承担。

______工程甲方供应材料设备一览表

序号	材料设备名称	规格型号	单位	数量	单价	供应时间	送达地点	备注

第26条　乙方采购材料设备

第27条　材料试验

第28条　甲方变更设计

第29条　乙方变更设计

第30条　设计变更对工程的影响

第31条　确定变更价款

本条应写明变更发生后乙方提交变更价款的时间及金额。

第32条　竣工验收

本条应写明乙方提交竣工图的时间、份数和要求；写明甲方收到竣工报告后应在多长时间内组织验收及参加验收的部门和人员。

32.1　乙方提供竣工验收资料的内容：______________________。

32.2　乙方提交竣工报告的时间和份数：______________________。

第33条　竣工结算

33.1　结算方式：______________________。

33.2　乙方提交结算报告的时间：______________________。

33.3　甲方批准结算报告的时间：______________________。

33.4　甲方将拨款通知送达经办银行的时间：______________________。

33.5　甲方违约的责任：______________________。

第34条　保修

如双方不再签订保修合同，本条应写明保修的项目、内容、范围、期限、保修金额和保修金预留或支付方法，以及保修金的利率。另签订保修合同的应将以上内容写入保修合同。

34.1　保修内容、范围：______________________。

34.2　保修期限：______________________。

34.3　保修金额和支付方法：______________________。

34.4　保修金利息：______________________。

第 35 条　争议

35.1　争议的解决方式：本合同在履行过程中发生争议，双方应及时协商解决。协商不成时，双方同意由＿＿＿＿＿＿仲裁委员会仲裁(双方不在合同中约定仲裁机构，事后又没有达成书面仲裁协议的，可向人民法院起诉)。

第 36 条　违约

甲方违约应负的违约责任应按以下各项分别作出说明：

1. 承担因违约发生的费用，应写明费用的种类。如工程的损坏及因此发生的拆除、修复等费用支出，乙方因此发生的人工、材料、机械和管理费用支出。

2. 支付违约金，要写明违约金的数额和计算方法、支付的时间。

3. 赔偿损失。违约金的数额不足以赔偿乙方的损失时，应将不足部分支付给乙方，作为赔偿。并写明损失的范围和计算方法，如损失的性质是直接损失还是间接损失，损失的内容是否包括乙方窝工的人工费、机械费和管理费，是否包括窝工期间乙方本应获得的利润等。

36.1　违约的处理：＿＿＿＿＿＿＿＿＿＿＿＿＿＿＿＿＿＿＿＿＿＿＿＿。

36.2　违约金的数额：＿＿＿＿＿＿＿＿＿＿＿＿＿＿＿＿＿＿＿＿＿＿＿。

36.3　损失的计算方法：＿＿＿＿＿＿＿＿＿＿＿＿＿＿＿＿＿＿＿＿＿＿。

36.4　甲方不按时付款的利息率：＿＿＿＿＿＿＿＿＿＿＿＿＿＿＿＿＿＿。

第 37 条　索赔

第 38 条　安全施工

第 39 条　专利和特殊工艺

第 40 条　不可抗力

本条应根据当地的地理气候情况和工程的要求，对造成工期延误和工程破坏的不可抗力作出规定。如规定以下情况均属不可抗力。

1. 当地烈度＿＿＿＿＿度以上的地震。

2. ＿＿＿＿＿级以上持续＿＿＿＿＿天的大雨。

3. ＿＿＿＿＿毫米以上持续＿＿＿＿＿天的大雨。

4. 日气温超过＿＿＿＿＿度，持续＿＿＿＿＿天。

5. 日气温低于＿＿＿＿＿度，持续＿＿＿＿＿天。

40.1　不可抗力的认定标准：＿＿＿＿＿＿＿＿＿＿＿＿＿＿＿＿＿＿＿＿＿。

第 41 条　保险

在办理保险时，应写明甲方人员和第三方人员在施工现场生命财产安全的保险内容、保险金额及由谁办理和承担费用。

地方政府规定，或当事人双方协议要求鉴证、公证的，由鉴证、公证部门将意见写在协议条款的鉴证、公证意见一栏，并加盖印鉴。

第 42 条　工程停建或缓建

第 43 条　合同生效与终止

43.1　合同生效日期：＿＿＿＿＿＿＿＿＿＿＿＿＿＿＿＿＿＿＿＿＿＿＿。

第 44 条　合同份数

44.1　合同副本份数：＿＿＿＿＿＿＿＿＿＿＿＿＿＿＿＿＿＿＿＿＿＿＿。

44.2　合同副本的分送责任：____________________________________。

44.3　合同制订费用：____。

甲方(盖章)：________________　　乙方(盖章)：________________

地址：____________________　　地址：____________________

代理人：__________________　　代理人：__________________

电话：____________________　　电话：____________________

传真：____________________　　传真：____________________

邮政编码：________________　　邮政编码：________________

开户银行：________________　　开户银行：________________

账号：____________________　　账号：____________________

合同订立的时间：____年____月____日

四、《建筑装饰工程施工合同》(乙种本)

1.《建筑装饰工程施工合同》(乙种市)概述

《建筑装饰工程施工合同》(乙种本)是《建筑装饰工程施工合同(示范文本)》的内容之一。《建筑装饰工程施工合同》(乙种本)在内容与具体表现形式上与《建筑装饰工程施工合同》(甲种本)有一定差异。但是，两个文本制定的基本指导思想与所遵循的原则一致，所依据的法律、法规是相同的，因而，其合同条款内的词语解释也是相一致的。

《建筑装饰工程施工合同》(乙种本)，作为合同示范文本的基本内容之一，主要是为了适应工程项目较小，工程内容和投资额较少，工期较短的装饰装修工程而制定的。其目的是便于甲乙双方在实际工作中使用。在实际的使用过程中，若甲乙双方对条款约定的内容与工程实际情况有出入，或对其内容有不同意见时，双方应本着平等协商的原则，另行商定新的条款内容。同时，对经协商一致不采纳的或需要修改的内容，可以注明“取消”或将修改的部分重新写进合同内容。

2.《建筑装饰工程施工合同》(乙种市)的内容

发包人(甲方)：____

承包人(乙方)：____

按照《中华人民共和国合同法》和《建筑安装工程承包合同条例》的规定，结合本工程具体情况，双方达成如下协议。

第1条　工程概况

1.1　工程名称：____

1.2　工程地点：____

1.3　承包范围：____

1.4　承包方式：____

1.5　工期：本工程自________年________月________日开工，于________年________月________日竣工。

1.6　工程质量：____

1.7 合同价款(人民币大写)：________________

第2条 甲方工作

2.1 开工前______天，向乙方提供经确认的施工图纸或作法说明______份，并向乙方进行现场交底。全部腾空或部分腾空房屋，清除影响施工的障碍物。对只能部分腾空的房屋中所滞留的家具、陈设等采取保护措施。向乙方提供施工所需的水、电、气及电信等设备，并说明使用注意事项。办理施工所涉及的各种申请、批件等手续。

2.2 指派______为甲方驻工地代表，负责合同履行。对工程质量、进度进行监督检查，办理验收、变更、登记手续和其他事宜。

2.3 委托______监理公司进行工程监理，监理公司任命________为总监理工程师，其职责在监理合同中应明确，并将合同副本交乙方______份。

2.4 负责保护好周围建筑物及装修、设备管线、古树名木、绿地等不受损坏，并承担相应费用。

2.5 如确实需要拆改原建筑物结构或设备管线，负责到有关部门办理相应审批手续。

2.6 协调有关部门做好现场保卫、消防、垃圾处理等工作，并承担相应费用。

第3条 乙方工作

3.1 参加甲方组织的施工图纸或作法说明的现场交底，拟定施工方案和进度计划，交甲方审定。

3.2 指派______为乙方驻工地代表，负责合同履行。按要求组织施工，保质、保量、按期完成施工任务，解决由乙方负责的各项事宜。

3.3 严格执行施工规范、安全操作规程、防火安全规定、环境保护规定。严格按照图纸或作法说明进行施工，做好各项质量检查记录。参加竣工验收，编制工程结算。

3.4 遵守国家或地方政府及有关部门对施工现场管理的规定，妥善保护好施工现场周围建筑物、设备管线、古树名木不受损坏。做好施工现场保卫和垃圾消纳等工作，处理好由于施工带来的扰民问题及与周围单位(住户)的关系。

3.5 施工中未经甲方同意或有关部门批准，不得随意拆改原建筑物结构及各种设备管线。

3.6 工程竣工未移交甲方之前，负责对现场的一切设施和工程成品进行保护。

第4条 关于工期的约定

4.1 甲方要求比合同约定的工期提前竣工时，应征得乙方同意，并支付乙方因工采取的措施费用。

4.2 因甲方未按约定完成工作，影响工期，工期顺延。

4.3 因乙方责任，不能按期开工或中途无故停工，影响工期，工期不顺延。

4.4 因设计变更或非乙方原因造成的停电、停水、停气及不可抗力因素影响，导致停工8小时以上(一周内累计计算)，工期相应顺延。

第5条 关于工程质量及验收的约定

5.1 本工程以施工图纸、作法说明、设计变更和《建筑装饰装修工程质量验收标准》(GB 50210—2018)、《建筑工程施工质量验收统一标准》(GB 50300—2013)等国家制定的施工及验收规范为质量评定验收标准。

5.2 本工程质量应达到国家质量评定合格标准。甲方要求部分或全部工程项目达以优良标准时，应向乙方支付由此增加的费用。

5.3 甲、乙双方应及时办理隐蔽工程和中间工程的检查与验收手续。甲方不按时参加隐蔽工程和中间工程验收，乙方可自行验收，甲方应予承认。若甲方要求复验时，乙方应按要求办理复验。若复验合格，甲方应承担复验费用，由此造成停工，工期顺延；若复验不合格，其复验及返工费用由乙方承担，但工期也予顺延。

5.4 由于甲方提供的材料、设备质量不合格而影响工程质量，其返工费用由甲方承担，工期顺延。

5.5 由于乙方原因造成质量事故，其返工费用由乙方承担，工期不顺延。

5.6 工程竣工后，乙方应通知甲方验收，甲方自接到验收通知________日内组织验收，并办理验收、移交手续。如甲方在规定时间内未能组织验收，需及时通知乙方，另定验收日期。但甲方应承认竣工日期，并承担乙方的看管费用和相关费用。

第6条 关于工程价款及结算的约定

6.1 双方商定本合同价款采用第________种。

(1)固定价格。

(2)固定价格加________%包干风险系数计算。包干风险包括________________内容。

(3)可调价格：按照国家有关工程计价规定计算造价，并按有关规定进行调整和竣工结算。

6.2 本合同生效后，甲方分__________次，按下表约定支付工程款，尾款竣工结算时一次结清。

拨款分　次进行	拨款　%	金额

6.3 工程竣工验收后，乙方提出工程结算并将有关资料送交甲方。甲方自接到上述资料__________天内审查完毕，到期未提出异议，视为同意。并在________天内，结清尾款。

第7条 关于材料供应的约定

7.1 本工程甲方负责采购供应的材料、设备，应为符合设计要求的合格产品，并应按时供应到现场。凡约定由乙方提货的，甲方应将提货手续移交给乙方，由乙方承担运输费用。由甲方供应的材料、设备发生了质量问题或规格差异，对工程造成损失，责任由甲方承担。甲方供应的材料，经乙方验收后，由乙方负责保管，甲方应支付材料价值________%的保管费。由于乙方保管不当造成损失，由乙方负责赔偿。

7.2 凡由乙方采购的材料、设备，如不符合质量要求或规格有差异，应禁止使用。若已使用，对工程造成的损失由乙方负责。

第8条　有关安全生产和防火的约定

8.1　甲方提供的施工图纸或作法说明，应符合《中华人民共和国消防条例》和有关防火设计规范。

8.2　乙方在施工期间应严格遵守《建筑安装工程安全技术规程》《中华人民共和国消防条例》和其他相关的法规、规范。

8.3　由于甲方确认的图纸或作法说明，违反有关安全操作规程、消防条例和防火设计规范，导致发生安全或火灾事故，甲方应承担由此产生的一切经济损失。

8.4　由于乙方在施工生产过程中违反有关安全操作规程、消防条例，导致发生安全或火灾事故，乙方应承担由此引发的一切经济损失。

第9条　奖励和违约责任

9.1　由于甲方原因导致延期开工或中途停工，甲方应补偿乙方因停工、窝工所造成的损失。每停工或窝工一天，甲方支付乙方__________元。甲方不按合同的约定拨付款，每拖期一天，按付款额的__________%支付滞纳金。

9.2　由于乙方原因，逾期竣工，每逾期一天，乙方支付甲方________元违约金。甲方要求提前竣工，除支付赶工措施费外，每提前一天，甲方支付乙方________元，作为奖励。

9.3　乙方按照甲方要求，全部或部分工程项目达到优良标准时，除按本合同5.2款增加优质价款外，甲方支付乙方__________元，作为奖励。

9.4　乙方应妥善保护甲方提供的设备及现场堆放的家具、陈设和工程成品，如造成损失，应照价赔偿。

9.5　甲方未办理任何手续，擅自同意拆改原有建筑物结构或设备管线，由此发生的损失或事故(包括罚款)，由甲方负责并承担损失。

9.6　未经甲方同意，乙方擅自拆改原建筑物结构或设备管线，由此发生的损失或事故(包括罚款)，由乙方负责并承担损失。

9.7　未办理验收手续，甲方提前使用或擅自动用，造成损失由甲方负责。

9.8　因一方原因，合同无法继续履行时，应通知对方，办理合同终止协议，并由责任方赔偿对方由此造成的经济损失。

第10条　争议或纠纷处理

10.1　本合同在履行期间，双方发生争议时，在不影响工程进度的前提下，双方可采取协商解决或请有关部门进行调解。

10.2　当事人不愿通过协商、调解解决或者协商、调解不成时，本合同在执行中发生的争议双方同意由__________仲裁委员会仲裁；当事人未在合同中约定仲裁机构，事后又没有达成书面仲裁协议的，可向人民法院起诉。

第11条　其他约定

第12条　附则

12.1　本工程需要进行保修或保险时，应另订协议。

12.2　本合同正本两份，双方各执一份。副本__________份，甲方执__________份，乙方执__________份。

12.3　本合同履行完成后自动终止。

12.4 附件

(1)施工图纸或作法说明

(2)工程项目一览表

(3)工程预算书

(4)甲方提供货物清单

(5)会议纪要

(6)设计变更

(7)其他

甲方(盖章)：________	乙方(盖章)：________
法定代表人：________	法定代表人：________
地址：________	地址：________
单位：________	单位：________
代理人：________	代理人：________
电话：________	电话：________
传真：________	传真：________
邮编：________	邮编：________
开户银行：________	开户银行：________
户名：________	户名：________
账号：________	账号：________
______年___月___日	______年___月___日

五、《建筑装饰工程施工合同(示范文本)》“甲种本”与“乙种本”的比较

原建设部、国家工商行政管理局公布推行的《建筑装饰工程施工合同(示范文本)》，包括“甲种本”和“乙种本”两个文本。就这两个文本而言，既有联系又有一定的区别。

1.“甲种本”和“乙种本”的联系

(1)《建筑装饰工程施工合同(示范文本)》甲、乙两个文本，都是根据国务院下发的关于在全国执行经济合同示范文本制度的通知的精神，由原建设部和国家工商行政管理局联合组织制定的，其制定的目的与作用都是规范建筑装饰工程合同签订双方当事人的签订和履约行为，加强合同管理。

(2)甲、乙两个文本的制定原则是一致的。两个文本制定过程中都遵循了依法制定、平等互利、协商一致以及条款尽量完备的原则。

(3)甲、乙两个文本都是为劳务类建筑装饰工程制定的。

2.“甲种本”和“乙种本”的区别

(1)甲、乙两个文本的基本结构形式不同。

①“甲种本”主要参照了国际咨询工程师联合会(FIDIC)合同条款和原建设部、国家工商行政管理局联合下发的《建设工程施工合同(示范文本)》(GF—2017—0201)，结合了装饰工程特点，合同文本由合同条件和协议条款两部分组成，条款内容比较多。

“乙种本”所含内容相对比较简单，仍然采用了通常使用的填空式的合同文本形式。

(2)甲、乙两个文本适用装饰工程的范围不同。

“甲种本”的文本内容比较详尽，涉及范围较广，适用投资额和工程规模大、结构复杂、装饰标准较高的装饰工程。

“乙种本”则因条款内容相对简单，仅适用于工程量较小，工期较短的装饰工程，以及私人住宅装饰工程。

案　例

某建设单位有一宾馆大楼的装饰装修工程。经公开招标确定由某建筑装饰装修工程公司施工，并签订了施工承包合同。合同价为1 500万元，工期为100天。合同规定，石材由甲方提供，其他由承包方采购。施工方编制的施工方案和进度计划已获监理工程师批准。当工程进行到第22天时，甲方挑选确定的石材送达现场，进场验收时发现该批石材大部分不符合质量要求，监理工程师通知承包方该批石材不得使用。承包方将不合格石材退回，因此延期5天。该事件发生在关键线路上。工程在68天时，该地遭遇罕见暴风雨袭击，施工无法进行，延误工期3天。施工进行到90天时，施工方因人员调配原因，延误工期2天。工程在110天后竣工。最后工程的实际进度超过了合同约定。

问题：

(1)什么是进度管理?

(2)该施工进行到第22天时，实际进度和计划进度不符，将怎样处理?

分析：

(1)进度管理是施工合同管理的重要组成部分，是指合同当事人应当在合同规定的工期内完成施工任务，发包人应当按时做好准备工作，承包人应当按照施工进度计划组织施工。

(2)施工进行到第22天时，实际进度和计划进度不符，是因为甲方提供的石材质量不符合要求导致的，所以，装饰公司可以在事件发生后28天内向监理工程师提出工期顺延申请。因此，项目经理应当落实进度控制部门的人员、具体的控制任务和管理职能分工，并且编制合理的施工进度计划并控制其执行，即在工程进展全过程中，进行计划进度与实际进度的比较，对出现的偏差及时采取措施。

施工合同的进度控制可以分为施工准备阶段、施工阶段和竣工验收阶段的进度控制。

本章小结

合同是平等主体的自然人、法人、其他组织之间设立、变更终止民事权利与义务关系的协议。合同作为商品交换的法律形式，其类型因交易方式的多样化而各不相同。建筑装饰工程施工合同一经签订，即具有法律效力，是合同双方履行合同中的行为准则，双方都应以施工合同作为行为的依据。确定建筑装饰工程承包合同主要条款时，要格外认真，应当做到条款表述准确、逻辑严密。本章主要介绍合同法基础、建筑装饰工程施工承包合同的类型、内容和《建筑装饰工程施工合同》范本。

思考与练习

一、填空题

1. 合同的形式可分为________、________和________。

2. ________是工程施工合同签订双方对是否签订合同以及合同具体内容达成一致的协商过程。

3. 建筑装饰工程合同当事人履行合同的主要方式有________、________和________。

4. 建筑装饰工程承包合同按合同标的性质可划分为________、________、________。

5. 按照承包工程计价方法，建筑装饰工程合同可以分为________、________和________。

6. 建筑装饰工程施工承包合同主要由________、________和________三部分组成。

二、选择题

1. 下列属于合同生效应具备条件的是(　　)。
   A. 签订合同的当事人应具有相应的民事权利能力和民事行为能力
   B. 含有意思表示不真实的合同是不能取得法律效力的
   C. 合同的内容、合同所确定的经济活动必须合法
   D. 当事人无法人资格且不具有独立生产经营资格

2. (　　)是指合同当事人一方或者第三人不转移对财产的占有，将该财产向对方保证履行经济合同义务的一种担保方式。
   A. 保证　　B. 抵押　　C. 质押　　D. 留置

3. 关于施工合同的说法，下列不正确的是(　　)。
   A. 施工合同应采用书面形式的合同文本
   B. 合同使用的文字要经双方确定，不可使用两种以上的语言
   C. 合同内容要详尽具体，责任义务要明确，条款应严密完整，文字表达应准确规范
   D. 确认甲方，即业主或委托代理人的法人资格或代理权限

4. 合同履行过程中的重要法律制度不包括(　　)。
   A. 担保权制度　　B. 代位权制度　　C. 抗辩权制度　　D. 撤销权制度

5. 建筑装饰工程合同当事人承担违约责任的方式不包括(　　)。
   A. 停止履行　　B. 采取补救措施
   C. 支付违约金　　D. 支付赔偿金

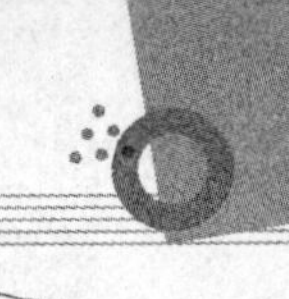

三、简答题

1. 合同谈判的内容可分为哪几个方面?
2. 什么是无效合同?
3. 建筑装饰工程合同履行的原则主要有哪几个方面?
4. 建筑装饰工程合同变更的条件有哪些?
5. 合同争议的调解方式有哪几种?
6. 建筑装饰工程施工合同主要应具备哪些主要内容?
7. 签订建筑装饰工程施工合同应注意哪些事项?
8.《建筑装饰工程施工合同》"甲种本"和"乙种本"的区别有哪些?

第六章　建筑装饰工程施工索赔

学习目标

了解建筑装饰工程施工索赔的概念、特征、分类、作用、原因与依据；熟悉索赔管理内容；掌握索赔程序、索赔报告编写的方法、索赔计算、索赔策略与技巧；了解反索赔的概念、特点及种类；熟悉反索赔的程序、措施与防范。

能力目标

能够根据所给资料，进行费用与工期的索赔计算；能够编制索赔报告；具备施工索赔的基本能力。

第一节　索赔基础知识

一、索赔的概念与特征

1. 索赔的概念

索赔是指在合同实施过程中，合同一方因当事人不适当履行合同所规定的义务，未能保证承诺的合同条件实现而遭受损失后，向对方提出的补偿要求。索赔是双向的，承包人可以向发包人索赔，发包人也可以向承包人索赔。通常所讲的索赔，如未指明，均指承包人向发包人的索赔。

承包人的索赔是承包人在合同实施过程中根据合同及法律规定，对并非由于自己的过错，并且属于应由发包人承担责任的情况所造成的实际损失，凭有关证据向工程师提出请求给予补偿的要求，包括要求经济补偿和工期延长两种情况。

2. 索赔的特征

(1)索赔是双向的，不仅承包人可以向发包人索赔，发包人同样也可以向承包人索赔。由于实践中发包人向承包人索赔发生的频率相对较低，而且在索赔处理中，发包人始终处于主动和有利地位，对承包人的违约行为其可以直接从应付工程款中扣抵、扣留保留金或通过履约保函向银行索赔来实现自己的索赔要求。因此，在工程实践中大量发生的、处理比较困难的是承包人向发包人的索赔，这也是工程师进行合同管理的重点内容之一。

(2)只有实际发生了经济损失或权利损害，一方才能向对方索赔。经济损失是指因对方因素造成合同外的额外支出，如人工费、材料费、机械费、管理费等额外开支；权利损害是指虽然没有经济上的损失，但造成了一方权利上的损害，如由于恶劣气候条件对工程进度的不利影响，承包人有权要求工期延长等。因此，发生了实际的经济损失或权利损害，应是一方提出索赔的一个基本前提条件。

(3)索赔是一种未经对方确认的单方行为。它与通常所说的工程签证不同。在施工过程中，签证是承发包双方就额外费用补偿或工期延长等达成一致的书面证明材料和补充协议，它可以直接作为工程款结算或最终增减工程造价的依据。而索赔则是单方面行为，对对方尚未形成约束力，这种索赔要求能否得到最终实现，必须通过确认(如双方协商、谈判、调解或仲裁、诉讼)后才能得知。

二、索赔的分类与作用

1. 索赔的分类

索赔从不同的角度，按不同的方法和不同的标准，可以有多种分类方法。

(1)按索赔要求分类，索赔可分为工期索赔和费用索赔。

①工期索赔，即要求发包人延长工期，推迟竣工日期。工期索赔形式上是对权利的要求，以避免在原定合同竣工日期不能完工时，被发包人追究拖期违约责任。一旦获得批准合同工期顺延后，承包人不仅免除了承担拖期违约赔偿费的严重风险，而且可能提前工期得到奖励，最终仍反映在经济收益上。

②费用索赔，即要求发包人补偿费用损失，调整合同价格。费用索赔的目的是要求经济补偿。当施工的客观条件改变导致承包人增加开支时，可要求对超出计划成本的附加开支给予补偿，以挽回不应由他承担的经济损失。

(2)按索赔依据的理由分类，索赔可分为合同内索赔、合同外索赔和道义索赔。

①合同内索赔，是最常见的索赔，即索赔以合同条文作为依据，发生了合同规定给承包人以补偿的干扰事件，承包人根据合同规定提出索赔要求。这种索赔由于在合同中可明文规定，往往容易成功。

②合同外索赔，是指工程施工过程中发生的干扰事件的性质已经超过合同范围，在合同中找不出具体的依据，一般必须根据适用于合同关系的法律解决索赔问题。

③道义索赔，是指承包人在合同内或合同外都找不到可以索赔的合同依据或法律根据。因而没有提出索赔的条件和理由，但承包人认为自己有要求补偿的道义基础，而对其遭受的损失提出具有优惠性质的补偿要求。道义索赔的主动权在发包人手中，发包人在下面四种情况下可能会同意并接受这种索赔：

a. 如果另找其他承包人，发生的费用会更大。

b. 为了树立自己的良好形象。

c. 出于对承包人的同情和信任。

d. 谋求与承包人更长久的合作。

(3)按索赔的处理方式分类，索赔可分为单项索赔和总索赔。

①单项索赔，是针对某一干扰事件提出的，索赔的处理是在合同实施过程中，干扰事

件发生时(或发生后)立即进行。单项索赔由合同管理人员处理，并在合同规定的索赔有效期内向业主提交索赔意向书和索赔报告。

②总索赔，也称一揽子索赔或综合索赔，是国际工程中经常采用的索赔处理和解决方法。一般在工程竣工前，承包人将工程过程中未解决的单项索赔集中起来，提出一份总索赔报告，合同双方在工程交付前或交付后进行最终谈判，以一揽子方案解决索赔问题。

在合同实施过程中，有些单项索赔问题比较复杂，不能立即解决，为了不影响工程进度，经双方协商同意后留待以后解决；有的是发包人或监理工程师对索赔采用拖延办法，迟迟不作答复，使索赔谈判旷日持久；有的是承包人因自身原因，未能及时采用单项索赔方式。由于在总索赔中许多干扰事件交织在一起，影响因素比较复杂且相互交叉，责任分析和索赔值计算复杂，索赔涉及的金额往往很大，双方都不愿意或不容易作出让步，使索赔的谈判和处理都很困难，因此，总索赔的成功率比单项索赔要低得多。

2. 索赔的作用

索赔与建筑装饰工程施工承包合同同时存在，其作用主要体现在以下几个方面：

(1)索赔是合同和法律赋予正确履行合同者免受意外损失的权利，索赔是当事人一种保护自己、避免损失、增加利润、提高效益的重要手段。

(2)索赔是落实和调整合同双方经济责、权、利关系的手段，也是合同双方风险分担的又一次合理再分配；离开了索赔，合同责任就不能全面体现，合同双方的责、权、利关系就难以平衡。

(3)索赔是合同实施的保证。索赔是合同法律效力的具体体现，对合同双方形成约束，尤其对违约者起到警诫作用；违约方必须考虑违约后的后果，从而尽量减少其违约行为的发生。

(4)索赔对提高企业和工程项目管理水平起着重要的促进作用。我国承包人在许多项目上提不出或提不好索赔，与其企业管理松散混乱、计划实施不严、成本控制不力等有着直接关系；没有正确的工程进度网络计划，就难以证明延误的发生及天数；没有完整翔实的记录，就缺乏索赔定量要求的基础。

(5)索赔是承包商维护自身正当权益的重要手段。承包人可以通过施工索赔在以下四个方面加强对项目的管理：

①加强合同管理。

②重视施工计划管理。

③注意工程成本控制。

④提高文档管理水平。

三、索赔的原因与依据

1. 索赔的原因

由于建筑装饰工程的特殊性、施工的复杂性和建筑装饰市场的竞争激烈性等原因，在建筑装饰工程实施过程中，索赔时有发生。导致发生索赔的具体原因如下：

(1)合同本身存在缺陷。合同缺陷常表现为合同文件规定不严谨，合同中有遗漏或错误，造成设计与施工规定相矛盾，技术规范和设计图纸不符或相矛盾等。在这种情况下，承包人应及时将这些缺陷反映给监理工程师，由监理工程师作出解释。若承包人执行监理工程师的解释指令后，造成施工工期延长或工程成本增加，则承包人可提出索赔要求，监理工程师应予以证明，发包人应给予相应的补偿。

(2)合同当事人违约。建筑装饰工程合同规定了双方当事人的权利、义务和责任，由于合同当事人一方违约，造成合同另一方的损失，其可以向违约方提出赔偿要求，即索赔。

(3)合同理解差异。由于合同文件复杂，分析困难，加上合同双方的立场和角度不同，工程经验不同，使得合同双方对合同条款的理解产生差异，造成工程实施行为的失调而引起索赔。

(4)施工现场条件变化。施工现场恶劣的自然条件及地下实物障碍等，是一般承包商事先无法预料的，需要承包人花费更多的时间和金钱去排除这些干扰。因此，承包人有权据此向发包人提出索赔要求。

(5)风险分担不均。在建筑装饰工程施工承包合同中，施工风险相对于合同双方均存在；但业主和承包人承担的合同风险并不均等，风险大的一方必须通过施工索赔弥补风险引起的损失。

(6)合同变更。在建筑装饰工程施工过程中，若合同变更超出工程范围，承包人有权予以拒绝。特别是当工程量变化超出招标时工程量清单的20%时，可能会导致承包人的施工现场人员不足，需另雇工人；也可能会导致承包人的施工机械设备失调，或增加新型号的施工机械设备，或增加机械设备数量等。人工和机械设备的需求增加，则会引起承包商额外的经济支出，扩大了工程成本；反之，若工程项目被取消或工程量大减，又势必会引起承包人原有人工和机械设备的窝工和闲置，造成资源浪费，导致承包人亏损。因此，在合同变更时，承包人有权提出索赔。

2. 索赔的依据

建筑装饰工程索赔依据主要来源于施工过程中的信息和资料，承包人只有平时注意这些信息资料的收集、整理和积累，才能在索赔事件发生时，快速地调出真实、准确、全面、有说服力、具有法律效力的索赔证据来。

可以直接或间接作为索赔依据的资料包括以下几个方面：

(1)招标文件、投标书、施工合同文本及附件，其他各种备忘录、修正案、工程图纸、技术规范等。这些索赔的依据可在索赔报告中直接引用。

(2)双方的往来信件及各种会谈纪要。在合同履行过程中，各项目参与方会有大量往来信息，这些信件大多牵涉技术问题。另外，双方还会定期或不定期召开会议，每次会议结束后，各方都会接收到记录会议主要内容的会谈纪要，其同样可作为索赔的依据。

(3)施工现场记录。施工现场记录主要包括施工日志、进度计划、工程检查验收报告、各种技术鉴定报告、工程中送(停)电、送(停)水的记录及证明等。

(4)工程师指示。工程师指示有书面指示和口头指示两种。如果是口头指示，应自指示发出后尽快以书面形式进行确认，否则将不能作为索赔依据。

(5)国家有关法律、法令、政策文件，官方的物价指数、工资指数，各种会计核算资料，材料的订货、采购、运输、进场、使用方面的凭据。

索赔依据是索赔的关键因素，索赔依据不足或不存在，索赔就不可能成功。索赔依据应符合下列要求：

(1)及时性。既然干扰事件已发生，又意识到需要索赔，就应在有效时间内提出索赔意向。在规定的时间内报告事件的发展及影响情况，在规定时间内提交索赔的详细额外费用账单，对发包人或工程师提出的疑问及时补充有关材料。如果拖延太久，将增加索赔工作的难度。

(2)真实性。索赔证据必须是在实际施工过程中产生，完全反映实际情况，能经得住对方推敲的证据。由于在施工过程中合同双方都在进行合同管理，收集工程资料，所以双方应有相同的证据。使用不实的或虚假证据是违反商业道德甚至法律的。

(3)全面性。所提供的证据应能说明事件的全过程。索赔报告中所涉及的干扰事件、索赔理由、影响、索赔值等都应有相应的证据，不能凌乱和支离破碎，否则发包人将退回索赔报告，要求重新补充证据。这会拖延索赔时间，损害承包人在索赔中的有利地位。

(4)法律证明效力。索赔证据必须有法律证明效力，特别是准备递交仲裁的索赔报告。

①证据必须是当时的书面文件，一切口头承诺、口头协议都没有法律效力。

②合同变更协议必须由双方签署，或以会谈纪要的形式确定，且为决定性决议。一切商讨性、意向性的意见或建议都无法律效力。

③工程中的重大事件、特殊情况的记录应由工程师签署认可。

四、施工索赔成立的条件

当合同一方向另一方提出索赔时，要有正当的索赔理由，且有索赔事件发生时的有效证据，并在合同约定的时限内提出。索赔必须符合以下三个基本条件：

(1)客观性。确实存在不符合合同或违反合同的干扰事件，对承包人的工期和成本造成了影响。必须是事实，有确凿的证据证明。

(2)合法性。干扰事件非承包人自身责任引起的，按照合同条款对方应给予补(赔)偿。索赔要求必须符合本工程承包合同的规定。根据所签订的合同，判定干扰事件的责任由谁承担，承担什么样的责任。针对不同的合同条件，索赔有不同的解决方法。

(3)合理性。索赔要求合情合理，符合实际情况，真实地反映由于干扰事件引起的实际损失，采用合理的计算方法和计算基础。承包人必须证明干扰事件与干扰事件的责任、施工过程所受到的影响、所受到的损失、所提出的索赔要求之间存在着因果关系。

五、索赔管理

1. 索赔管理的特点

要积极地开展索赔工作，必须全面认识索赔，理解索赔。端正索赔动机，才能正确对待索赔，规范索赔行为，合理地处理索赔业务。建筑装饰工程索赔工作的特点如下：

(1)索赔工作贯穿工程项目始终。合同当事人要做好索赔工作，必须在执行合同的全过程中，在项目经理的领导下，切实采取预防保护措施，建立健全索赔业务的各项管理制度。

在工程项目的招标投标和合同签订阶段，承包人应仔细研究工程所在国的法律、法规及合同条件，特别是关于合同范围、义务、付款、工程变更、违约及罚款、特殊风险、索赔时限和争议解决等条款，必须在合同中明确规定当事人各方的权利和义务，以便为将来索赔时提供合法的依据和基础。

在合同执行阶段，合同当事人应密切关注对方当事人的合同履行情况，不断地寻求索赔机会；同时自身严格履行合同义务，防止给对方创造索赔机会。

(2)索赔是一门融工程技术和法律于一体的综合学问。索赔问题涉及的层面相当广泛，既要求索赔人员具备丰富的工程技术知识与实际施工经验，能够科学合理地提出索赔问题，符合工程实际情况；又要求索赔人员通晓法律与合同知识，使得提出的索赔具有法律依据和事实证据；并且还要求在索赔文件的准备、编制和谈判等方面具有一定的水平，使索赔的最终解决表现出一定程度的伸缩性和灵活性。索赔人员应当头脑冷静、思维敏捷、处事公正、性格刚毅且有耐心。

2. 索赔管理的机构

对重大索赔或一揽子索赔必须成立专门的索赔小组，负责具体的索赔谈判和索赔处理工作。索赔小组的工作对索赔成败起关键作用；索赔小组应及早成立，因为他们要熟悉合同签订和实施的全过程和各方面资料。索赔小组作为一个群体，需要全面的知识、能力和经验，这主要体现在以下几个方面：

(1)具备合同法律方面的知识，以及合同分析、索赔处理方面的知识、能力和经验。

(2)具备现场施工和组织计划安排方面的知识、能力和经验。

(3)具备工程成本核算和财务会计核算方面的知识、能力和经验。

(4)具备索赔计划和组织能力、合同谈判能力、写作和语言表达能力等。

索赔是一项非常复杂的工作。索赔小组人员必须保证忠诚，这是取得索赔成功的前提条件。其主要表现在以下几个方面：

(1)全面领会和贯彻执行总部的索赔总策略。

(2)索赔小组在索赔工作中，应充分发挥每个人的工作能力和工作积极性。

(3)索赔小组应加强索赔过程中的保密工作。

(4)索赔小组必须认真细致地工作。

(5)索赔小组对复杂的合同争执必须有详细的计划安排。

3. 索赔管理的任务

索赔管理的任务是对自己已经受到的损失进行追索，主要包括以下几个方面：

(1)预测索赔机会。虽然干扰事件产生于施工中，但它的根由却在招标文件、合同、设计、计划中。所以，在招标文件分析、合同谈判中，承包人应对干扰事件有充分的考虑和防范，预测索赔的可能。预测索赔机会又是合同风险分析和对策的内容之一。

(2)在合同实施中寻找和发现索赔机会。在任何工程中，干扰事件是不可避免的，问题在于承包商能不能及时发现并抓住索赔机会。承包人应对索赔机会有敏锐的嗅觉，对合同实施过程进行监督、跟踪、分析和诊断，寻找和发现索赔机会。

(3)处理索赔事件，解决索赔争执。索赔机会一经发现，则应迅速做出反应，进入索赔处理过程。索赔处理具体包括以下几个方面的内容：

①向工程师和发包人提出索赔意向。

②进行事态调查，寻找索赔理由和证据，分析干扰事件的影响，计算索赔值，起草索赔报告。

③向发包人提出索赔报告，通过谈判、调解或仲裁最终解决索赔争执，使自己的损失得到合理补偿。

4. 影响索赔成功的因素

索赔能否获得成功，与企业的项目管理基础工作密切相关，见表 6-1。

表 6-1 影响索赔成功的因素

序号	影响因素	内　容
1	合同管理	合同管理与索赔工作密不可分，有的学者认为索赔就是合同管理的一部分。从索赔角度看，合同管理可分为合同分析和合同日常管理两部分。 合同分析的主要目的是为索赔提供法律依据。 合同日常管理则是收集、整理施工记录，包括图纸、订货单、会谈纪要、来往信件、变更指令、气象图表、工程照片等，并加以科学归档和管理，形成一个能清晰描述和反映整个工程全过程的数据库，为索赔及时提供全面、正确、合法有效的各种证据
2	进度管理	工程进度管理，不仅可以指导整个施工的进程和次序，而且可以通过对计划工期与实际进度的比较、研究和分析，找出影响工期的各种因素，分清各方责任，及时地向对方提出延长工期及相关费用的索赔，并为工期索赔值的计算提供依据和各种基础数据
3	成本管理	成本管理的主要内容有编制成本计划，控制和审核成本支出，进行计划成本与实际成本的动态比较分析等，可以为费用索赔提供各种费用的计算数据和其他信息
4	信息管理	索赔文件的提出、准备和编制需要大量施工信息，这些信息要在索赔时限内高质量地准备好。有条件的企业可以采用计算机进行信息管理

案　例

某装修工程项目施工采用了包工包全部材料的固定价格合同。工程招标文件参考资料中提供的用砂地点距离工地 4 km。但是开工后，检查该砂质量不符合要求，承包人只得从另一距离工地 20 km 的供砂地点采购。而在一个关键工作面上又发生了几种原因造成的临时停工：5 月 20 日至 5 月 26 日承包人的施工设备出现了从未出现过的故障；应于 5 月 24 日交给承包人的后续图纸直到 6 月 10 日才交给承包人；6 月 7 日至 6 月 12 日施工现场下了罕见的特大暴雨，造成了 6 月 11 日至 6 月 14 日的该地区的供电全面中断。

问题：

1. 承包人的索赔要求成立的条件是什么？

2. 由于供砂距离的增大，必然引起费用的增加，承包人经过认真计算后，在业主指令下达的第 3 天，向业主的造价工程师提交了将原用砂单价每吨提高 5 元人民币的索赔要求。作为一名造价工程师，你会批准该索赔要求吗？为什么？

3. 若承包人对业主原因造成窝工损失进行索赔，要求设备窝工损失按台班计算，人工的窝工损失按日工资标准计算，这是否合理？如不合理，应怎样计算？

4. 由于几种情况的暂时停工，承包人在6月25日向业主的造价工程师提出延长工期26天，成本损失费人民币2万元/天(此费率已经造价工程师核准)和利润损失费人民币2 000元/天的索赔要求，共计索赔款57.2万元。作为一名造价工程师，你批准延长工期多少天？索赔款额多少万元？

5. 你认为应该在业主支付给承包人的工程进度款中扣除因设备故障引起的竣工拖期违约损失赔偿金吗？为什么？

分析：

1. 承包人的索赔要求成立必须同时具备如下四个条件：

(1)与合同相比较，已造成了实际的额外费用或工期损失。

(2)造成费用增加或工期损失的原因不是承包人的过失。

(3)造成费用增加或工期损失不是应由承包人承担的风险。

(4)承包人在事件发生后的规定时间内提出了索赔的书面意向通知和索赔报告。

2. 因砂场地点的变化提出的索赔不能被批准，原因如下：

(1)承包人应对自己就招标文件的解释负责。

(2)承包人应对自己报价的正确性与完备性负责。

(3)作为一个有经验的承包人，可以通过现场踏勘确认招标文件参考资料中提供的用砂质量是否合格，若承包人没有通过踏勘发现用砂质量问题，其相关风险应由承包人承担。

3. 不合理。因窝工闲置的设备按折旧费或停滞台班费或租赁费计算，不包括运转费部分；人工费损失应考虑这部分工作的工人调做其他工作时工效降低的损失费用；一般用工日单价乘以一个测算的降效系数计算这一部分损失，而且只按成本费用计算，不包括利润。

4. 可以批准的延长工期为19天，费用索赔额为32万元人民币。原因如下：

(1)5月20日至5月26日出现的设备故障，属于承包人应承担的风险，不应考虑承包人延长工期和费用索赔要求。

(2)5月27日至6月9日的停工是由于业主迟交图纸引起的，为业主应承担的风险，应延长工期为14天。成本损失索赔额为14天×2万/天=28万元，但不应考虑承包人的利润要求。

(3)6月10日至6月12日的特大暴雨属于双方共同的风险，应延长工期为3天，但不应考虑承包人的费用索赔要求。

(4)6月13日至6月14日的停电属于有经验的承包人无法预见的自然条件变化，为业主应承担的风险，应延长工期为2天，索赔额为2天×2万/天=4万元。但不应考虑承包人的利润要求。

5. 业主不应在支付给承包人的工程进度款中扣除竣工拖期违约损失赔偿金。因为设备故障引起的工程进度拖延不等于竣工工期的延误。如果承包人能够通过施工方案的调整将延误的工期补回，不会造成工期延误；如果承包人不能通过施工方案的调整将延误的工期补回，将会造成工期延误。所以，工期提前奖励或拖期罚款应在竣工时处理。

第二节 索赔程序和报告

一、寻找和发现索赔机会

在建筑装饰工程施工过程中，经常会发生一些非承包商责任引起的干扰事件，造成施工工期拖延和费用的增加，这些便是承包人的索赔机会。承包人必须对索赔机会有敏锐的嗅觉，寻找和发现索赔机会是索赔的第一步。

(1)发包人或他的代理人、工程师等有明显的违反合同，或未正确地履行合同责任的行为。

(2)承包人自己的行为违约，已经或可能完不成合同责任，但究其原因却在发包人、工程师或他的代理人等。由于合同双方的责任是互相联系、互为条件的，如果承包人违约的原因是发包人造成的，同样是承包人的索赔机会。

(3)工程环境与“合同状态”的环境不一样，与原标书规定不一样，出现“异常”情况和一些特殊问题。

(4)合同双方对合同条款的理解发生争执，或发现合同缺陷、图纸出错等。

(5)发包人和工程师作出变更指令，双方召开变更会议，双方签署了会谈纪要、备忘录、修正案、附加协议。

(6)在合同监督和跟踪中承包人发现工程实施偏离合同，如月形象进度与计划不符、成本大幅度增加、资金周转困难、工程停滞、质量标准提高、工程量增加、施工计划被打乱、施工现场紊乱、实际的合同实施不符合合同事件表中的内容或存在差异等。

二、收集索赔证据

索赔证据是关系到索赔成败的重要文件之一，在索赔过程中应注重对索赔证据的收集。否则即使抓住了合同履行中的索赔机会，索赔也难以成功或被大打折扣；或者拿出的证据漏洞百出，前后自相矛盾，经不起对方的推敲和质疑，不仅不能促进己方索赔的成功，反而会被对方作为反索赔的证据，使己方在索赔问题上处于极为不利的地位。因此，收集有效的证据是索赔管理中不可忽视的一部分。

三、发出索赔意向通知

索赔事件发生后，承包人应在合同规定的时间内，及时向发包人或工程师书面提出索赔意向通知，也即向发包人或工程师就某一个或若干个索赔事件表示索赔愿望、要求或声明保留索赔的权利。索赔意向的提出是索赔程序中的第一步，其关键是抓住索赔机会，及时提出索赔意向。如果承包人没有在合同规定的期限内提出索赔意向或通知，承包人则会丧失在索赔中的主动和有利地位，发包人和工程师也有权拒绝承包人的索赔要求。因此，

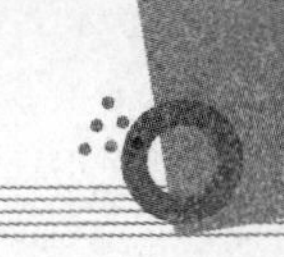

在实际工作中，承包人应避免合理的索赔要求由于未能遵守索赔时限的规定而导致无效。

1. 及时发出索赔意向的目的

承包人在规定期限内首先提出索赔意向，是基于以下几个方面的考虑：

(1)提醒发包人或工程师及时关注索赔事件的发生、发展等全过程。

(2)为发包人或工程师的索赔管理做准备，如进行合同分析、收集证据等。

(3)如属发包人责任引起索赔，发包人有机会采取必要的改进措施，防止损失的进一步扩大。

(4)对于承包人来讲，意向通知也可以起到保护作用，使承包人避免“因被称为‘志愿者’而无权取得补偿”的风险。

2. 索赔意向的内容

一般索赔意向通知仅仅是表明意向，应简明扼要，涉及索赔内容但不涉及索赔数额。通常包括以下几个方面的内容：

(1)事件发生的时间和情况的简单描述。

(2)合同依据的条款和理由。

(3)有关后续资料的提供，包括及时记录和提供事件发展的动态。

(4)对工程成本和工期产生的不利影响的严重程度，以期引起工程师(发包人)的注意。

四、索赔证据资料准备

承包人提出索赔意向后，发包人或监理工程师一般都会对承包人的索赔提出一些质疑，要求承包人作出合理的解释或出具有力的证明材料。因此，承包人在提交正式的索赔报告之前，必须尽力准备好与索赔有关的一切详细资料，以便在索赔报告中使用，或在监理工程师和发包人要求时出示。

根据工程项目的性质和内容不同，索赔时应准备的证据资料也不同。从建筑装饰工程的索赔实践来看，承包人应该准备和提交的证据资料主要如下：

(1)施工日志。

(2)来往信件。

(3)气象资料。

(4)备忘录。

(5)会议纪要。

(6)工程照片和工程声像资料。

(7)工程进度计划。

(8)工程核算资料。

(9)工程报告。

(10)工程图纸。

(11)招投标阶段有关现场考察和编标的资料，各种原始单据(如工资单、材料设备采购单)，各种法规文件、证书证明等。

五、索赔报告的编写

索赔报告是在合同规定的时间内，承包人向监理工程师提交的要求发包人给予一定经济补偿和延长工期的正式书面报告。索赔报告的水平与质量的高低，直接关系到索赔的成败。

1. 索赔报告的编写要求

编写索赔报告是一项比较复杂的工作，须有一个专门的小组和各方的大力协助。索赔报告的编写应有理有据，准确可靠，具体要求包括以下几点：

(1)责任分析应清楚准确。在报告中所提出索赔的事件的责任是对方引起的，应将全部或主要责任推给对方，不能有责任含混不清和自我批评式的语言。要做到这一点，就必须强调索赔事件的不可预见性，承包人对它不能有所准备，事发后尽管采取能够采取措施也无法制止；指出索赔事件使承包人工期拖延，费用增加的严重性和索赔值之间的直接因果关系。

(2)索赔报告中必须有详细、准确的损失金额及时间的计算。计算依据要用文件规定的和公认合理的计算方法，并加以适当的分析。数字计算上不要有差错，一个小的计算错误可能影响到整个计算结果，影响索赔的可信度。

(3)要证明客观事实与损失之间的因果关系，说明索赔事件的前因后果，要以合同为依据，说明发包人违约或合同变更引起索赔的必然性联系。

(4)索赔报告的用词要婉转和恰当。编写索赔报告时，要避免使用强硬的不友好的抗议式的语言，不能因语言过激而伤害了双方的感情；切忌断章取义，牵强附会，夸大其词。

2. 索赔报告的内容

建筑装饰工程索赔报告包括三部分内容。

第一部分，承包人或其他授权人及致发包人或工程师的信。建筑装饰工程承包人或其他授权人致发包人或工程师的信中应简要介绍索赔的事项、理由和要求，说明随函所附的索赔报告正文及证明材料情况等。

第二部分，正文。建筑装饰工程索赔报告的正文一般包括以下内容：

(1)题目。简要地说明针对什么提出索赔。

(2)索赔事件陈述。叙述事件的起因、事件经过、事件过程中双方的活动、事件的结果，重点叙述已方按合同所采取的行为，对方不符合合同的行为。

(3)理由。总结上述事件，同时引用合同条文或合同变更和补充协议条文，证明对方行为违反合同或对方的要求超出合同规定，造成了该项事件，有责任对此造成的损失作出赔偿。

(4)影响。简要说明事件对承包人施工过程的影响，而这些影响与上述事件有直接的因果关系。

(5)结论。对上述事件的索赔问题作出最后总结，提出具体索赔要求，包括工期索赔和费用索赔。

第三部分，附件。包括该报告中所列举事实、理由、影响的证明文件和各种计算基础、计算依据的证明文件。

六、索赔报告的递交

索赔意向通知提交后的28天内，或工程师可能同意的其他合理时间，承包人应递送正式的索赔报告。

如果索赔事件的影响持续存在，28天内还不能计算出索赔额和工期展延天数时，承包人应按工程师合理要求的时间间隔(一般为28天)，定期陆续报出每一个时间段内的索赔证据资料和索赔要求。在该项索赔事件的影响结束后的28天内，报出最终详细报告，提出索赔论证资料和累计索赔额。

承包人发出索赔意向通知后，可以在工程师指示的其他合理时间内再报送正式索赔报告，也就是说，工程师在索赔事件发生后有权不马上处理该项索赔。如果事件发生时，现场施工非常紧张，工程师不希望立即处理索赔而分散各方抓施工管理的精力，可通知承包人将索赔的处理留待施工不太紧张时再去解决。但承包人的索赔意向通知必须在事件发生后的28天内提出，包括因对变更估价双方不能取得一致意见，而先按工程师单方面决定的单价或价格执行时，承包人提出的保留索赔权利的意向通知。如果承包人未能按时间规定提出索赔意向和索赔报告，则失去了就该项事件请求补偿的索赔权利。此时他所得到损害的补偿，将不超过工程师认为应主动给予的补偿额。

七、索赔报告的审查

施工索赔的提出与审查过程，是当事双方在承包合同基础上，逐步分清在某些索赔事件中的权利和责任并使其数量化的过程。作为发包人或工程师，应明确审查的目的和作用，掌握审查的内容和方法，处理好索赔审查中的特殊问题，促进工程的顺利进行。

1. 工程师审核承包人的索赔申请

接到承包人的索赔意向通知后，工程师应建立自己的索赔档案，密切关注事件的影响，检查承包人的同期记录时，随时就记录内容提出他的不同意见或他希望应予以增加的记录项目。

在接到正式索赔报告以后，认真研究承包人报送的索赔资料。首先，在不确认责任归属的情况下，客观分析事件发生的原因，重温合同的有关条款，研究承包人的索赔证据，并检查他的同期记录；其次，通过对事件的分析，工程师再依据合同条款划清责任界限，必要时还可以要求承包人进一步提供补充资料。尤其是承包人与发包人或工程师都负有一定责任的事件，更应划出各方应该承担合同责任的比例。最后，再审查承包人提出的索赔补偿要求，剔除其中的不合理部分，拟定自己计算的合理索赔数额和工期顺延天数。

2. 判定索赔是否成立

建筑装饰工程工程师判定承包人索赔成立的条件包括以下几项：

(1)与合同相对照，事件已造成了承包人施工成本的额外支出，或总工期延误。

(2)造成费用增加或工期延误的原因，按合同约定不属于承包人应承担的责任，包括行为责任或风险责任。

(3)承包人按合同规定的程序提交了索赔意向通知和索赔报告。

3. 审查索赔报告

建筑装饰工程师对索赔报告的审查主要包括以下几个方面的内容：

(1)事态调查。通过对合同实施的跟踪、分析，了解索赔事件经过、前因后果，掌握事件详细情况。

(2)损害事件原因分析。建筑装饰工程工程师对损害事件的原因分析包括：主要索赔事件是由何种原因引起和责任应由谁来承担。在实际工作中，损害事件的责任有时是多方面原因造成的，故必须进行责任分解，划分责任范围。

(3)分析索赔理由。建筑装饰工程师对索赔事件进行分析，主要是依据合同文件，判明索赔事件是否属于未履行合同规定义务或未正确履行合同义务导致，是否在合同规定的赔偿范围之内。只有符合合同规定的索赔要求才有合法性，才能成立。

(4)实际损失分析。建筑装饰工程师对实际损失的分析，即分析索赔事件的影响，主要表现为工期的延长和费用的增加。如果索赔事件不造成损失，则无索赔可言。损失调查的重点是分析、对比实际和计划的施工进度，工程成本和费用方面的资料，在此基础上核算索赔值。

(5)证据资料分析。建筑装饰工程师对证据资料的分析，主要分析其有效性、合理性、正确性，这也是索赔要求有效的前提条件。如果在索赔报告中提不出证明其索赔理由、索赔事件的影响、索赔值的计算等方面的详细资料，索赔要求是不能成立的。如果工程师认为承包人提出的证据不足以说明其要求的合理性时，可以要求承包人进一步提交索赔的证据。

八、索赔的解决

建筑装饰工程师与承包人，双方各自依据对这一事件的处理方案进行友好协商，如果双方对该索赔事件的责任、索赔金额或工期拖延天数等分歧较大，通过谈判达不成共识，工程师有权确定一个他认为合理的单价为最终的处理意见，报送业主并通知相应承包人。

发包人根据事件发生的原因、责任范围、合同条款审核承包人的索赔申请和工程师的处理报告，决定是否批准工程师的索赔报告。

如果承包人同意了最终的索赔决定，则索赔事件宣告结束；反之，如果承包人不接受工程师的单方面决定(或业主删减的索赔金额或工期延长天数)，就会导致合同纠纷，产生争执。解决索赔争执的方法通常有以下几种：

(1)协商解决。合同双方通过共同商讨，按照合同规定，互相作出让步，使争执得到解决。

(2)调解。如果双方通过协商未能达成一致，任何一方均有权向合同管理机关申请调解。调解通常有行政调解和司法调解两种形式。

(3)仲裁。仲裁是仲裁委员会对合同争执所作的裁决。仲裁解决的前提是争执双方当事人之间要有仲裁协议。

(4)法院判决。任何一方提出诉讼，法院进行司法调解不成，则由法院进行判决。

第三节　索赔计算和技巧

一、费用索赔计算

1. 索赔费用的构成

可索赔费用按项目构成可分为人工费、材料费、施工机具使用费、企业管理费、利润、

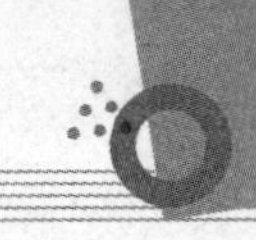

规费和税金等。

对于不同的索赔事件，会有不同的费用构成。索赔方应根据索赔事件的性质，分析其具体的费用构成。表 6-2 中列出了工期延长、发包人指令工程加速、工程中断、工程量增加和附加工程等类型索赔事件的费用构成。

表 6-2　索赔事件的费用构成

索赔事件	费用构成	示　例
工期延长	(1)人工费增加。 (2)材料费增加。 (3)现场施工机械设备停置费。 (4)现场管理费增加。 (5)因工期延长和通货膨胀使原工程成本增加。 (6)相应保险费、保函费用增加。 (7)分包商索赔。 (8)总部管理费分摊。 (9)推迟支付引起的兑换率损失。 (10)银行手续费和利息支出	包括工资上涨，现场停工、窝工，生产效率降低，不合理使用劳动力等的损失。 因工期延长，材料价格上涨。 设备因延期所引起的折旧费、保养费或租赁费等。 包括现场管理人员的工资及其附加支出，生产补贴，现场办公设施支出，交通费用等。 分包商因延期向承包商提出的费用索赔。 因延期造成公司内部管理费增加。 工程延期引起支付延迟
发包人指令工程加速	(1)人工费增加。 (2)材料费增加。 (3)机械使用费增加。 (4)因加速增加现场管理人员的费用。 (5)总部管理费增加。 (6)资金成本增加	因发包人指令工程加速造成劳动力投入增加，不经济地使用劳动力，生产率降低和损失等。 不经济地使用材料，材料运输费增加。 增加机械投入，不经济地使用机械。 费用增加和支出提前引起负现金流量所支付的利息
工程中断	(1)人工费。 (2)机械使用费。 (3)保函、保险费、银行手续费。 (4)贷款利息。 (5)总部管理费。 (6)其他额外费用	如留守人员工资，人员的遣返和重新招雇费，对工人的赔偿金等。 如设备停置费，额外的进出场费，租赁机械的费用损失等。 如停工、复工所产生的额外费用，工地重新整理费用等
工程量增加或附加工程	(1)工程量增加所引起的索赔额，其构成与合同报价组成相似。 (2)附加工程的索赔额，其构成与合同报价组成相似	工程量增加小于合同总额的 5%，为合同规定的承包商应承担的风险，不予补偿。 工程量增加超过合同规定的范围(如合同额的 15%～20%)，承包商可要求调整单价，否则合同单价不变

2. 费用索赔的计算方法

建筑装饰工程费用索赔的计算方法一般有两种：一种是总费用法，另一种是分项法。

(1)总费用法。总费用法的基本思路是将固定总价合同转化为成本加酬金合同，以承包商的额外成本为基点加上管理费和利润等附加费作为索赔值。

总费用法是一种最简单的计算法，通常很少采用。采用总费用法进行费用索赔计算时，应满足以下几个条件：

①合同实施过程中的总费用核算是准确的；工程成本核算符合普遍认可的会计原则；成本分摊方法、分摊基础选择合理；实际总成本与报价总成本所包括的内容一致。

②承包商的报价是合理的，反映实际情况。如果报价计算不合理，则按这种方法计算的索赔值也不合理。

③费用损失的责任，或干扰事件的责任完全在于发包人或其他人，承包商在工程中无任何过失，而且没有发生承包商风险范围内的损失。

④合同争执的性质不适用其他计算方法。例如，由于发包人责任造成工程性质发生根本变化，原合同报价已完全不适用。这种计算方法常用于对索赔值的估算。有时，发包人和承包商签订协议，或在合同中规定，对于一些特殊的干扰事件，如特殊的附加工程、发包人要求加速施工、承包商向发包人提供特殊服务等，可采用成本加酬金的方法计算赔(补)偿值。

采用总费用法进行费用索赔计算时，应注意以下几个方面：

①索赔值计算中的管理费费率一般采用承包商实际的管理费分摊率，这符合赔偿实际损失的原则。但实际管理费费率的计算和核实是很困难的，所以，通常都用合同报价中的管理费费率，或双方商定的费率，这全在于双方商讨。

②在费用索赔的计算中，利润是一个复杂的问题，故一般不计利润，以保本为原则。

③由于工程成本增加使承包商支出增加，这会引起工程的负现金流量的增加。因此，在索赔中可以计算利息支出(作为资金成本)。利息支出可按实际索赔数额、拖延时间和承包商向银行贷款的利率(或合同中规定的利率)计算。

(2)分项法。分项法是按每个(或每类)干扰事件，以及这事件所影响的各个费用项目分别计算索赔值的方法，分项法计算索赔值具有下列特点：

①分项法比总费用法复杂，处理起来困难。

②分项法反映实际情况，比较合理、科学。

③分项法为索赔报告的进一步分析评价、审核，双方责任的划分，双方谈判和最终解决提供方便。

④分项法应用面广，人们在逻辑上容易接受。

通常，在实际工程中费用索赔计算都采用分项法。但对具体的干扰事件和具体费用项目，分项法的计算方法千差万别。分项法计算索赔值通常分以下三步：

第一步，分析每个或每类干扰事件所影响的费用项目。这些费用项目通常应与合同报价中的费用项目一致。

第二步，确定各费用项目索赔值的计算基础和计算方法，计算每个费用项目受干扰事件影响后的实际成本或费用值，并与合同报价中的费用值对比，即可得到该项费用的索赔值。

第三步，将各费用项目的计算值列表汇总，得到总费用索赔值。

采用分项法进行费用索赔计算时，不能漏项。在实际工程中，许多现场管理者提交索赔报告时常常仅考虑直接成本，即现场材料、人员、设备的损耗(这是由他直接负责的)，而忽略一些附加的成本。例如，工地管理费分摊；由于完成工程量不足而没有获得企业管理费；人员在现场延长停滞时间所产生的附加费，如假期、差旅费、工地住宿补贴、平均工资的上涨；由于推迟支付而造成的财务损失；保险费和保函费用增加等。

3. 人工费索赔值计算

人工费是指直接从事施工的工人、辅助工人、工长的工资及其有关的费用。在施工索赔中的人工费是指额外劳务人员的雇用、加班工作、人员闲置和劳动生产率降低的工时所花费的费用。一般可用工时与投标时人工单价或折算单价相乘计算。

在索赔事件发生后，为了方便起见，工程师有时会实施计日工作。此时索赔费用计算可采用计日工作表中的人工单价。

发包人通常会认为不应计算闲置人员奖金、福利等报酬，通常将闲置人员的人工单价按折算人工单价计算，一般为 0.75。

除此之外，人工单价还可参考其他有关标准定额。

如何确定因劳动生产率降低而额外支出的人工费问题，是一个很重要的问题。国外非常重视在这方面的索赔研究，索赔值相当可观。其计算方法见表 6-3。

表 6-3　因劳动生产率降低而额外支出的人工费的计算方法

序号	计算方法	内　容
1	实际成本和预算成本比较法	用受干扰后的实际成本与合同中的预算成本比较，计算出由于劳动效率降低造成的损失金额。计算时需要详细的施工记录和合理的估价体系，只要两种成本的计算准确，而且成本增加确系发包人原因时，索赔成功的把握性很大
2	正常施工期与受影响施工期比较法	分别计算出正常施工期内和受干扰时施工期内的平均劳动生产率，求出劳动生产率降低值，而后求出索赔额： $人工费索赔额=\frac{计划工时\times劳动生产率降低值}{正常情况下平均劳动生产率}\times相应人工单价$
3	用科学模型计量法	利用科学模型来计量劳动生产率损失，是一种较为可信的科学方法。在运用这种计量模型时，要求承包商能在确认索赔事件发生后立即意识到为选用的计量模型记录收集资料

4. 材料费索赔值计算

材料费的索赔主要包括材料涨价费用、额外新增材料运输费用、额外新增材料使用费、材料破损消耗估价费用等。

在建筑装饰工程合同工期内，材料涨价降价会经常发生。为了进行材料涨价的索赔，承包商必须出示原投标报价时的采购计划和材料单价分析表，并与实际采购计划、工期延期、变更等结合起来，以证明实际的材料购买确实滞后于计划时间，再加上出具有关订货单或涨价的价格指数、运费票据等，以证明材料价和运费已确实上涨。

额外工程材料的使用，主要表现为追加额外工作、工程变更、改变施工方法等。计算时应将原来的计划材料用量与实际消耗了的材料定购单、发货单、领料单或其他材料单据加以比较，以确定材料的增加量。工期的延误会造成材料采购不到位，不得不采取代用材料或进行设计变更时，由此增加的工程成本也可以列入材料费用索赔之中。

5. 施工机械费索赔值计算

建筑装饰工程机械费索赔包括增加台班量、机械闲置或工作效率降低、台班费费率上涨等费用。其中，台班量的计算数据来自机械使用记录，工作效率降低，可参考劳动生产率降低的人工费索赔计算方法；台班费费率按照有关定额和标准手册取值，对于租赁的机械，取费标准按租赁合同计算。

在建筑装饰工程索赔计算中，常采取以下两种方法计算施工机械费索赔：

(1)采用公布的行业标准的租赁费费率。承包人采用租赁费费率是基于两种考虑：一是如果承包人的自有设备不用于施工，他可将设备出租而获利；二是虽然设备是承包人自有，他却要为该设备的使用支出一笔费用，这笔费用应与租用某种设备所付出的代价相等。因此，在索赔计算中，施工机械的索赔费用的计算公式如下：

机械索赔费＝设备额外增加工时(包括闲置)×设备租赁费费率

对于这种费用计算，发包人往往会提出不同的意见，他认为承包人不应得到使用租赁费费率中所得的附加利润。因此，一般将租赁费费率打一折扣。

(2)参考定额标准进行计算。在进行索赔计算中，采用标准定额中的费率或单价是一种能为双方所接受的方法。对于监理工程师指令实施的计日工作，应采用计日工作表中的机械设备单价进行计算。对于租赁的设备，均采用租赁费费率。

在考察机械合理费用单价的组成时，可将其费用划分为不变费用和可变费用两大部分。其中，不变费用包括折旧费、大修费、安拆场外运输费、车船使用税等，一般都是按年度分摊的，是相对固定的，与设备的实际使用时间无直接关系；可变费用包括人工费、燃料动力费、轮胎磨损费等，一般随设备实际使用时间的变化而变化。在设备闲置时，除司机工资外，可变费用也不会发生。因此，在处理设备闲置的单价时，一般都建议对设备标准费率中的不变费用和可变费用分别扣除50％和25％。

6. 管理费索赔值计算

建筑装饰工程管理费包括现场管理费(即工地管理费)和总部管理费(即公司管理费、上级管理费)两部分。

(1)现场管理费索赔计算。现场管理费索赔费应列入以下内容：额外新增工作雇佣额外的工程管理人员费，管理人员工作时间延长的费用，工程延长期的现场管理费，办公设施费，办公用品费，临时供热、供水及照明费，保险费，管理人员工资和有关福利待遇的提高费等。

现场管理费一般占工程直接成本的8％～15％。其索赔值的计算公式如下：

现场管理费索赔值＝索赔的直接成本费×现场管理费费率

其中，现场管理费费率的确定可选用以下方法：

①合同百分比法。按合同中规定的现场管理费费率。

②行业平均水平法。选用公开认可的行业标准现场管理费费率。

③原始估价法。采用承包时，报价时确定的现场管理费费率。

④历史数据法。采用以往相似工程的现场管理费费率。

(2)总部管理费索赔计算。建筑装饰工程总部管理费包括：总部办公大楼及办公用品费用、总部职工工资、投标组织管理费用、通信邮电费用、会计核算费用、广告及资助费用、差旅费等其他管理费用。

总部管理费一般占工程成本的3%～10%。总部管理费索赔值计算方法见表6-4。

表6-4　建筑装饰工程总部管理费索赔值计算

序号	计算方法	计算公式	适用范围
1	日费率分摊法	$\text{延期合同应分摊的管理费}(A)=\dfrac{\text{延期合同额}}{\text{同时期公司所有合同额之和}}\times\text{同期公司总计划管理费}$ $\text{单位时间(日或周)管理费费率}(B)=\dfrac{A}{\text{计划合同期(日或周)}}$ $\text{管理费索赔值}(C)=B\times\text{延期时间(日或周)}$	延期索赔
2	总直接费分摊法	$\text{被索赔合同应分摊的管理费}(A_1)=\dfrac{\text{被索赔合同原计划直接费}}{\text{同期公司所有合同直接费总和}}\times\text{同期公司计划管理费总和}$ $\text{每元直接费包含管理费费率}(B_1)=\dfrac{(A_1)}{\text{被索合同原计划直接费}}$ $\text{应索赔的总部管理费}(C_1)=B_1\times\text{工作范围变更索赔的直接费}$	工作范围变更索赔

管理费数额计算完毕，须经发包人、监理工程师和承包人三方经过协商一致以后再具体确定，或者采用其他恰当的计算方法来确定。一般来说，管理费是相对固定的收入部分，若工期不延长或有所缩短，则对承包人更加有利；若工期不得不延长，就可以索赔延期管理费作为补偿。

7. 利润索赔值计算

建筑装饰工程利润索赔包括额外工作应得的利润部分和由于发包人违约等造成的可能的利润损失部分。具体利润索赔主要发生在以下几种情形下：

(1)合同及工程变更。此项利润的索赔计算直接与投标报价相关联。

(2)合同工期延长。延期利润损失是一种机会损失的补偿，具体款额计算可据工程项目情况及机会损失多少而定。

(3)合同解除。该项索赔的计算比较灵活多变，主要取决于该工程项目的实际盈利性，以及解除合同时已完工作的付款数额。

二、工期索赔计算

在建筑装饰工程施工中，常常会发生一些未能预见的干扰事件使施工不能顺利进行，使预定的施工计划受到干扰，造成工期延长。

(一)工期索赔分析流程

工期索赔分析流程包括延误原因分析、网络计划(CFIM)分析、发包人责任分析和索赔结果分析等，具体内容如图6-1所示。

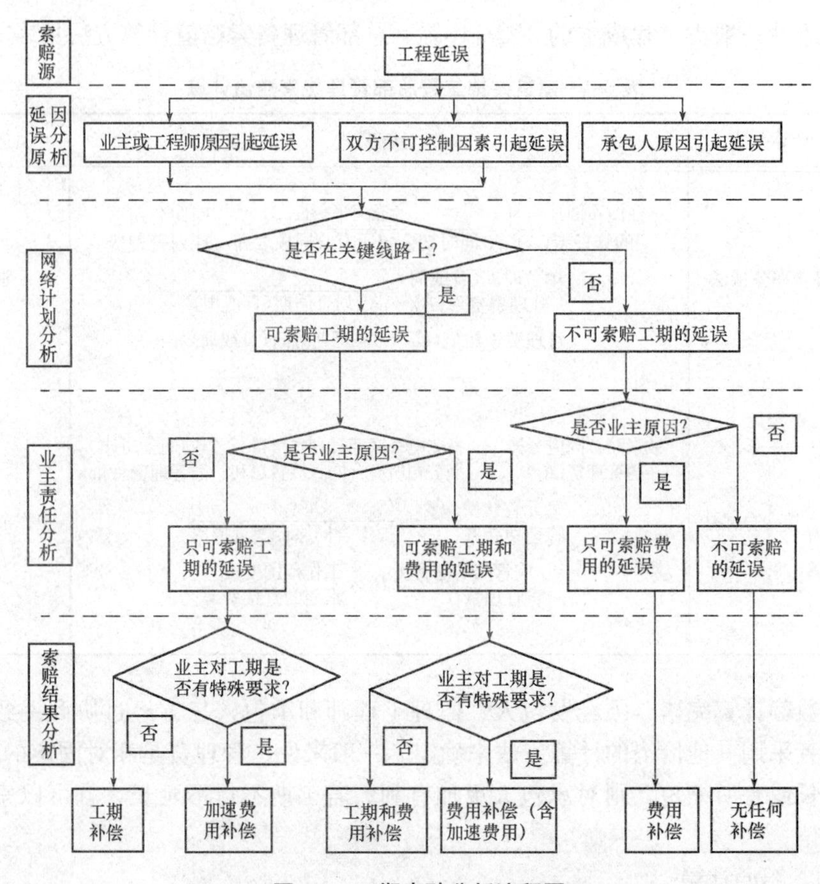

图 6-1　工期索赔分析流程图

(二)工期索赔计算方法

工期索赔就是取得发包人对于合理延长工期的合法性的确认。工期索赔的计算方法包括网络分析法和比例分析法两种。

1. 网络分析法

网络分析方法通过分析延误发生前后网络计划，对比两种工期计算结果计算索赔值。

分析的基本思路为：假设工程施工一直按原网络计划确定的施工顺序和工期进行。现发生了一个或多个延误，使网络中的某个或某些活动受到影响，如延长持续时间，或活动之间逻辑关系变化，或增加新的活动。将这些活动受影响后的持续时间代入网络中，重新进行网络分析，得到新工期，则新工期与原工期之差就是延误对总工期的影响，即工期索赔值。通常，如果延误在关键线路上，则该延误引起的持续时间的延长，即总工期的延长值；如果该延误在非关键线路上，受影响后仍在非关键线路上，则该延误对工期无影响，故不能提出工期索赔。

这种考虑延误影响后的网络计划作为新的实施计划，如果有新的延误发生，则在此基础上可进行新一轮分析，提出新的工期索赔。

这样，工程在实施过程中的进度计划是动态的，会不断地被调整；而延误引起的工期索赔也可以随之同步进行。

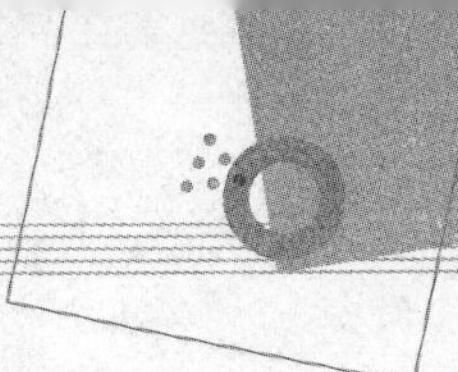

【例 6-1】 某工程主要活动的实施由图 6-2 的网络给出，经网络分析，计划工期为 23 周，现受到干扰，使计划实施产生了以下变化：

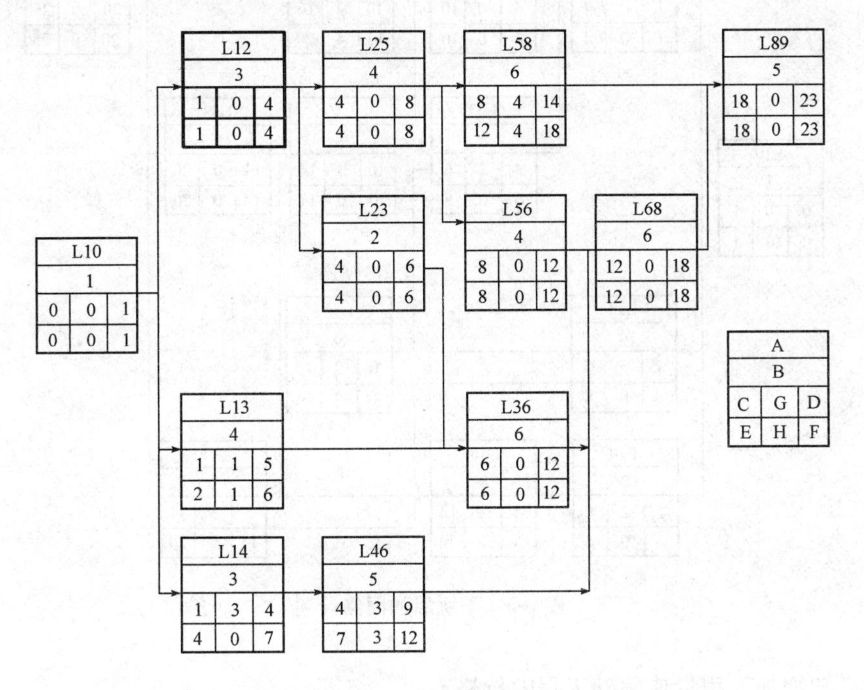

图 6-2 原网络计划

A—工程活动号；B—持续时间；C—最早开始期；D—最早结束期；
E—最迟开始期；F—最迟结束期；G—总时差；H—自由时差

①活动 L25 工期延长 2 周，即实际工期为 6 周。

②活动 L46 工期延长 3 周，即实际工期为 8 周。

③增加活动 L78，持续时间为 6 周，L78 在 L13 结束后开始，在 L89 开始前结束。

将它们一起代入原网络中，得到一新网络图，经过新一轮分析，总工期为 25 周（图 6-3）。即工程受到上述干扰事件的影响，总工期延长 2 周，这就是承包人可以有理由提出索赔的工期拖延。

从上面的网络分析可以看出，总工期延长 2 周完全是由于 L25 活动的延长造成的，因为它在干扰前即关键线路活动。它的延长直接导致总工期的延长。而 L46 的延长不影响总工期，该活动在干扰前为非关键线路活动，在干扰发生后与 L56 等活动并立在关键线路上。同样，L78 活动的增加也不影响总工期。在新网络中，它处于非关键线路上。

2. 比例分析法

网络分析法虽然最科学，也是最合理的，但在实际工程中，干扰事件常常仅影响某些单项工程、单位工程或分部分项工程的工期，分析它们对总工期的影响，可以采用更为简单的比例分析法，即以某个技术经济指标作为比较基础，计算出工期索赔值。

(1)合同价比例法。对于已知部分工程的延期的时间：

$$\text{工期索赔值}=\frac{\text{受干扰部分工程的合同价}}{\text{原整个工程合同总价}}\times\text{该部分工程受干扰工期拖延时间}$$

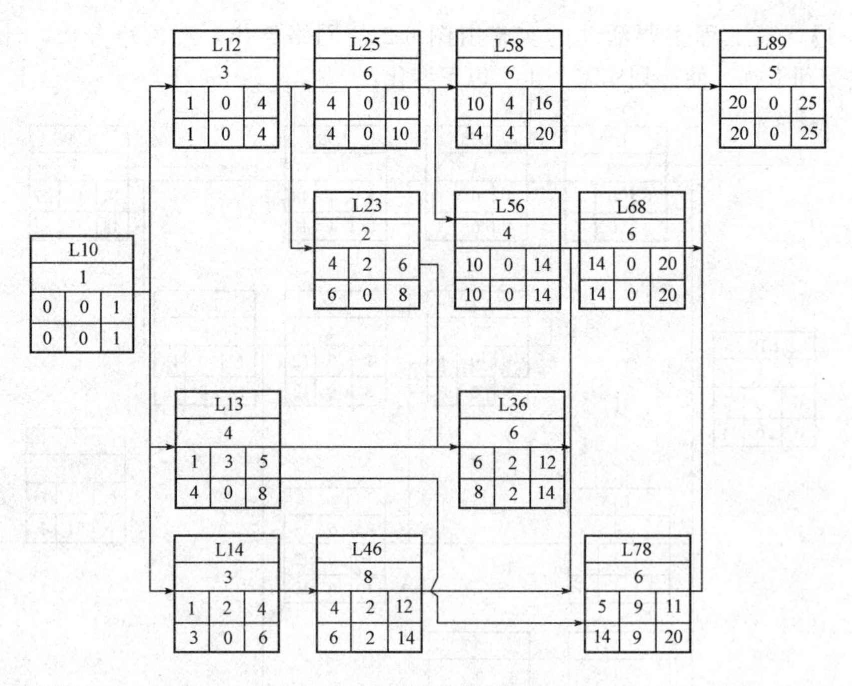

图 6-3　干扰后的网络计划

对于已知增加工程量或额外工程的价格：

$$工期索赔值=\frac{增加的工程量或额外工程的价格}{原合同总价}\times 原合同总工期$$

【例 6-2】 某工程在施工中，发包人改变办公楼工程基础设计图纸的标准，使该单项工程延期 10 周，该单项工程合同价为 80 万美元，而整个工程合同总价为 400 万美元。则承包商提出工期索赔额可按上述公式计算：

$$工期索赔值=\frac{80}{400}\times 10=2(周)$$

(2)按单项工程拖期的平均值计算。如有若干单项工程 A_1，A_2，…，A_m，分别拖期 d_1，d_2，…，d_m(天)，求出平均每个单项工程拖期天数 $\overline{D}=\sum_{i=1}^{m} d_i/m$，则工期索赔值为 $T=\overline{D}+\Delta d$，Δd 为考虑各单项工程拖期对总工期的不均匀影响而增加的调整量($\Delta d>0$)。

【例 6-3】 某工程有 A、B、C、D、E 五个单项工程，合同规定由发包人提供水泥。在实际工程中，发包人没能按合同规定的日期供应水泥，造成待料停工。根据现场工程资料和合同双方的通信等证据证明，由于发包人水泥提供不及时对工程造成以下影响：

①单项工程 A 500 m^3 混凝土基础推迟 21 天。

②单项工程 B 850 m^3 混凝土基础推迟 7 天。

③单项工程 C 225 m^3 混凝土基础推迟 10 天。

④单项工程 D 480 m^3 混凝土基础推迟 10 天。

⑤单项工程 E 120 m^3 混凝土基础推迟 27 天。

在一揽子索赔中，对发包人材料供应不及时造成工期延长，承包人提出索赔要求如下：

$$总延长天数=21+7+10+10+27=75(天)$$

$$平均延长天数=75/5=15(天)$$

工期索赔值=15+5=20(天)(加5天是考虑单项工程的不均匀性对总工期的影响)

比例计算法简单方便，但有时不符合实际情况。比例计算法不适用于变更施工顺序、加速施工、删减工程量等事件的索赔。

建筑装饰工程工期索赔应注意以下问题：

(1)划清施工进度拖延的责任。由承包人原因造成的施工进度拖延，属于不可原谅的延期，由承包人负责，不能索赔工期；不是由承包人原因造成的施工进度拖延，属于可原谅延期，应该进行工期索赔。由发、承包双方责任造成的工期延误，工程师应进行详细分析，分清责任比例，只有可原谅的延期才能批准顺延合同工期。可原谅延期又可分为可原谅并给予补偿费用的延期和可原谅但不给予补偿费用的延期。后者是指非承包人责任的影响并未导致施工成本的额外支出，大多属于发包人应承担风险责任事件的影响，如异常恶劣的气候影响所致的停工等。

(2)被延误的工作应是处于关键线路上的工作。只有处于关键线路上的工作拖延，才会影响到竣工日期。但也应该注意的是，既要看被延误的工作是否在关键路线上，又要仔细分析这一延误对后续工作可能的影响。因为对非关键路线上的工作影响时间长了，超过了该工作可以利用的自由时间，也会导致进度计划中非关键路线转化为关键路线，最终导致总工期的拖延。此时，应充分考虑该工作的自由时间，给予相应的工期顺延，并要求承包人修改施工进度计划。

三、索赔策略与技巧

索赔工作既有科学严谨的一面，又有艺术灵活的一面。对于一个确定的索赔事件往往没有预定的、确定的解，它往往受双方签订的合同文件、各自的工程管理水平和索赔能力以及处理问题的公正性、合理性等因素的限制。因此，索赔成功不仅需要令人信服的法律依据、充足的理由和正确的计算方法，索赔的策略、技巧与艺术也相当重要。

如何看待和对待索赔，实际上是一个经营战略问题，是承包商对利益、关系、信誉等方面的综合权衡。在索赔过程中，承包人应防止两种极端倾向：一种是只讲关系、义气，忽视应有的合理索赔，致使企业遭受不应有的经济损失；另一种是不顾关系，过分注重索赔，斤斤计较，缺乏长远的战略目光，以致影响合作关系、企业信誉和长远利益。

1. 索赔策略

(1)确定索赔目标。承包人的索赔目标是指承包人对索赔的基本要求，承包人可对要达到的目标进行分解，按难易程度排队，并大致分析它们各自实现的可能性，从而确定最低、最高目标。

分析实现目标的风险状况，如能否在索赔有效期内及时提出索赔，能否按期完成合同规定的工程量，按期交付工程，能否保证工程质量等。总之，要注意对索赔风险的防范，否则会影响索赔目标的实现。

(2)对被索赔方的分析。主要分析对方的兴趣和利益所在，目的是要让索赔在友好和谐的气氛中进行。处理好单项索赔和一揽子索赔的关系；对于理由充分而重要的单项索赔应力争尽早解决；对于发包人坚持后拖解决的索赔，要按发包人意见认真积累有关资料，为一揽子解决准备充分的材料。在责任分析和法律分析方面要适当，在对方愿意接受索赔的情况下，不要得理不饶人，否则反而达不到索赔目的。

(3)承包人的经营战略分析。承包人的经营战略直接制约着索赔的策略和计划。在分析发包人情况和工程所在地情况以后，承包人应考虑有无可能与发包人继续进行新的合作，是否在当地继续扩展业务，承包人与发包人之间的关系对在当地开展业务有何影响等。这些问题决定着承包人的整个索赔要求和解决的方法。

(4)对外关系分析。利用监理工程师、设计单位、发包人的上级主管部门对发包人施加影响，往往比同发包人直接谈判更有效。承包人要同这些单位搞好关系，取得他们的同情和支持，并与发包人沟通。这就要求承包人对这些单位的关键人物进行分析，利用他们同发包人的微妙关系从中斡旋、调停，使索赔达到理想的效果。

(5)谈判过程分析。索赔一般都在谈判桌上最终解决。索赔谈判是合同双方面对面的较量，是索赔能否取得成功的关键。因此，在谈判之前要做好充分准备，对谈判的可能过程要做好分析。

因为索赔谈判是承包人要求业主承认自己的索赔，承包人处于很不利的地位，如果谈判一开始就气氛紧张，情绪对立，有可能导致发包人拒绝谈判，使谈判旷日持久，不利于解决索赔问题。谈判应从发包人关心的议题入手，从发包人感兴趣的问题开谈，稳扎稳打，并始终注意保持友好和谐的谈判气氛。

2. 索赔技巧

索赔技巧是为索赔的战略和策略目标服务的，因此，在确定了索赔的战略和策略目标之后，索赔技巧显得格外重要。

建筑装饰工程索赔常用技巧见表 6-5。

表 6-5　建筑装饰工程索赔常用技巧

序号	索赔技巧	说　明
1	及早发现索赔机会	一个有经验的承包人，在投标报价时就应考虑到将来可能要发生索赔的问题，要仔细研究招标文件中的合同条款和规范，仔细查勘施工现场，探索可能索赔的机会，在报价时要考虑索赔的需要
2	商签好合同协议	在商签合同过程中，承包商应对明显将重大风险转嫁给承包人的合同条件提出修改的要求，对其达成修改的协议应以"谈判纪要"的形式写出，作为该合同文件的有效组成部分
3	确认口头变更指令	工程师常常乐于用口头指令进行工程变更，如果承包人不对工程师的口头指令予以书面确认，就进行变更工程的施工，此后，若工程师矢口否认，拒绝承包人的索赔要求，则承包人会非常被动
4	及时发出索赔通知书	一般合同都规定，索赔事件发生后的一定时间内，承包人必须送出索赔通知书，过期无效

续表

序号	索赔技巧	说　明
5	论证索赔事由	承包合同通常规定，承包人在发出索赔通知书后，每隔一定时间，应报送一次证据资料，在索赔事件结束后的28日内报送总结性的索赔计算及索赔论证，提交索赔报告。索赔报告一定要令人信服，经得起推敲
6	采用适当的索赔计价方法和款额	索赔计算时采用“附加成本法”容易被对方接受。因为这种方法只计算索赔事件引起的计划外的附加开支，计价项目具体，使经济索赔能够较快得到解决。另外，索赔计价不能过高，要价过高容易让对方产生反感，使索赔报告束之高阁，长期得不到解决。另外，还有可能让发包人准备周密的反索赔计价，以高额的反索赔对付高额的索赔，使索赔工作更加复杂化
7	力争单项索赔，避免一揽子索赔	单项索赔事件简单，容易解决，而且能及时得到支付。一揽子索赔，问题复杂，金额大，不易解决，往往到工程结束后还得不到付款
8	坚持采用“清理账目法”	承包人往往只注意接受发包人按月结算索赔款，而忽略了索赔款的不足部分，没有以文字的形式保留自己今后应获得不足部分款额的权利，等于同意并承认了发包人对该项索赔的付款，以后再无权追索。 因为在索赔支付过程中，承包人和工程师对确定新单价和工程量方面经常存在不同意见。按合同规定，工程师有决定单价的权利。如果承包人认为工程师的决定不尽合理，而坚持自己的要求时，可同意接受工程师决定的“临时价格”，或按“临时价格”付款，先拿到一部分索赔款，对其余不足部分，则书面通知工程师和发包人，作为索赔款的余额，保留自己的索赔权利。否则，将失去将来要求付款的权利
9	力争友好解决，防止对立情绪	索赔争端是难免的，如果遇到争端不能理智地协商讨论问题，会使一些本来可以解决的问题悬而不决。承包人要头脑冷静，防止对立情绪，力争友好解决索赔争端
10	与工程师搞好关系	工程师是处理解决索赔问题的公正的第三方，注意与工程师搞好关系，争取工程师的公正裁决，竭力避免仲裁或诉讼

案　例

某施工单位与建设单位按《建设工程施工合同(示范文本)》签订了可调整价格施工承包合同，合同工期为390天，合同总价为5 000万元。合同中约定按建标〔2013〕44号文综合单价法计价程序计价，其中间接费费率为20%，规费费率为5%，取费基数为：人工费与机械费之和。

该工程在施工过程中出现了如下事件：

(1)因地质勘探报告不详，出现图纸中未标明的地下障碍物，处理该障碍物导致工作A持续时间延长10天(该工作处于非关键线路上且延长时间未超过总时差)，增加人工费2万元，材料费4万元，机械费3万元。

(2)因不可抗力而引起施工单位的供电设施发生火灾，使工作C持续时间延长10天(该工作处于非关键线路上且延长时间未超过总时差)，增加人工费1.5万元，其他损失费用5万元。

(3)结构施工阶段因建设单位提出工程变更，导致施工单位增加人工费4万元，材料费6万元，机械费5万元，工作E持续时间延长30天(该工作处于关键线路上)。

问题：

针对上诉事件，施工单位按程序提出了工期索赔和费用索赔，怎样索赔?

分析：

索赔是在工程承包合同履行过程中，当事人一方由于另一方未履行合同所规定的义务或者出现了应当由对方承担的风险而遭受损失时，向另一方提出赔偿要求的行为。索赔具有三个基本特征：其一，索赔是双向的，不仅承包人可以向发包人索赔，发包人同样也可以向承包人索赔。一般情况下，承包方向发包方索赔称为索赔；反之为反索赔。其二，只有实际发生了经济损失或权利损害，一方才能向对方索赔。其三，索赔是一种未经对方确认的单方行为，其对对方尚未形成约束力，这种索赔要求能否得到最终实现，必须要通过确认(如双方协商、调解、仲裁或诉讼)后才能定夺。本案例中事件(1)因为图纸未标明的地下障碍物属于建设单位风险的范畴，根据《标准施工招标文件》中合同条款4.11.2规定当承包人遇到不利物质条件时可以合理得到工期和费用补偿；事件(2)根据《标准施工招标文件》中合同条款21.3.1规定建设单位承担不可抗力的工期风险，发生的费用由双方分别承担各自的费用损失，因此只能合理获得工期补偿；事件(3)建设单位工程变更属建设单位的责任，可以获得工期和费用补偿。又因为事件(1)和事件(2)的施工内容都位于非关键线路上，且延期都未超过该工作的总时差。故本案例中施工单位得到的工期补偿为事件(3)中工作E的延期30天。得到的费用补偿有事件(1)9万元、事件(3)15万元、企业管理费=(2+4+3+5)×(20%−5%)=2.1(万元)，共26.1万元。

第四节　反索赔

一、反索赔的概念与特点

反索赔是相对索赔而言的，是对提出索赔一方的反驳，发包人可以针对承包人的索赔

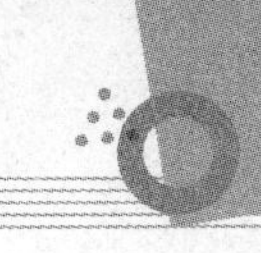

进行反索赔，承包人也可以针对发包人的索赔进行反索赔。通常，反索赔主要是指发包人向承包人的反索赔。

建筑装饰工程反索赔具有下列特点：

(1)索赔与反索赔具有同时性。

(2)反索赔技巧性强，处理不当将会引起诉讼。

(3)在反索赔时，发包人处于主动的有利地位，发包人在经工程师证明承包人违约后，可以直接从应付工程款中扣回款项，或从银行保函中得到补偿。

反索赔对建筑装饰工程合同双方具有同等重要的作用，主要表现如下：

(1)成功的反索赔能防止或减少经济损失。

(2)成功的反索赔能增长管理人员士气，促进工作的开展。

(3)成功的反索赔必然促进有效的索赔。

二、反索赔的种类

依据装饰工程承包的惯例和实践，常见的发包人反索赔主要有表 6-6 中所列几种。

表 6-6 反索赔的种类

序号	类别	内　容
1	工程质量缺陷反索赔	建设工程承包合同严格规定了工程质量标准，有严格细致的技术规范和要求，工程质量的好坏直接与发包人的利益和工程的效益紧密相关。发包人只承担直接负责设计所造成的质量问题。工程师虽然对承包人的设计、施工方法、施工工艺、施工工序，以及对材料进行过批准、监督、检查，但只是间接责任，并不能因而免除或减轻承包人对工程质量应负的责任。在工程施工过程中，若承包人所使用的材料或设备不符合合同规定或工程质量不符合施工技术规范和验收规范的要求，或出现缺陷而未在缺陷责任期满之前完成修复工作，发包人均有权追究承包人的责任，并提出由承包人所造成的工程质量缺陷所带来的经济损失的反索赔。另外，发包人向承包人提出工程质量缺陷的反索赔要求中，往往不仅包括工程缺陷所产生的直接经济损失，也包括该缺陷带来的间接经济损失。 常见的工程质量缺陷表现为以下几个方面： (1)由承包人负责设计的部分永久工程和细部构造，虽然经过工程师的复核和审查批准，仍出现了质量缺陷或事故。 (2)承包人的临时工程或模板支架设计安排不当，造成了施工后的永久工程的缺陷，如悬臂浇注混凝土施工的连续梁，由于挂篮设计强度及稳定性不够，造成梁段下挠严重，致使跨中无法合拢。 (3)承包人使用的工程材料和机械设备等不符合合同规定和质量要求，从而使工程质量产生缺陷。 (4)承包人施工的分项分部工程，由于施工工艺或方法问题，造成严重开裂、下挠、倾斜等缺陷。 (5)承包人没有按照合同条件完成规定的工作或隐含的工作，如对工程的保护和照管、安全及环境保护等

续表

序号	类别	内容
2	工期拖延反索赔	依据合同条件规定，承包人必须在合同规定的时间内完成工程的施工任务。如果由于承包人的原因造成不可原谅的完工日期拖延，则会影响发包人对该工程的使用和运营生产计划，从而给发包人带来经济损失。此项索赔并不是发包人对承包人的违约罚款，而只是发包人要求承包人补偿拖期完工给发包人造成的经济损失。承包人则应按签订合同时双方约定的赔偿金额以及拖延时间长短向发包人支付赔偿金，而不需再去寻找和提供实际损失的证据详细计算。在有些情况下，拖期损失赔偿金若按该工程项目合同价的一定比例计算，且在整个工程完工之前，工程师已经对一部分工程颁发了移交证书，则对整个工程所计算的延误赔偿金数量应给予适当的减少
3	经济担保反索赔	经济担保是国际工程承包活动中不可缺少的部分，担保人要承诺在其委托人不适当履约的情况下代替委托人来承担赔偿责任或原合同所规定的权利与义务。在土木工程项目承包施工活动中，常见的经济担保有以下几种。 (1)预付款担保反索赔。预付款是指在合同规定开工前或工程价款支付之前，由发包人预付给承包人的款项。预付款的实质是发包人向承包人发放的无息贷款。对预付款的偿还，一般由发包人在应支付给承包人的工程进度款中直接扣还。为了保证承包人偿还发包人的预付款，施工合同中都规定承包人必须对预付款提供等额的经济担保。若承包人不能按期归还预付款，发包人就可以从相应的担保款额中取得补偿，这实际上是发包人向承包人的索赔。 (2)履约担保反索赔。履约担保是承包人和担保方为了发包人的利益不受损害而作的一种承诺，担保承包人按施工合同所规定的条件进行工程施工。履约担保有银行担保和担保公司担保两种方法，以银行担保较常见，担保金额一般为合同价的10%～20%，担保期限为工程竣工期或缺陷责任期满。 当承包人违约或不能履行施工合同时，持有履约担保文件的发包人，可以很方便地在承包人担保人的银行中取得金钱补偿。 (3)保留金的反索赔。保留金的作用是对履约担保的补充形式。一般的工程合同中都规定有保留金的数额，为合同价的5%左右。保留金是从应支付给承包人的月工程进度款中扣下一笔基金，由发包人保留下来，以便在承包人违约时直接补偿发包人的损失。所以，保留金也是发包人向承包人索赔的手段之一。保留金一般应在整个工程或规定的单项工程完工时退还保留金款额的50%，最后在缺陷责任期满后再退还剩余的50%
4	其他损失反索赔	依据合同规定，当发包人在受到其他由于承包人原因造成的经济损失时，发包人仍可提出反索赔要求。如由于承包人的原因，在运输施工设备或大型预制构件时，损坏了旧有的道路或桥梁；承包人的工程保险失效给发包人造成的损失等

三、反索赔的程序

根据工程承包的惯例和实践，发包人向承包人反索赔的程序如下。

第一步，制订反索赔策略和计划。发包人在接到承包人的索赔报告时，应着手分析、制订反索赔策略和计划。

第二步，合同总体分析。反索赔同样是以合同作为反驳的理由和根据。合同分析的目的是分析、评价对方索赔要求的理由和依据。在合同中找出对对方不利、对己方有利的合同条文，以构成对对方索赔要求否定的理由。

合同总体分析的重点，是与对方索赔报告中提出的问题有关的合同条款，主要包括以下几项：

(1)合同的法律基础。

(2)合同的组成及其变更情况。

(3)合同规定的工程范围和承包人责任。

(4)工程变更的补偿条件、范围和方法。

(5)合同价格、工期的调整条件、范围和方法，以及对方应承担的风险。

(6)违约责任。

(7)争执的解决方法等。

第三步，事态调查。反索赔仍然基于事实基础，以事实为根据。这个事实必须有已方对合同实施过程跟踪和监督的结果，即各种实际工程资料作为证据，用以对照索赔报告所描述的事情经过和所附证据。通过调查可以确定干扰事件的起因、事件经过、持续时间、影响范围等真实、详细的情况。

应收集整理所有与反索赔相关的工程资料。

第四步，三种状态分析。在事态调查和收集、整理工程资料的基础上进行合同状态、可能状态、实际状态分析。通过三种状态的分析可以达到以下效果：

(1)全面地评价合同、合同实际状况，评价双方合同责任的完成情况。

(2)对对方有理由提出索赔的部分进行总概括。分析出对方有理由提出索赔的干扰事件有哪些，索赔的大约值或最高值。

(3)对对方的失误和风险范围进行具体指认，这样在谈判中有攻击点。

(4)针对对方的失误作进一步分析，以准备向对方提出索赔，在反索赔中同时使用索赔手段。国外的承包人和发包人在进行反索赔时，特别注意寻找向对方索赔的机会。

第五步，分析评价索赔报告。对承包人的索赔报告进行全面分析，对索赔要求和索赔理由进行逐条评价。

第六步，起草并递交反索赔报告。反索赔报告也是正规的法律文件。在调解或仲裁中，对方的索赔报告和已方的反索赔报告应一起递交调解人或仲裁人。反索赔报告的基本要求与索赔报告相似。通常，反索赔报告的主要内容有以下几项：

(1)合同总体分析简述。

(2)合同实施情况简述和评价。重点针对对方索赔报告中的问题和干扰事件，叙述事实情况，应包括前述三种状态的分析结果，对双方合同责任完成情况和工程施工情况作评价，目的是推卸自己对对方索赔报告中提出的干扰事件的合同责任。

(3)反驳对方索赔要求。按具体的干扰事件，逐条反驳对方的索赔要求，详细叙述自己的反索赔理由和证据，全部或部分地否定对方的索赔要求。

(4)提出索赔。对经合同分析和三种状态分析得出的对方违约责任，提出已方的索赔要求。通常可以在本反索赔报告中提出索赔，也可另外出具已方的索赔报告。

(5)总结。对反索赔作全面总结，通常包括以下内容：

①对合同总体分析作简要概括。

②对合同实施情况作简要概括。

③对对方索赔报告作总评价。

④对己方提出的索赔作概括。

⑤双方要求，即索赔和反索赔最终分析结果比较。

⑥提出解决意见。

⑦附各种证据。即本反索赔报告中所述的事件经过、理由、计算基础、计算过程和计算结果等证明材料。

第七步，争执解决。建筑装饰工程发包人向承包人反索赔的解决方式与承包人向发包人索赔的解决方式相同。

四、反索赔的措施

对对方索赔报告的反击或反驳，一般可以从以下几个方面进行。

1. 索赔事件的真实性

对于对方提出的索赔事件，应从两个方面核实其真实性：一是对方的证据。如果对方提出的证据不充分，可要求其补充证据，或否定这一索赔事件。二是己方的记录。如果索赔报告中的论述与己方的工程记录不符，可向其提出质疑，或否定索赔报告。

2. 索赔事件责任分析

认真分析索赔事件的起因，澄清责任。以下五种情况可构成对索赔报告的反驳：

(1)索赔事件是由索赔方责任造成的，如管理不善、疏忽大意、未正确理解合同文件内容等。

(2)此事件应视作合同风险，且合同中未规定此风险由己方承担。

(3)此事件责任在第三方，不应由己方负责赔偿。

(4)双方都有责任，应按责任大小分摊损失。

(5)索赔事件发生以后，对方未采取积极有效的措施以降低损失。

3. 索赔依据分析

对于合同内索赔，可以指出对方所引用的条款不适用于此索赔事件，或者找出可为己方开脱责任的条款，以驳倒对方的索赔依据。对于合同外索赔，可以指出对方索赔依据不足，或者错解了合同文件的原意，或者按合同条件的某些内容，不应由己方负责此类事件的赔偿。另外，可以根据相关法律法规，利用其中对自己有利的条文来反驳对方的索赔。

4. 索赔事件的影响分析

分析索赔事件对工期和费用是否产生影响以及影响的程度，这直接决定着索赔值的计算。对于工期的影响，可分析网络计划图，通过每一工作的时差分析来确定是否存在工期索赔。通过分析施工状态，可以得出索赔事件对费用的影响。例如，业主未按时交付图纸，造成工程拖期，而承包商并未按合同规定的时间安排人员和机械，因此工期应予顺延，但不存在相应的各种闲置费。

5. 索赔证据分析

索赔证据不足、不当或片面，都可以导致索赔不成立。如索赔事件的证据不足，对索赔事件的成立可提出质疑。对索赔事件产生的影响证据不足，则不能计入相应部分的索赔值。仅出示对自己有利的片面的证据，将构成对索赔全部或部分的否定。

6. 索赔值审核

索赔值的审核工作量大，涉及的资料和证据多，需要花费大量时间和精力。审核的重点包括以下几个方面：

(1)数据的准确性。对索赔报告中的各种计算基础数据均须进行核对，如工程量增加的实际方量、人员出勤情况、机械台班使用量、各种价格指数等。

(2)计算方法的合理性。不同的计算方法得出的结果会有很大出入，应尽可能选择最科学、最精确的计算方法。对某些重大索赔事件的计算，其方法往往需双方协商确定。

(3)是否存在重复计算。索赔的重复计算可能存在于单项索赔与一揽子索赔之间，相关的索赔报告之间，以及各费用项目的计算中。索赔的重复计算包括工期和费用两个方面，应认真比较核对，剔除重复索赔。

第五节　反索赔的防范

依据合同条件规定，为了维护承包人应得的经济利益，赋予了承包人的索赔权利，所以，承包人是索赔事件的发起者。但是，为了承包人自身的利益和信誉，承包人应慎重使用自己的权利。一方面要建好工程，加强合同管理和成本管理，控制好工程进度，预防发包人的反索赔；另一方面要善于申报和处理索赔事项，尽量减少索赔的数量，并实事求是地进行索赔。一般来说，承包人在预防和减少索赔与反索赔方面，可以从以下几个方面着手：

(1)严肃认真地对待投标报价。

(2)注意签订合同时的协商与谈判。

(3)加强施工质量管理。

(4)加强施工进度计划与控制。

(5)发包人不得随意进行工程变更及工程范围扩大。

(6)加强工程成本的核算与控制。

本章小结

索赔是指在合同实施过程中，合同一方因当事人不适当履行合同所规定的义务，未能保证承诺的合同条件实现而遭受损失后，向对方提出的补偿要求。索赔是双向的，承包人可以向发包人索赔，发包人也可以向承包人索赔。要积极地开展索赔工作，必须全面认识索赔，理解索赔，端正索赔动机。本章主要介绍索赔基础知识、索赔程序和报告、索赔计算和技巧、反索赔及反索赔的防范。

思考与练习

一、填空题

1. 按索赔要求分类，索赔可分为__________和__________。

2. 我国解决索赔争执的方法通常有__________、__________、__________和__________。

3. 建筑装饰工程费用索赔的计算方法一般有两种：一种是__________；另一种是__________。

4. 工期索赔的计算方法包括__________和__________两种。

二、选择题

1. 下列不属于索赔成立的基本条件的是(　　)。

   A. 客观性　　B. 合法性　　C. 全面性　　D. 合理性

2. 索赔意向通知提交后的(　　)天内，或工程师可能同意的其他合理时间，承包人应递送正式的索赔报告。

   A. 26　　B. 27　　C. 28　　D. 29

3. 现场管理费一般占工程直接成本的(　　)。

   A. 5%～10%　　B. 8%～15%　　C. 9%～16%　　D. 10%～15%

三、简答题

1. 引起索赔的原因有哪些？
2. 索赔管理的任务主要有哪几个方面？
3. 索赔报告的编写应符合哪些要求？
4. 索赔费用由哪些项目构成？
5. 建筑装饰工程采用总费用法进行费用索赔计算时应注意哪些问题？
6. 如何进行反索赔的防范？

参考文献

[1] 中华人民共和国住房和城乡建设部，中华人民共和国国家质量监督检验检疫总局．GB 50500—2013 建设工程工程量清单计价规范[S]. 北京：中国计划出版社，2013.

[2] 中华人民共和国住房和城乡建设部，中华人民共和国国家质量监督检验检疫总局．GB 50854—2013 房屋建筑与装饰工程工程量计算规范[S]. 北京：中国计划出版社，2013.

[3] 杨锐，王兆，王颢．工程招投标与合同管理实务[M]. 北京：机械工业出版社，2013.

[4] 刘钦．工程招投标与合同管理[M]. 3 版．北京：高等教育出版社，2015.

[5] 蓝维，陈列．建筑工程项目招投标及合同管理[M]. 成都：西南交通大学出版社，2011.

[6] 李燕，李春亭．工程招投标与合同管理[M]. 2 版．北京：中国建筑工业出版社，2010.

[7] 程超胜．建设工程招投标与合同管理[M]. 北京：北京大学出版社，2012.